高等数学

（上册）

李晓霞 主　编

杜春雪 庄桂敏 副主编

清華大學出版社

北　京

内 容 简 介

全书分为上、下两册。本书为上册，共五章，是一元函数微积分部分，主要内容为函数与极限、导数与微分、微分中值定理与导数的应用、不定积分、定积分及其应用。为了提高学生的学习效率，本书增加了知识结构图、扩展阅读等内容。书中带"*"号部分为选学内容。本书内容选取适当，结构严谨，深入浅出，条理清晰，易教易学，可读性强。

本书可作为高等院校高等数学课程的教材，也可作为高等数学课程的自学参考用书。

图书在版编目(CIP)数据

高等数学. 上册/李晓霞主编. —北京：清华大学出版社，2023.8
ISBN 978-7-302-63916-9

Ⅰ. ①高… Ⅱ. ①李… Ⅲ. ①高等数学—高等学校—教材 Ⅳ. ①O13

中国国家版本馆 CIP 数据核字(2023)第 108851 号

责任编辑：强 微
封面设计：傅瑞学
责任校对：刘 静
责任印制：丛怀宇

出版发行：清华大学出版社
网 址：http://www.tup.com.cn，http://www.wqbook.com
地 址：北京清华大学学研大厦 A 座 **邮 编**：100084
社 总 机：010-83470000 **邮 购**：010-62786544
投稿与读者服务：010-62776969，c-service@tup.tsinghua.edu.cn
质量反馈：010-62772015，zhiliang@tup.tsinghua.edu.cn
课件下载：http://www.tup.com.cn，010-83470410
印 装 者：大厂回族自治县彩虹印刷有限公司
经 销：全国新华书店
开 本：185mm×260mm **印 张**：15.5 **字 数**：372 千字
版 次：2023 年 9 月第 1 版 **印 次**：2023 年 9 月第 1 次印刷
定 价：49.00 元

产品编号：100856-01

前　言

党的二十大报告指出，要加强基础学科建设。高等数学是高等院校中理工、农林、医学、经济、管理等专业必修的基础理论课程，其重要性不言而喻，它不仅为众多后续课程的学习奠定了必要的数学基础，也培养了学生的抽象思维，提高了学生的逻辑推理、空间想象、科学计算以及运用数学知识解决实际问题的能力。

本书是编者多年教学经验的总结，参考了近年来国内外出版的多本同类教材，吸取它们在内容安排、例题设置、定理证明等方面的优点，并结合了众多高校的实际需求，既包含了传统的高等数学教材的内容，又增加了以下特色。

(1) 每章均附有知识结构图、本章小结与学习指导，这在一定程度上可以促进学生对本章内容更好地学习与理解。

(2) 每章均附有扩展阅读，可以增加学生学习的兴趣，提高学生对数学史、数学家及数学思想的认识与了解。

(3) 每章均附有总复习题和考研真题，可以使学生提前了解考研试题。

(4) 附录给出了基本初等函数的图形与主要性质和三角函数公式总结，有效地将中学数学与高等数学知识衔接起来，有助于学生更快地融入高等数学的学习。

(5) 由于各专业对高等数学教学内容的要求有所不同，本书部分内容添加了“*”号，可供有需要的专业进行选讲。

本书编写分工如下：第一章、第二章由杜春雪编写，第三章至第五章由李晓霞编写，附录由庄桂敏编写，全书由王玉花主审。

本书的顺利出版离不开清华大学出版社的大力支持，同时也得到了诸多学者、专家的指导，借鉴了许多著作与文献，在此一并表示衷心的感谢。

由于编者水平有限，书中难免存在不足之处，恳请广大读者批评、指正。

编　者

2023年4月

目　录

第一章　函数与极限 …… 1

第一节　函数 …… 1

一、集合的概念 …… 1

二、函数的定义 …… 2

三、函数的表示方法 …… 4

四、函数的特性 …… 5

五、反函数与复合函数 …… 6

六、基本初等函数 …… 8

七、极坐标系 …… 8

习题 1.1 …… 10

第二节　数列的极限 …… 10

一、数列极限的定义 …… 11

二、收敛数列的性质 …… 14

习题 1.2 …… 15

第三节　函数的极限 …… 15

一、自变量趋于无穷大时函数的极限 …… 16

二、自变量趋于有限值时函数的极限 …… 17

三、单侧极限 …… 20

四、函数极限的性质 …… 21

习题 1.3 …… 22

第四节　无穷小与无穷大 …… 22

一、无穷小 …… 22

二、无穷大 …… 24

三、无穷小与无穷大的关系 …… 25

习题 1.4 …… 26

第五节　极限运算法则 …… 26

习题 1.5 …… 30

第六节　极限存在准则、两个重要极限 …… 30

一、极限存在准则 …… 31

二、两个重要极限 …… 33
习题 1.6 …… 38
第七节 无穷小的比较 …… 38
习题 1.7 …… 42
第八节 函数的连续性 …… 43
一、函数连续的概念 …… 43
二、函数的间断点 …… 45
三、连续函数的运算法则与初等函数的连续性 …… 47
习题 1.8 …… 49
第九节 闭区间上连续函数的性质 …… 50
习题 1.9 …… 51
知识结构图、本章小结与学习指导 …… 52
扩展阅读 …… 55
总复习题一 …… 57
考研真题 …… 58

第二章 导数与微分 …… 60
第一节 导数的概念 …… 60
一、引例 …… 60
二、导数的定义 …… 61
三、导数的几何意义与物理意义 …… 66
四、函数的可导性与连续性 …… 68
习题 2.1 …… 70
第二节 导数的运算法则 …… 71
习题 2.2 …… 73
第三节 复合函数与反函数的求导法则 …… 74
一、复合函数的求导法则 …… 74
二、反函数的求导法则 …… 76
三、基本求导法则与导数公式 …… 78
习题 2.3 …… 79
第四节 高阶导数 …… 80
习题 2.4 …… 85
第五节 隐函数的导数及由参数方程所确定的函数的导数 …… 85
一、隐函数的导数 …… 85
二、对数求导法 …… 88
三、由参数方程所确定的函数的导数 …… 90
习题 2.5 …… 92
第六节 微分 …… 93
一、微分的概念 …… 93

二、微分的几何意义 …… 96
三、微分基本公式与微分运算法则 …… 97
四、微分在近似计算中的应用 …… 98
习题 2.6 …… 101
知识结构图、本章小结与学习指导 …… 102
扩展阅读 …… 104
总复习题二 …… 105
考研真题 …… 107

第三章　微分中值定理与导数的应用 …… 109
第一节　微分中值定理 …… 109
一、罗尔定理 …… 109
二、拉格朗日中值定理 …… 111
三、柯西中值定理 …… 113
习题 3.1 …… 114
第二节　泰勒中值定理 …… 115
习题 3.2 …… 118
第三节　洛必达法则 …… 118
一、$\frac{0}{0}$型未定式 …… 118
二、$\frac{\infty}{\infty}$型未定式 …… 121
三、其他类型的未定式 …… 122
习题 3.3 …… 123
第四节　函数的单调性和极值 …… 124
一、函数的单调性 …… 124
二、函数的极值 …… 126
习题 3.4 …… 129
第五节　函数的最值 …… 129
习题 3.5 …… 131
第六节　曲线的凹凸性与拐点 …… 131
习题 3.6 …… 133
第七节　函数图形的描绘 …… 133
习题 3.7 …… 135
*第八节　曲率 …… 135
一、曲率的概念 …… 136
二、曲率的计算公式 …… 137
三、曲率圆与曲率半径 …… 138
*习题 3.8 …… 139

*第九节 导数在经济分析中的应用 …… 139
一、边际函数 …… 139
二、函数的弹性 …… 142
*习题 3.9 …… 143
知识结构图、本章小结与学习指导 …… 143
扩展阅读 …… 145
总复习题三 …… 146
考研真题 …… 147

第四章 不定积分 …… 149
第一节 不定积分的概念与性质 …… 149
一、原函数与不定积分 …… 149
二、不定积分的几何意义 …… 151
三、基本积分公式 …… 151
四、不定积分的性质 …… 152
习题 4.1 …… 154
第二节 换元积分法 …… 155
一、第一类换元积分法 …… 155
二、第二类换元积分法 …… 160
习题 4.2 …… 165
第三节 分部积分法 …… 166
习题 4.3 …… 168
第四节 有理函数的积分 …… 169
一、有理函数的积分方法 …… 169
二、可化为有理函数的积分举例 …… 171
习题 4.4 …… 172
第五节 积分表的使用 …… 173
一、直接查表法 …… 173
二、先进行变量代换,再查表法 …… 174
三、递推公式法 …… 174
习题 4.5 …… 175
知识结构图、本章小结与学习指导 …… 175
扩展阅读 …… 178
总复习题四 …… 180
考研真题 …… 181

第五章 定积分及其应用 …… 182
第一节 定积分的概念与性质 …… 182
一、定积分的概念 …… 182

二、定积分的性质 ………… 186
习题 5.1 ………… 188
第二节　微积分基本公式 ………… 188
一、变速直线运动中位置函数与速度函数之间的关系 ………… 189
二、积分上限函数及其导数 ………… 189
三、微积分基本定理 ………… 191
习题 5.2 ………… 193
第三节　定积分的换元法和分部积分法 ………… 194
一、定积分的换元法 ………… 194
二、定积分的分部积分法 ………… 197
习题 5.3 ………… 199
第四节　反常积分 ………… 200
一、无限区间上的反常积分 ………… 200
二、无界函数的反常积分 ………… 201
习题 5.4 ………… 203
第五节　定积分的应用 ………… 203
一、定积分的微元法 ………… 203
二、定积分的几何应用 ………… 204
*三、定积分的物理应用 ………… 212
*四、定积分在经济中的应用 ………… 213
习题 5.5 ………… 214
知识结构图、本章小结与学习指导 ………… 215
扩展阅读 ………… 217
总复习题五 ………… 219
考研真题 ………… 220

附录 A　基本初等函数的图形及其主要性质 ………… 222
附录 B　三角函数公式总结 ………… 225
附录 C　积分表 ………… 227
参考文献 ………… 237

第一章 函数与极限

高等数学课程的主要内容是微积分学及其应用。在微积分学，函数是研究对象，连续是研究桥梁，极限是重要的研究方法。因此，极限是微积分学的基础，也是主要的推理方法。本章将介绍函数、极限和函数的连续性等基本概念以及它们的一些性质。

第一节 函　数

一、集合的概念

1. 集合的定义及表示方法

集合是数学中的一个基本概念，是数学各分支所研究的对象。一般地，把具有某种特定性质的对象组成的总体叫做集合，简称集。把组成某一集合的各个对象叫做这个集合的元素，简称元。例如，一间工厂里的工人构成一个集合，而每个工人都是这个集合的元素。

通常，用大写英文字母 A,B,C 等表示集合，用小写英文字母 a,b,c 等表示集合中的元素。对象 a 是集合 M 的元素记作 $a\in M$（读作 a 属于 M）；对象 a 不是集合 M 的元素记作 $a\notin M$（读作 a 不属于 M）。

由有限个元素组成的集合称为有限集，由无穷多个元素组成的集合称为无限集。集合的表示方法通常有列举法和描述法两种。对于列举法，由元素 a,b,c 组成的集合，可记作

$$M=\{a,b,c\}$$

对于描述法，设集合 A 是具有某种特性的元素 x 的全体组成的集合，则 A 可表示成

$$A=\{x\mid x\text{ 所具有的特性}\}$$

注：*本书用到的集合主要是数集，即元素都是数的集合。如无特别声明，以后提到的数都是实数。*

将自然数集记作 $\mathbf{N}$，整数集记作 $\mathbf{Z}$，有理数集记作 $\mathbf{Q}$，实数集记作 $\mathbf{R}$。

如果集合 A 的元素都是集合 B 的元素，即"如果 $x\in A$，则必有 $x\in B$"，则称 A 是 B 的子集，记作 $A\subseteq B$ 或 $B\supseteq A$；如果 $A\subseteq B$ 且 $B\supseteq A$，则称集合 A 与 B 相等，记作 $A=B$。不含任何元素的集合称为空集，记为 $\varnothing$，规定空集为任何集合的子集。

2. 区间

区间也是数集。设 a 和 b 都是实数，且 $a<b$，则称满足 $a<x<b$ 的实数 x 的集合为开区间，记作 (a,b)；称满足 $a\leqslant x\leqslant b$ 的实数 x 的集合为闭区间，记作 $[a,b]$；称满足 $a<x\leqslant b$

或 $a \leqslant x < b$ 的实数 x 的集合为半开区间，分别记作 $(a, b]$ 或 $[a, b)$。以上区间都称为有限区间，a, b 称为区间的端点，$b-a$ 称为区间的长度。在数轴上，区间的端点用空心的圆点表示时，表示该区间不包括端点；用实心圆点表示时，表示该区间包括端点(见图 1-1)。

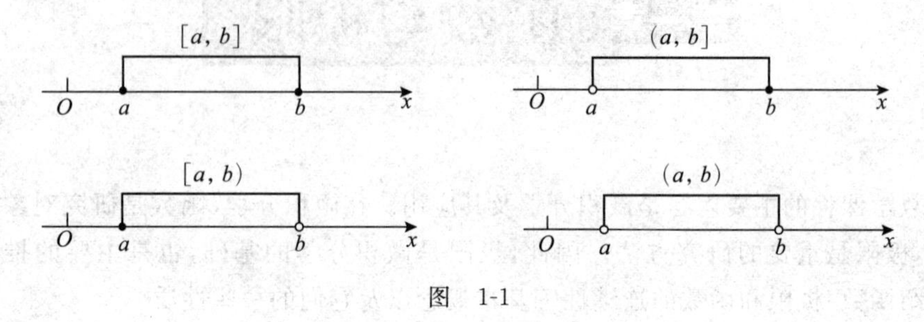

图 1-1

满足 $x \geqslant a$ 和 $x \leqslant b$ 的实数 x 的集合称为无限半开区间，分别记为 $[a, +\infty)$ 和 $(-\infty, b]$；满足 $x > a$ 和 $x < b$ 的实数 x 的集合称为无限开区间，记为 $(a, +\infty)$ 和 $(-\infty, b)$。在数轴上，无限半开区间和无限开区间可用长度为无限的射线表示(见图 1-2)。

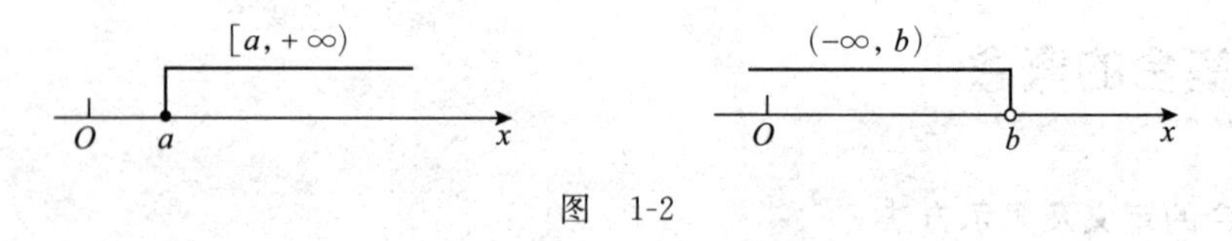

图 1-2

全体实数的集合记作 $(-\infty, +\infty)$，它是无限区间。

3. 邻域

对任意的正数 δ，开区间 $(a-\delta, a+\delta)$ 称为点 a 的 δ 邻域，简称为点 a 的邻域，记作 $U(a, \delta)$，即

$$U(a, \delta) = \{x \mid |x-a| < \delta\}$$

点 a 称为邻域的中心，δ 称为邻域的半径。

数集 $U(a, \delta) - \{a\}$(即点 a 的 δ 邻域去掉中心 a)称为点 a 的去心 δ 邻域，记作 $\mathring{U}(a, \delta)$，即

$$\mathring{U}(a, \delta) = \{x \mid 0 < |x-a| < \delta\}$$

二、函数的定义

在观察某一现象的过程中，常常会遇到各种不同的量，这些量一般可分为两种：一种量在过程中是不变化的，即在过程中始终保持一定的数值，称为常量；另一种量在过程中是变化的，也就是可以取不同的数值，称为变量。

通常，用字母 a, b, c 等表示常量，用字母 x, y, z, t 等表示变量。

在自然界中，某一现象中的各种变量通常不都是独立变化的，它们之间存在着依赖关系。

例如，某种商品的销售单价为 p 元，则其销售额 R 与销售量 x 之间存在依赖关系，即 $R = px$。又如，圆的面积 S 和半径 r 之间存在依赖关系，即 $S = \pi r^2$。

不考虑上面两个例子中量的实际意义，它们都给出了两个变量之间的相互依赖关系，

这种关系是一种对应法则,根据这一法则,当其中一个变量在其变化范围内任意取定一个数值时,另一个变量就有确定的值与之对应,两个变量间的这种对应关系就是函数概念的实质。

现实生活中普遍存在着不断运动变化的变量,高等数学则正是研究变量的数学,对这些变量进行研究就抽象出了函数的概念。

定义 1-1　设 x 和 y 是两个变量,D 是一个给定的数集,如果对于 D 中的每一个数 x,按照某种确定的法则 f,变量 y 都有唯一确定的值与它对应,则称对应法则 f 是定义在数集 D 上的一个函数,其中 D 称为函数的定义域。

对于每一个 $x\in D$,对应的 y 称为函数 f 在 x 处的值,简称函数值,记为 $y=f(x)$。由于我们通过函数值来研究函数,所以也称 $y=f(x)$是 x 的函数,x 称为自变量,y 称为因变量。当 x 取遍 D 的所有数值时,对应的函数值的全体组成的数集为

$$W=\{y \mid y=f(x), x\in D\}$$

该数集称为函数的值域。

定义域和对应法则是函数概念的两个要素,也是判别两个函数是否是相同函数的关键。在实际问题中,函数的定义域需要根据问题的实际意义来确定,而对于用解析式给出的函数,其定义域是使解析式有意义的自变量的一切实数值所组成的集合。例如,函数 $y=\sqrt{x-1}$的定义域是区间$[1,+\infty)$,函数 $y=\dfrac{1}{\sqrt{x^2-1}}$的定义域是$(-\infty,-1)\cup(1,+\infty)$。

下面举几个函数的例子。

【例 1-1】　常数函数 $y=C$ 的定义域 $D=(-\infty,+\infty)$,值域 $W=\{C\}$,它的图形是一条平行于 x 轴的直线(见图 1-3)。

【例 1-2】　绝对值函数

$$f(x)=|x|=\begin{cases}x, & x\geqslant 0\\ -x, & x<0\end{cases}$$

的定义域 $D=(-\infty,+\infty)$,值域 $W=[0,+\infty)$(见图 1-4)。

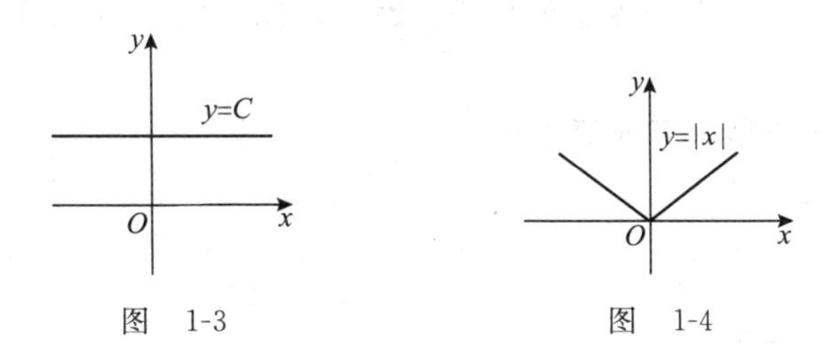

图　1-3　　　　图　1-4

【例 1-3】　符号函数

$$f(x)=\operatorname{sgn}x=\begin{cases}1, & x>0\\ 0, & x=0\\ -1, & x<0\end{cases}$$

的定义域 $D=(-\infty,+\infty)$,值域 $W=\{-1,0,1\}$(见图 1-5)。对于任何实数 x,下列关系成立:

$$x=\operatorname{sgn}x\cdot|x|$$

【例 1-4】 取整函数

$$f(x)=[x]$$

其中,x 为任一实数,$[x]$为 x 的整数部分,即不超过 x 的最大整数。它的定义域 $D=(-\infty,+\infty)$,值域为整数集 $\mathbf{Z}$(见图 1-6)。在 x 的整数值处,图形发生跳跃。

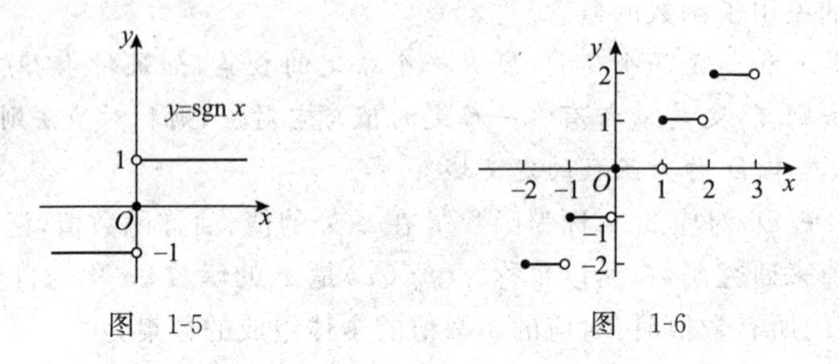

图 1-5　　图 1-6

【例 1-5】 分段函数

$$f(x)=\begin{cases}3x-1, & |x|<1\\ \sin x, & |x|\geqslant 1\end{cases}$$

的定义域 $D=(-\infty,+\infty)$。当 $x\in(-1,1)$时,对应的函数值 $f(x)=3x-1$;当 $x\in(-\infty,-1]\cup[1,+\infty)$时,对应的函数值 $f(x)=\sin x$。例如,$f\left(\frac{1}{2}\right)=3\cdot\frac{1}{2}-1=\frac{1}{2}$,$f(2)=\sin 2$。

例 1-2～例 1-5 中的函数都是用两个以上式子表示的,这种在自变量的不同变化范围内,因变量用不同的解析式来表示的函数称为分段函数。分段函数是经常出现的一种函数。

【例 1-6】 求 $y=\arcsin\frac{x-5}{5}+\frac{1}{\sqrt{25-x^2}}$的定义域。

解　$\left|\frac{x-5}{5}\right|\leqslant 1$ 且 $25-x^2>0$,即 $0\leqslant x\leqslant 10$ 且 $-5<x<5$,故定义域为$[0,5)$。

定义域是使函数有意义的自变量的集合。因此,求函数定义域需注意以下几点。

(1) 分母不等于 0。

(2) 偶次根式被开方数大于或等于 0。

(3) 对数的真数大于 0。

(4) $y=x^0$,$x\neq 0$。

(5) $y=\tan x$,$x\neq k\pi+\frac{\pi}{2}$,$k\in\mathbf{Z}$ 等。

三、函数的表示方法

常用的函数的表示方法有以下三种。

1. 列表法

在实际应用中,常把所考虑的函数的自变量的一些值与它们所对应的函数值列成一个表格,这种表示函数的方法称为列表法,如三角函数表、对数表等。列表法的优点是方便易懂。

2. 图形法

对于给定的函数 $y=f(x)$，当自变量 x 在定义域 D 内变化时，对应的函数值 y 也随之变化，因此把坐标平面上的点集

$$\{P(x,y)\mid y=f(x),x\in D\}$$

称为函数 $y=f(x)$ 的图形。这种用坐标平面上的曲线表示函数的方法叫做图形法，如指数曲线、对数曲线等。图形法的优点是直观性强，函数的变化情况一目了然；缺点是不够精确，不便于做理论上的推导和运算。

3. 解析法

把两个变量之间的函数关系直接用数学式表示出来，并注明函数的定义域，这种表示函数的方法称为解析法，如 $f(x)=\sin x$，$f(x)=2x-1$ 等。解析法的优点是便于理论分析和数值计算，缺点是不够直观。

在研究具体问题时，这三种方法可以结合使用。

四、函数的特性

1. 函数的有界性

设函数 $f(x)$ 在区间 I 内有定义。如果存在正数 M，使得对于任意 $x\in I$，都有

$$|f(x)|\leqslant M$$

则称函数 $f(x)$ 在 I 内有界。此时正数 M 称为函数 $f(x)$ 在区间 I 上的一个界。如果不存在这样的正数 M，则称函数 $f(x)$ 在 I 内无界。

例如，正弦函数 $f(x)=\sin x$ 在 $(-\infty,+\infty)$ 内是有界的。因为对于任意的 x 值，都有 $|f(x)|=|\sin x|\leqslant 1$，它的图形介于两条平行直线 $y=\pm 1$ 之间。而正切函数 $f(x)=\tan x$ 在 $\left(-\frac{\pi}{2},\frac{\pi}{2}\right)$ 内是无界的，因为对于任意的正数 M，在区间 $\left(-\frac{\pi}{2},\frac{\pi}{2}\right)$ 内不等式 $|\tan x|\leqslant M$ 都不能成立。

如果存在常数 M_1，使得对于任意 $x\in I$ 都有 $f(x)\leqslant M_1$，则称函数 $f(x)$ 在区间 I 有上界，此时 M_1 称为函数 $f(x)$ 在区间 I 上的一个上界；如果存在常数 M_2，使得对于任意 $x\in I$ 都有 $f(x)\geqslant M_2$，则称函数 $f(x)$ 在区间 I 有下界，此时 M_2 称为函数 $f(x)$ 在区间 I 上的一个下界。

如果函数 $f(x)$ 在区间 I 内既有上界又有下界，则称 $f(x)$ 在区间 I 内有界。

2. 函数的单调性

设函数 $f(x)$ 在区间 I 上有定义，若对任意 $x_1,x_2\in I$，当 $x_1<x_2$ 时，恒有

$$f(x_1)<f(x_2)$$

则称函数 $f(x)$ 在区间 I 内是单调增加的；若对任意 $x_1,x_2\in I$，当 $x_1<x_2$ 时，恒有

$$f(x_1)>f(x_2)$$

则称函数 $f(x)$ 在区间 I 内是单调减少的。单调增加和单调减少的函数统称为单调函数。

例如，函数 $f(x)=x^2$ 在区间 $(-\infty,0]$ 内是单调减少的，在区间 $[0,+\infty)$ 内是单调增加的，但在 $(-\infty,+\infty)$ 内却不是单调函数。

3. 函数的奇偶性

设函数 $f(x)$的定义域 D 关于原点对称(即如果 $x\in D$,则$-x\in D$)。如果对于任意 $x\in D$,都有

$$f(-x)=f(x)$$

成立,则称 $f(x)$为偶函数;如果对于任意 $x\in D$,都有

$$f(-x)=-f(x)$$

成立,则称 $f(x)$为奇函数。

偶函数的图形关于 y 轴对称,奇函数的图形关于原点对称。

例如,$f(x)=x^2$ 是偶函数,$f(x)=\sin x$ 是奇函数,$f(x)=2^x$ 是非奇非偶函数。

【例 1-7】 讨论下列函数的奇偶性:

(1) $f(x)=\ln(1+x^2)+\dfrac{\sin x}{x}$;(2) $f(x)=\dfrac{a^x-a^{-x}}{a^x+a^{-x}}(a>0,a\neq 1)$;(3) $f(x)=3x^3+2$。

解 (1) 该函数的定义域为 $x\neq 0$,由于

$$f(-x)=\ln[1+(-x)^2]+\frac{\sin(-x)}{-x}=\ln(1+x^2)+\frac{\sin x}{x}=f(x)$$

所以 $f(x)=\ln(1+x^2)+\dfrac{\sin x}{x}$为偶函数。

(2) 该函数的定义域为 $\mathbf{R}$,由于

$$f(-x)=\frac{a^{-x}-a^x}{a^{-x}+a^x}=-\frac{a^x-a^{-x}}{a^x+a^{-x}}=-f(x)$$

所以 $f(x)=\dfrac{a^x-a^{-x}}{a^x+a^{-x}}$为奇函数。

(3) 该函数的定义域为 $\mathbf{R}$,由于

$$f(-x)=3(-x)^3+2=-3x^3+2$$

既不等于 $f(x)$,也不等于$-f(x)$,所以 $f(x)=3x^3+2$ 是非奇非偶函数。

4. 函数的周期性

对于函数 $f(x)$,如果存在一个正数 l,使得对于定义域内的任意 x 值都有

$$f(x+l)=f(x)$$

则称 $f(x)$为周期函数,l 叫做 $f(x)$的周期。满足这个等式的最小正数 l 称为周期函数的最小正周期。通常,周期函数的周期是指最小正周期。

例如,函数 $f(x)=\sin x$,$f(x)=\cos x$ 都是以 2π 为周期的周期函数。

需要注意的是,不是所有的周期函数都有最小正周期。例如,常数函数是周期函数,但它没有最小正周期。

周期函数的图形特点是在函数的定义域内,每个长度为 l 的区间上,函数的图形有相同的形状。所以画图时可以先作出长度为一个周期的区间上的图形,再通过平移得到函数的图形。

五、反函数与复合函数

1. 反函数

函数 $y=f(x)$表示变量 y 随着 x 的变化而变化,但在实际问题中,有时却要反过来研

究 x 是怎样随着 y 的变化而变化的。例如，在自由落体运动过程中，距离 s 表示为时间 t 的函数 $s=\frac{1}{2}gt^2$。在时间的变化范围中任意确定一个时刻 t_0，由上述公式就可得到相应的距离 $s_0=\frac{1}{2}gt_0^2$。如果将问题反过来，即已知下落的距离 s，求时间 t，则有 $t=\sqrt{\frac{2s}{g}}$（$t\geqslant 0$，g 为重力加速度），原来的因变量 s 成为自变量，原来的自变量 t 成为因变量。这样交换自变量和因变量的位置而得到的新函数 $t=\sqrt{\frac{2s}{g}}$ 称为原函数 $s=\frac{1}{2}gt^2$ 的反函数。

设 $y=f(x)$ 的定义域为 D，值域为 W。如果对于 $y=f(x)$ 值域 W 中的每个 y，根据关系式 $y=f(x)$ 可以确定出 D 中唯一的 x 值与之对应，则由此确定了一个新的函数，称为 $y=f(x)$ 的反函数，记作

$$x=f^{-1}(y)$$

这个函数的定义域为 W，值域为 D，相对于 $x=f^{-1}(y)$，原来的函数 $y=f(x)$ 称为直接函数。

由于习惯上经常用 x 表示自变量，用 y 表示因变量，因此通常把 $x=f^{-1}(y)$ 中的自变量 y 改写成 x，因变量 x 改写成 y，这样 $y=f(x)$ 的反函数就写成了 $y=f^{-1}(x)$。

反函数是相互的，即若 $y=f^{-1}(x)$ 是 $y=f(x)$ 的反函数，则 $y=f(x)$ 也是 $y=f^{-1}(x)$ 的反函数，并且互为反函数的两个函数的图形关于直线 $y=x$ 对称。例如，函数 $y=x^3$ 与它的反函数 $y=x^{\frac{1}{3}}$ 的图形关于直线 $y=x$ 对称。

什么样的函数存在反函数呢？一般地，有以下反函数存在性的充分条件：若函数 $y=f(x)$ 在区间 I 上有定义且在该区间上单调，则它的反函数必存在。

例如，函数 $y=\sin x$ 的定义域为 $(-\infty,+\infty)$，值域为 $[-1,1]$，显然在 $(-\infty,+\infty)$ 内 $y=\sin x$ 不存在反函数，但是如果我们仅在它的一个单调区间 $\left[-\frac{\pi}{2},\frac{\pi}{2}\right]$ 上考虑，由反函数存在性的充分条件可知 $y=\sin x\left(x\in\left[-\frac{\pi}{2},\frac{\pi}{2}\right]\right)$ 存在反函数，这个反函数即反正弦函数 $y=\arcsin x$，其定义域为 $[-1,1]$，值域为 $\left[-\frac{\pi}{2},\frac{\pi}{2}\right]$。

类似地，$y=\cos x\,(x\in[0,\pi])$ 的反函数为反余弦函数 $y=\arccos x$，定义域为 $[-1,1]$，值域为 $[0,\pi]$；$y=\tan x\left(x\in\left(-\frac{\pi}{2},\frac{\pi}{2}\right)\right)$ 的反函数为反正切函数 $y=\arctan x$，定义域为 $(-\infty,+\infty)$，值域为 $\left(-\frac{\pi}{2},\frac{\pi}{2}\right)$；$y=\cot x\,(x\in(0,\pi))$ 的反函数为反余切函数 $y=\operatorname{arccot}x$，定义域为 $(-\infty,+\infty)$，值域为 $(0,\pi)$。以上四种函数统称为反三角函数。

2. 复合函数

复合函数是比较常见的一类函数。例如，某工厂生产某种产品，x 表示生产的原材料的收购量，u 表示生产量，y 表示上缴利润。若不考虑其他因素，只研究这三者的关系，显然，y 是 u 的函数，u 是 x 的函数，对于每一个 x，经过 u 总有一个 y 与之对应，通过这种复合关系而构成的函数就是复合函数。

一般地，如果变量 y 是变量 u 的函数 $y=f(u)$，而 u 又是变量 x 的函数 $u=g(x)$，且

$g(x)$函数值的全部或部分使$f(u)$有定义，则函数$y=f[g(x)]$称为x的复合函数，x称为自变量，u称为中间变量。g与f构成的复合函数$f[g(x)]$的条件是函数g在D上的值域$g(D)$必须包含在f的定义域内，否则不能构成复合函数。

例如，$y=f(u)=\arcsin u$的定义域为$[-1,1]$，$u=g(x)=2\sqrt{1-x^2}$在$D=\left[-1,-\frac{\sqrt{3}}{2}\right]\cup\left[\frac{\sqrt{3}}{2},1\right]$上有定义，且$g(D)\subset[-1,1]$，则$g$与$f$可构成复合函数$y=\arcsin 2\sqrt{1-x^2}$，$x\in D$。但函数$y=\arcsin u$和函数$u=2+x^2$不能构成复合函数，因为对任意$x\in\mathbf{R}$，$u=2+x^2$的值域均不在$y=\arcsin u$的定义域$[-1,1]$内。

对这种复合结构还可以加以推广，如$y=\cos u$，$u=\sin v$，$v=e^x+1$，则复合函数为$y=\cos(\sin(e^x+1))$，$x\in(-\infty,+\infty)$。

【例 1-8】 指出下列函数是由哪些函数复合而成的：

(1) $y=\sin(\ln x)$；(2) $y=e^{\cos^2 x}$；(3) $y=\arcsin^2(2x-1)$。

解 (1) 函数$y=\sin(\ln x)$是由函数$y=\sin u$，$u=\ln x$复合而成的。

(2) 函数$y=e^{\cos^2 x}$是由函数$y=e^u$，$u=v^2$，$v=\cos x$复合而成的。

(3) 函数$y=\arcsin^2(2x-1)$是由函数$y=u^2$，$u=\arcsin v$，$v=2x-1$复合而成的。

六、基本初等函数

下列函数称为基本初等函数。

(1) 常数函数：$y=C$(C为常数)。

(2) 幂函数：$y=x^\mu$(μ是常数)。

(3) 指数函数：$y=a^x$(a是常数，$a>0$且$a\neq1$)。

(4) 对数函数：$y=\log_a x$(a是常数，$a>0$且$a\neq1$)。

(5) 三角函数：正弦函数$y=\sin x$；余弦函数$y=\cos x$；正切函数$y=\tan x$；余切函数$y=\cot x$。

(6) 反三角函数：$y=\arcsin x$，$y=\arccos x$，$y=\arctan x$，$y=\operatorname{arccot} x$。

这些基本初等函数的图形及其主要性质见附录A。

由基本初等函数经过有限次四则运算及有限次的复合步骤所构成，并用一个式子表示的函数，叫做初等函数；否则就是非初等函数。

高等数学中所讨论的函数绝大多数是初等函数。分段函数大部分是非初等函数，如符号函数(例 1-3)和取整函数(例 1-4)均为非初等函数，而绝对值函数(例 1-2)$y=|x|=\begin{cases}x, & x\geqslant0\\-x, & x<0\end{cases}$可表示为$y=\sqrt{x^2}$，故为初等函数。

七、极坐标系

平面直角坐标系是以一对实数来确定平面上一点的位置，这是一种简单且常用的坐标系，但不是唯一的坐标系。在实际问题中，有时使用其他坐标系比较方便，如炮兵射击时以大炮为基点，利用目标的方向角及大炮的距离来确定目标的位置。下面就来介绍这种坐标系——极坐标系。

极坐标系对平面上的一点的位置也是用有序实数对来确定的，但这一对实数中，一个表示距离，另一个则表示方向。一般来说，取一个定点 O，称为极点，作一水平射线 OX，称为极轴，在 OX 上规定单位长度，这样就组成了一个极坐标系。平面上一点 P 的位置，可以由 OP 的长度及 $\angle XOP$ 的大小确定。具体地说，假设平面上有点 P，连接 OP，设 $OP=\rho$，$\angle XOP=\theta$。ρ 和 θ 的值一旦确定，则 P 点的位置就唯一确定了。ρ 叫做 P 点的极径，θ 叫做 P 点的极角，(ρ,θ) 叫做 P 点的极坐标（规定 ρ 写在前，θ 写在后）。由极径的意义可知 $\rho\geqslant 0$，当极角的取值范围是 $[0,2\pi)$ 时，平面上的点（除去极点）就与极坐标 $(\rho,\theta)(\rho\neq 0)$ 建立一一对应的关系。

极坐标系与直角坐标系的关系如图 1-7 所示，将极坐标系的极点 O 作为直角坐标系的原点，将极坐标系的极轴作为直角坐标系 x 轴的正半轴。如果点 P 在直角坐标系下的坐标为 (x,y)，在极坐标系下的坐标为 (ρ,θ)，则有下列关系式成立：

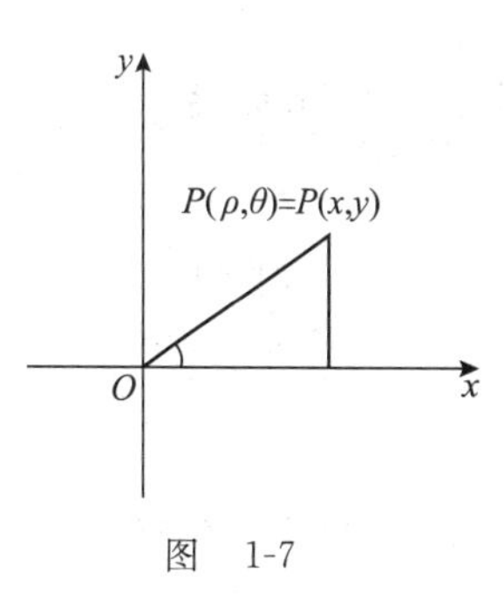

图　1-7

$$\cos\theta=\frac{x}{\rho},\quad \sin\theta=\frac{y}{\rho}$$

即

$$x=\rho\cos\theta,\quad y=\rho\sin\theta$$

另外还有下列关系式成立：

$$\rho^2=x^2+y^2,\quad \tan\theta=\frac{y}{x}$$

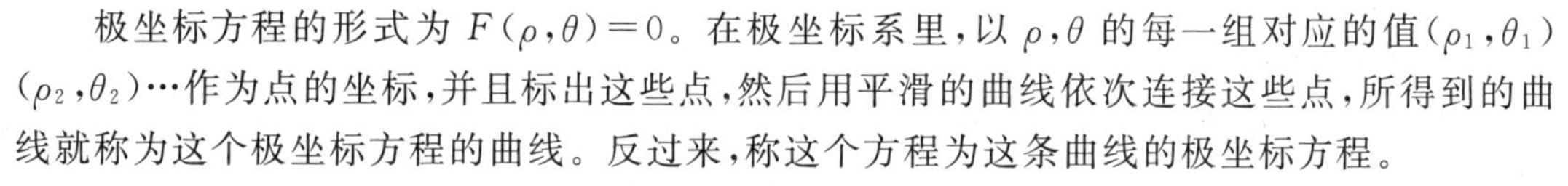

极坐标方程的形式为 $F(\rho,\theta)=0$。在极坐标系里，以 ρ,θ 的每一组对应的值 (ρ_1,θ_1) $(\rho_2,\theta_2)\cdots$ 作为点的坐标，并且标出这些点，然后用平滑的曲线依次连接这些点，所得到的曲线就称为这个极坐标方程的曲线。反过来，称这个方程为这条曲线的极坐标方程。

【例 1-9】　写出下列曲线的直角坐标方程：

(1) $\rho=2$；(2) $\rho=\sec\theta$；(3) $\rho=3\cos\theta$；(4) $\rho^2\cos(2\theta)=16$。

解　(1) 由 $\rho=2$ 得 $x^2+y^2=4$。

(2) 由 $\rho=\sec\theta$ 得 $\rho\cos\theta=1$，即 $x=1$。

(3) 由 $\rho=3\cos\theta$ 得 $\rho^2=3\rho\cos\theta$，即 $x^2+y^2=3x$，可化为 $\left(x-\frac{3}{2}\right)^2+y^2=\frac{9}{4}$。

(4) 由 $\rho^2\cos(2\theta)=16$ 得 $\rho^2(\cos^2\theta-\sin^2\theta)=16$，即 $x^2-y^2=16$。

【例 1-10】　写出下列曲线的极坐标方程：

(1) $y=2$；(2) $x^2+y^2=y$；(3) $x+y=2$；(4) $x^2+y^2-ay=a\sqrt{x^2+y^2}$。

解　(1) 由 $y=2$ 得 $\rho\sin\theta=2$，即 $\rho=2\csc\theta$。

(2) 由 $x^2+y^2=y$ 得 $\rho^2=\rho\sin\theta$，即 $\rho=\sin\theta$。

(3) 由 $x+y=2$ 得 $\rho\cos\theta+\rho\sin\theta=2$，即 $\rho=\frac{2}{\cos\theta+\sin\theta}$。

(4) 由 $x^2+y^2-ay=a\sqrt{x^2+y^2}$ 得 $\rho^2-a\rho\sin\theta=a\rho$，即 $\rho=a(1+\sin\theta)$。

习题 1.1

1. 设 $f(x)=\frac{|x-3|}{x-1}$,求下列函数的值。

(1) $f(3)$; (2) $f(-2)$; (3) $f(0)$。

2. 求下列函数的定义域。

(1) $y=\ln\cos x$; (2) $y=\frac{2x+2}{x^2-x+2}$;

(3) $y=3^{\frac{1}{x}}$; (4) $y=\sqrt{3-x}+\arctan\frac{1}{x}$。

3. 下列函数是否表示同一函数?为什么?

(1) $f(x)=x, g(x)=\sqrt{x^2}$;

(2) $f(x)=1, g(x)=\sin^2 x+\cos^2 x$;

(3) $y=\frac{x^2-1}{x-1}, y=x+1$;

(4) $y=x\cdot\operatorname{sgn}x, y=\begin{cases}x, & x\geqslant 0\\ -x, & x<0\end{cases}$。

4. 判断函数 $y=\ln x$ 在区间$(0,+\infty)$内的单调性。

5. 设 $f(x)$为定义在$(-\infty,+\infty)$内的任意函数,证明:

(1) 函数 $F_1(x)=f(x)+f(-x)$为偶函数;

(2) 函数 $F_2(x)=f(x)-f(-x)$为奇函数。

6. 指出下列函数是由哪些简单函数复合而成的。

(1) $y=(1+x)^3$; (2) $y=\ln^2 x$;

(3) $y=4^{(2x+1)^3}$; (4) $y=\tan^2 3x$。

第二节 数列的极限

为了掌握变量的变化规律,我们往往需要从它的变化过程来判断它的变化趋势。例如,有这么一个变量,它开始是 1,然后为$\frac{1}{2},\frac{1}{3},\frac{1}{4},\cdots,\frac{1}{n},\cdots$一直无尽地变化下去,虽然无止尽,但它的变化有一个趋势,这个趋势就是在它的变化过程中越来越接近于零。因此,我们就说,这个变量的极限为 0。

在高等数学中,有很多重要的概念和方法都和极限有关,如导数、微分、积分、级数等,在实际问题中,极限也占有重要的地位。例如,圆的面积和周长公式为 $S=\pi r^2$ 和 $l=2\pi r$,但这两个公式从何而来呢?

要知道,获得这些结果并不容易。人们最初只知道求多边形的面积和求直线段的长度。然而,要定义这种从多边形到圆的过渡,就要求人们在观念上、在思考方法上实现突破。多边形的面积之所以容易计算，是因为其周界是一些直线段，我们可以把它分解为许多三角形。而圆呢？周界处处是弯曲的，困难就在这个“曲”字上面。在这里我们面临着“曲”与“直”这样一对矛盾。辩证唯物主义认为，在一定条件下，曲与直的矛盾可以相互转化。整个圆周是曲的，每一小段圆弧却可以近似看成直的；也就是说，在很小的一段上可以近似地“以直代曲”，即以弦代替圆弧。按照这种辩证思想，我们把圆周分成 n 个等长的小段，不考虑圆，而先考虑其内接正 n 边形。易知，正 n 边形周长为 $l_n=2nr\sin\frac{\pi}{n}$。

显然，这个 l_n 不会等于 l。然而，从几何角度上可以看出，只要正 n 边形的边数不断增加，这些正多边形的周长将随着边数的增加而不断接近于圆的周长。n 越大，近似程度越高。但是，不论 n 多么大，这样计算出来的结果仍然是多边形的周长，只是圆周长的近似值，而不是精确值，问题没有最终得到解决。

为了从近似值过渡到精确值，我们让 n 无限地增大，记为 $n\to\infty$。当 $n\to\infty$ 时，$l_n\to l$，记为 $\lim\limits_{n\to\infty}l_n=l$，即圆周长是其内接正多边形周长的极限。这种方法由我国古代数学家刘徽在3世纪提出，称为“割圆术”，其方法就是无限分割，以直代曲。

除此之外，曲边梯形面积等的计算均源于极限思想。所以，我们有必要对极限做深入研究。

一、数列极限的定义

数列就是“一列数”，但这“一列数”并不是任意的一列数，而是具有一定规律、一定次序性的一列数。具体而言，数列可定义如下。

按照某一法则依次排列起来的无穷多个有次序的数

$$a_1,a_2,a_3,\cdots,a_n,\cdots$$

数列中的每一个数称为数列的项，第 n 项 a_n 称为数列的一般项(或通项)。例如，

$$\frac{1}{2},\frac{1}{4},\frac{1}{8},\frac{1}{16},\cdots,\frac{1}{2^n},\cdots \tag{1}$$

$$-1,1,-1,\cdots,(-1)^n,\cdots \tag{2}$$

$$0,\frac{3}{2},\frac{2}{3},\frac{5}{4},\cdots,\frac{n+(-1)^n}{n},\cdots \tag{3}$$

$$0,\frac{1}{3},\frac{2}{4},\frac{3}{5},\cdots,\frac{n-1}{n+1},\cdots \tag{4}$$

都是数列，它们的一般项依次为

$$\frac{1}{2^n},(-1)^n,\frac{n+(-1)^n}{n},\frac{n-1}{n+1}$$

数列

$$a_1,a_2,a_3,\cdots,a_n,\cdots$$

也简记为数列 $\{a_n\}$。

对于数列 $\{a_n\}$，需要关心的是它的变化趋势，即当 n 无限增大时，数列中的项能否无限接近于某个确定的数值。例如，数列(1)的通项为 $\frac{1}{2^n}$，当 n 无限增大时，$\frac{1}{2^n}$ 无限趋近于0；数

列(3)的通项$\frac{n+(-1)^n}{n}=1+\frac{(-1)^n}{n}$，当$n$无限增大时，$\frac{(-1)^n}{n}$无限趋近于0，故数列(3)无限趋近于1；数列(4)的通项$\frac{n-1}{n+1}=1-\frac{2}{n+1}$，当$n$无限增大时，$\frac{2}{n+1}$无限趋近于0，故数列(4)无限趋近于1。数列(2)的情况则不同，数列(2)的通项为$(-1)^n$，当n无限增大时，它始终在1和-1之间轮流取值，而不接近于某个确定的常数。

以上这几个例子，都是凭观察来判定它们的极限是否存在。但是很多问题我们通过观察的方法很难判断出极限是否存在，且观察得到的结果不能作为推理的依据。因此，我们有必要给出数列极限的精确定义。

在数列(1)、(3)、(4)中，当n无限增大时，数列都无限趋近于某个确定的常数，这个常数就是该数列的极限。在数列(2)中，当n无限增大时，它的各项始终在1和-1之间轮流取值，而不接近于某个确定的常数，也就是该数列不存在极限。"当n无限增大时，a_n无限趋近于一个确定的常数"，这种对于极限定义的提法是描述性的，那么，我们到底应该如何来理解极限呢？下面以数列(3)为例加以说明。

$a_n=\frac{n+(-1)^n}{n}$与1接近的程度可以用a_n与1的距离，即$|a_n-1|$来刻画，$|a_n-1|$越小，说明a_n与1越接近，因为

$$|a_n-1|=\left|\frac{n+(-1)^n}{n}-1\right|=\frac{1}{n}$$

所以，当n越来越大时，$\frac{1}{n}$就越来越小，a_n也就越来越接近于1。事实上，要$|a_n-1|<0.01$，由$\frac{1}{n}<0.01$得$n>100$，即从数列的第101项开始，以后各项都满足$|a_n-1|<0.01$。同样地，要$|a_n-1|<0.0001$，只要$n>10000$，即从数列的第10001项开始，以后各项都满足$|a_n-1|<0.0001$。可见，"当n无限增大时，a_n无限趋近于1"可以理解为只要n充分大，$|a_n-1|$就可"任意小"，这就从数量关系上刻画了"当n无限增大时，a_n无限趋近于1"的实质。下面给出数列极限的精确定义。

定义1-2　对于数列$\{a_n\}$，如果对任意给定的正数ε(不论它多么小)，总存在正整数N，使得对于满足$n>N$的一切a_n，不等式

$$|a_n-A|<\varepsilon$$

都成立，则称常数A是数列$\{a_n\}$的极限，或称数列$\{a_n\}$收敛于A，记作

$$\lim_{n\to+\infty}a_n=A$$

或

$$a_n\to A(n\to\infty)$$

如果不存在这样的常数A，就说数列$\{a_n\}$没有极限，或者说数列$\{a_n\}$是发散的。

关于数列极限的ε-N定义有以下几点说明。

(1) ε的任意性：定义中，正数ε的作用在于衡量数列通项a_n与常数A的接近程度，ε越小，表示越接近；而正数ε可以任意小，说明a_n与常数A可以接近到任何程度。

(2) 关于N：一般地，N随ε的变小而变大，因此常把N定作$N(\varepsilon)$，来强调N是依赖于ε的，但不是ε的函数；ε一经给定，就可以找到一个N，所以N不是唯一的。事实上，在许

多场合下，最重要的是 N 的存在性，而不是它的值有多大。

(3) 数列极限的几何理解：在定义中，"当 $n>N$ 时，有 $|a_n-A|<\varepsilon$"可表示为"当 $n>N$ 时，有 $a_n\in(A-\varepsilon,A+\varepsilon)$"，也就是说，所有下标大于 N 的项 a_n 都落在邻域 $U(A,\varepsilon)$ 内，而在 $U(A,\varepsilon)$ 之外，数列 $\{a_n\}$ 中的项至多有 N 个(有限个)。

所以，在讨论数列极限时，添加、去掉或改变它的有限项的数值，对收敛性和极限都没有影响。

为了方便起见，我们令记号"$\forall$"表示"任意一个"，记号"$\exists$"表示"存在着"。这样，数列极限的定义还可用 ε-N 语言描述为

$$\forall\varepsilon>0,\ \exists \text{正整数 } N,\text{当 } n>N \text{ 时，有 } |a_n-A|<\varepsilon,\text{则} \lim_{n\to\infty}a_n=A$$

【例 1-11】 利用数列极限的定义证明：数列 $\frac{1}{\sqrt{n}}$ 的极限是 0。

证
$$|a_n-A|=\left|\frac{1}{\sqrt{n}}-0\right|=\frac{1}{\sqrt{n}}$$

对于任意给定的正数 ε，要使

$$|a_n-A|<\varepsilon$$

成立，只需 $\frac{1}{\sqrt{n}}<\varepsilon$，即 $n>\frac{1}{\varepsilon^2}$，取正整数 $N=\left[\frac{1}{\varepsilon^2}\right]$，则有

$$\forall\varepsilon>0,\quad \exists N=\left[\frac{1}{\varepsilon^2}\right]$$

当 $n>N$ 时，则有不等式

$$|a_n-A|=\left|\frac{1}{\sqrt{n}}-0\right|<\varepsilon$$

即

$$\lim_{n\to\infty}\frac{1}{\sqrt{n}}=0$$

【例 1-12】 已知 $a_n=\frac{n}{2n+1}$，证明数列 $\{a_n\}$ 的极限是 $\frac{1}{2}$。

证
$$|a_n-A|=\left|\frac{n}{2n+1}-\frac{1}{2}\right|=\frac{1}{2(2n+1)}<\frac{1}{n}$$

对于任意给定的正数 ε，要使

$$|a_n-A|<\varepsilon$$

成立，只需 $\frac{1}{n}<\varepsilon$，即 $n>\frac{1}{\varepsilon}$，取正整数 $N=\left[\frac{1}{\varepsilon}\right]$(如果所给 ε 的值使 $\left[\frac{1}{\varepsilon}\right]=0$，则可令 $N=1$，下同)，则有

$$\forall\varepsilon>0,\quad \exists N=\left[\frac{1}{\varepsilon}\right]$$

当 $n>N$ 时，则有不等式

$$|a_n-A|=\left|\frac{n}{2n+1}-\frac{1}{2}\right|<\varepsilon$$

即

$$\lim_{n\to\infty}\frac{n}{2n+1}=\frac{1}{2}$$

二、收敛数列的性质

定理 1-1(收敛数列的极限唯一性) 如果数列$\{a_n\}$收敛,那么它的极限唯一。

证 用反证法。假设同时有

$$\lim_{n\to\infty}a_n=A \quad 及 \quad \lim_{n\to\infty}a_n=B, \quad 且\ A<B$$

根据数列极限的定义,对于$\varepsilon=\frac{B-A}{2}>0$,

$$\exists N_1\in\mathbf{N}^+,当\ n>N_1\ 时,有不等式\ |a_n-A|<\varepsilon=\frac{B-A}{2}成立$$

$$\exists N_2\in\mathbf{N}^+,当\ n>N_2\ 时,有不等式\ |a_n-B|<\varepsilon=\frac{B-A}{2}成立$$

取$N=\max\{N_1,N_2\}$,则当$n>N$时,有

$$|a_n-A|<\varepsilon=\frac{B-A}{2} \quad 与 \quad |a_n-B|<\varepsilon=\frac{B-A}{2}$$

同时成立。由上面两个不等式可分别解得

$$a_n<\frac{B+A}{2} \quad 及 \quad a_n>\frac{B+A}{2}$$

这是不可能的,所以只能有$A=B$,即证明了收敛数列的极限是唯一的。

下面介绍数列的有界性概念。

对于数列$\{a_n\}$,如果存在正数M,使得对于一切a_n都满足不等式

$$|a_n|\leqslant M$$

则称数列$\{a_n\}$是有界的;如果这样的正数M不存在,就说数列$\{a_n\}$是无界的。

例如数列$\{a_n\}$,$a_n=\frac{2n-1}{n}(n=1,2,3,\cdots)$是有界的,因为可取$M=2$,使不等式

$$\left|\frac{2n-1}{n}\right|\leqslant 2$$

对于一切正整数n都成立。

数列$a_n=2n-1(n=1,2,3,\cdots)$是无界的,因为当n无限增大时,$2n-1$可以超过任何正数。

定理 1-2(收敛数列的有界性) 如果数列$\{a_n\}$收敛,那么数列$\{a_n\}$一定有界。

证 因为数列$\{a_n\}$收敛,设$\lim\limits_{n\to\infty}a_n=A$。根据数列极限的定义,取$\varepsilon=1$,则存在正整数$N$,使满足$n>N$的一切$a_n$,都有

$$|a_n-A|<1$$

即

$$|a_n|=|(a_n-A)+A|\leqslant|a_n-A|+|A|<1+|A|$$

成立。因为上式是在$n>N$时成立的,故可取$M=\max\{|a_1|,|a_2|,\cdots,|a_N|,1+|A|\}$,那么数列$\{a_n\}$中的一切$a_n$都满足不等式

$$|a_n| \leqslant M$$

即数列$\{a_n\}$有界。

根据上述定理，如果数列$\{a_n\}$无界，则$\{a_n\}$一定发散。但如果数列$\{a_n\}$有界，却不能判定数列$\{a_n\}$一定收敛，如数列$\{(-1)^n\}$。所以数列有界是数列收敛的必要条件，而非充分条件。

定理 1-3(收敛数列的保号性)　如果数列$\{a_n\}$收敛于A，且$A>0$(或$A<0$)，那么存在正整数N，当$n>N$时，有$a_n>0$(或$a_n<0$)。

证　仅对$A>0$的情形进行证明，$A<0$的情形类似可证。

由数列极限的定义，对$\varepsilon=\dfrac{A}{2}>0$，$\exists N\in \mathbf{N}^+$，当$n>N$时，有

$$|a_n-A|<\frac{A}{2}$$

从而

$$a_n>A-\frac{A}{2}=\frac{A}{2}>0$$

推论　如果数列$\{a_n\}$从某项起有$a_n\geqslant 0$(或$a_n\leqslant 0$)，且数列$\{a_n\}$收敛于A，那么$A\geqslant 0$(或$A\leqslant 0$)。

习题 1.2

1. 观察下列数列的变化趋势，写出它们的极限。

(1) $x_n=\dfrac{(-1)^n}{n}$；　(2) $x_n=\dfrac{n+(-1)^n}{n}$；

(3) $x_n=\dfrac{n-1}{n+1}$；　(4) $x_n=3-\dfrac{1}{n}$；

(5) $x_n=\dfrac{1}{n^\alpha}$。

2. 根据数列极限的定义证明下列等式成立。

(1) $\lim\limits_{n\to\infty}\dfrac{n+1}{3n+2}=\dfrac{1}{3}$；　(2) $\lim\limits_{n\to\infty}\dfrac{1}{2^n}=0$。

3. 若$\lim\limits_{n\to\infty}x_n=a$，证明$\lim\limits_{n\to\infty}|x_n|=|a|$，并举例说明，数列$\{|x_n|\}$收敛时，数列$\{x_n\}$不一定收敛。

第三节　函数的极限

第二节研究数列极限中的数列$\{a_n\}$，实际上可以看作自变量为正整数的函数$a_n=f(n)$。数列$\{a_n\}$的极限为A，从函数的角度来看，也就是当自变量n无限增大即$n\to\infty$时，对应的函数值$f(n)$无限趋近于常数A。如果我们撇开此变化过程的特殊性，那么函数的极限，就是在自变量的某个变化过程中，如果对应的函数值无限趋近于一个确定的常数，这个常数就是在这一变化过程中函数的极限。由于函数的极限与自变量的变化过程是密切相关

的,即自变量的变化过程不同,函数极限的定义就表现为不同的形式,所以对于函数的极限,我们将分为自变量趋近于无穷大(记作 $x\to\infty$)和自变量趋近于有限值(记作 $x\to x_0$)两种情况来讨论。

一、自变量趋于无穷大时函数的极限

下面给出当 $x\to\infty$ 时函数 $f(x)$ 极限的精确定义。

定义 1-3 设函数 $f(x)$ 当 $|x|$ 大于某一正数时有定义。如果存在常数 A,对于任意给定的正数 ε(不论它多么小),总存在一个正数 M,使适合不等式 $|x|>M$ 的一切 x 所对应的函数值 $f(x)$ 都满足不等式

$$|f(x)-A|<\varepsilon$$

则称常数 A 为函数 $f(x)$ 当 $x\to\infty$ 时的极限,记作

$$\lim_{x\to\infty}f(x)=A$$

或

$$f(x)\to A(x\to\infty)$$

定义 1-3 中正数 M 的作用与数列极限定义中 N 的作用类似,表明 x 充分大的程度;但这里所考虑的是比 M 大的所有实数 x,而不仅仅是正整数 n。因此,当 $x\to+\infty$ 时,函数 $f(x)$ 以 A 为极限意味着 A 的任意小邻域内必含有 $f(x)$ 在 $+\infty$ 的某邻域内的全部函数值。另外,ε 的大小决定了 $f(x)$ 与 A 接近的程度,ε 是任意给定的,也就是说 ε 可以达到任意小(即在保证 ε 为正数的前提下,ε 无限接近于 0),这也恰好说明了 $f(x)$ 与 A 是无限接近的。M 则刻画了 $|x|$ 充分大的程度,通常 ε 越小,M 越大,M 依赖于 ε,但不是 ε 的函数。

定义 1-3 可以用 ε-M 语言来描述:

$$\forall\varepsilon>0,\exists M>0,当|x|>M 时,有|f(x)-A|<\varepsilon,则\lim_{x\to\infty}f(x)=A$$

一般地,如果 $\lim\limits_{x\to\infty}f(x)=c$,则直线 $y=c$ 称为函数 $y=f(x)$ 的图形的水平渐近线。

$\lim\limits_{x\to\infty}f(x)=A$ 的几何意义:对于任意给定的正数 ε,在坐标平面上我们可作出两条平行直线 $y=A-\varepsilon$,$y=A+\varepsilon$,这两条直线形成了一个带形区域。无论正数 ε 多么小,即无论带形区域多么窄,总可以找到正数 M,当点 $(x,f(x))$ 的横坐标进入区间 $(-\infty,-M)\cup(M,+\infty)$ 时,也就是当函数 $y=f(x)$ 的图形上的点位于直线 $x=-M$ 的左侧或位于直线 $x=M$ 的右侧时,函数 $y=f(x)$ 的图形都位于此带形区域内。ε 越小,带形区域越窄,如图 1-8 所示。

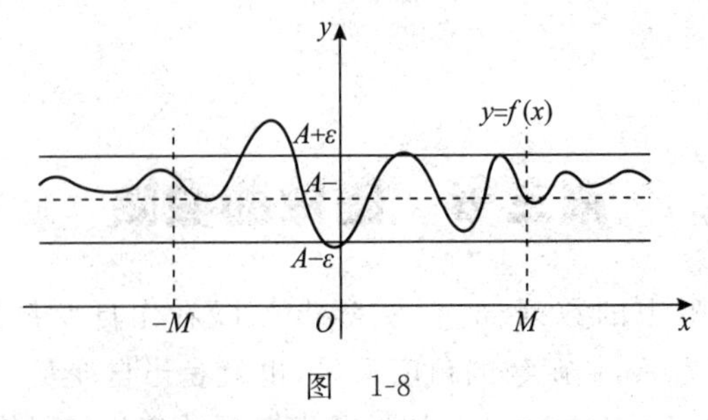

图 1-8

如果 $x>0$ 且无限增大即 $x\to+\infty$,那么只需将定义 1-3 中的 $|x|>M$ 改为 $x>M$,就会得到 $\lim\limits_{x\to+\infty}f(x)=A$ 的定义,用 ε-M 语言来描述:

$$\forall \varepsilon>0, \exists M>0, \text{当 } x>M \text{ 时，有 } |f(x)-A|<\varepsilon, \text{则 } \lim_{x\to+\infty} f(x)=A$$

同理有

$$\forall \varepsilon>0, \exists M>0, \text{当 } x<-M \text{ 时，有 } |f(x)-A|<\varepsilon, \text{则 } \lim_{x\to-\infty} f(x)=A$$

【例 1-13】 证明 $\lim\limits_{x\to\infty}\dfrac{1}{x}=0$。

证

$$|f(x)-A|=\left|\frac{1}{x}-0\right|=\frac{1}{|x|}$$

对于任意给定的正数 ε，要使

$$|f(x)-A|=\frac{1}{|x|}<\varepsilon$$

成立，只需 $|x|>\dfrac{1}{\varepsilon}$。故取正数 $M=\dfrac{1}{\varepsilon}$，则 $\forall \varepsilon>0$，$\exists M=\dfrac{1}{\varepsilon}$，当 $|x|>M$ 时，有不等式

$$|f(x)-A|=\frac{1}{|x|}<\varepsilon$$

即

$$\lim_{x\to\infty}\frac{1}{x}=0$$

显然，直线 $y=0$ 是函数 $y=\dfrac{1}{x}$ 的图形的水平渐近线。

【例 1-14】 利用函数极限的定义证明 $\lim\limits_{x\to\infty}\dfrac{x^2-1}{2x^2+2}=\dfrac{1}{2}$。

证

$$|f(x)-A|=\left|\frac{x^2-1}{2x^2+2}-\frac{1}{2}\right|=\frac{1}{x^2+1}<\frac{1}{|x|}$$

对于任意给定的正数 ε，要使

$$|f(x)-A|<\varepsilon$$

成立，只需 $\dfrac{1}{|x|}<\varepsilon$，即 $|x|>\dfrac{1}{\varepsilon}$。取正数 $M=\dfrac{1}{\varepsilon}$，则 $\forall \varepsilon>0$，$\exists M=\dfrac{1}{\varepsilon}$，当 $|x|>M$ 时，有不等式

$$|f(x)-A|<\varepsilon$$

即

$$\lim_{x\to\infty}\frac{x^2-1}{2x^2+2}=\frac{1}{2}$$

二、自变量趋于有限值时函数的极限

研究函数的极限，除了自变量 $x\to\infty$ 的情况外，还有另外一种非常重要的形式是自变量 x 趋近于有限值 x_0 时的情况。

【例 1-15】 函数 $f(x)=x-1$，当 x 无限趋近于 -1 时，它所对应的函数值 $f(x)$ 无限趋近于常数 -2，即 $x\to-1$ 时，函数 $f(x)=x-1$ 的极限是 -2，如图 1-9(a)所示。

【例 1-16】 函数 $f(x)=\dfrac{x^2-1}{x+1}$，当 x 无限趋近于 -1 时，它所对应的函数值 $f(x)$ 也无

限趋近于常数-2,即$x \to -1$时,函数$f(x)=\dfrac{x^2-1}{x+1}$的极限也是-2,如图1-9(b)所示。

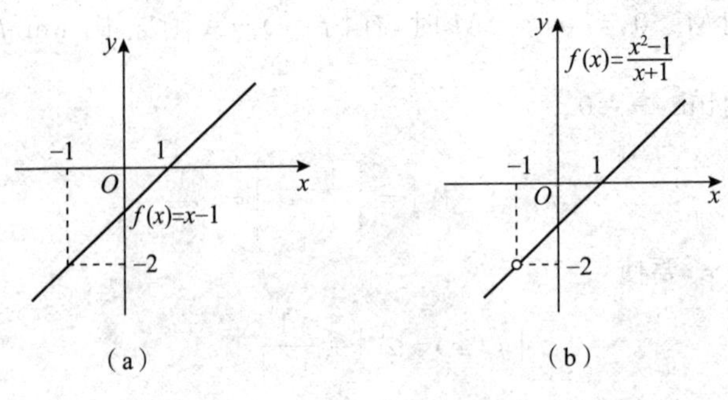

图 1-9

由以上两例可以看出,在研究$x \to x_0$时函数$f(x)$的极限的过程中,我们只要求x无限趋近于x_0,此时函数$f(x)$是否在x_0有定义与$x \to x_0$时函数$f(x)$的极限是否存在没有关系。

一般地,设函数$f(x)$在点x_0的某一去心邻域内有定义。如果当自变量x无限趋近于x_0时,对应的函数值$f(x)$无限趋近于一个确定的常数A,则称常数A为函数$f(x)$当$x \to x_0$时的极限。由于$f(x)$与A接近的程度可以用$|f(x)-A|$来刻画,x与x_0接近的程度可以用$|x-x_0|$来刻画,于是我们可以这样理解$x \to x_0$时函数极限的概念:只要x充分接近x_0,$|f(x)-A|$就可以达到"任意小"。于是我们用ε来刻画$f(x)$与A接近的程度,用$0<|x-x_0|<\delta$来刻画x与x_0接近的程度,就可以得到$\lim\limits_{x \to x_0} f(x)=A$的精确定义。

定义 1-4 设函数$f(x)$在点x_0的某个去心邻域内有定义。如果存在常数A,对于任意给定的正数ε(不论它多么小),总存在一个正数δ,使对于适合不等式$0<|x-x_0|<\delta$的一切x,对应的函数值$f(x)$都满足不等式

$$|f(x)-A|<\varepsilon$$

则称常数A为函数$f(x)$当$x \to x_0$时的极限,记作

$$\lim_{x \to x_0} f(x)=A$$

或

$$f(x) \to A\ (x \to x_0)$$

定义1-4可以用ε-δ语言来描述:

$$\forall \varepsilon>0, \exists \delta>0, \text{当 } 0<|x-x_0|<\delta \text{ 时,有 } |f(x)-A|<\varepsilon, \text{则 } \lim_{x \to x_0} f(x)=A$$

$\lim\limits_{x \to x_0} f(x)=A$的几何意义:对于任意给定的正数$\varepsilon$,不论它多么小,即直线$y=A-\varepsilon$与直线$y=A+\varepsilon$之间的带形区域多么窄,总可以找到正数$\delta$,当点$(x,f(x))$的横坐标进入邻域$(x_0-\delta,x_0+\delta)$内,且$x \neq x_0$时,函数$y=f(x)$的图形都位于带形区域内,$\varepsilon$越小,带形区域越窄(见图1-10)。

关于函数极限的ε-δ定义有以下几点说明。

(1) ε表示函数$f(x)$与A的接近程度。为了说明函数$f(x)$在$x \to x_0$的过程中能够任意地接近于A,ε必须是任意的。

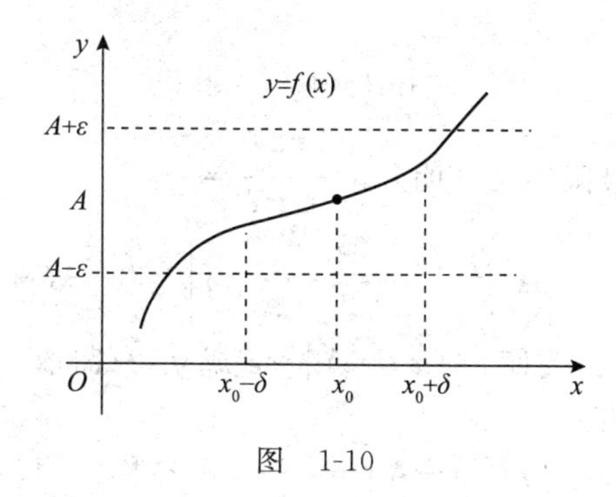

图 1-10

(2) δ 是表示 x 与 x_0 的接近程度，它相当于数列极限的 ε-N 定义中的 N，即对给定的 $\varepsilon>0$，都有一个 δ 与之对应。δ 是依赖于 ε 而适当选取的，一般来说，ε 越小，δ 越小。

(3) 在定义 1-4 中，只要求函数 $f(x)$ 在 x_0 的某去心邻域内有定义，而一般不要求 $f(x)$ 在 x_0 处的函数值是否存在，或者取什么样的值。因为对于函数极限，我们研究的是当 x 趋于 x_0 的过程中函数的变化趋势，与函数在该处的函数值无关。所以可以不考虑 $f(x)$ 在点 x_0 的函数值是否存在或取何值，而是限定 $|x-x_0|>0$。

【例 1-17】 利用函数极限定义证明 $\lim\limits_{x\to x_0} c=c$（$c$ 为常数）。

证 设 $f(x)=c$。这里

$$|f(x)-A|=|c-c|=0$$

因此，对于任意给定的正数 ε，可任取一正数作为 δ，当 $0<|x-x_0|<\delta$ 时，不等式

$$|f(x)-A|=0<\varepsilon$$

恒成立，所以

$$\lim_{x\to x_0} c=c$$

【例 1-18】 利用函数极限定义证明 $\lim\limits_{x\to 0} x\sin\dfrac{1}{x}=0$。

证
$$\left|x\sin\frac{1}{x}-0\right|=|x|\left|\sin\frac{1}{x}\right|\leqslant|x|=|x-0|$$

因此，对于任意给定的正数 ε，要使 $|f(x)-A|<\varepsilon$，只需取 $\delta=\varepsilon$，则当 $0<|x-0|<\delta$ 时，恒有不等式

$$\left|x\sin\frac{1}{x}-0\right|<\varepsilon$$

即

$$\lim_{x\to 0} x\sin\frac{1}{x}=0$$

【例 1-19】 利用函数极限定义证明 $\lim\limits_{x\to 2}(x+1)=3$。

证
$$|f(x)-A|=|(x+1)-3|=|x-2|$$

因此，对于任意给定的正数 ε，要使 $|f(x)-A|<\varepsilon$ 成立，只需 $|x-2|<\varepsilon$。取 $\delta=\varepsilon$，则 $\forall\varepsilon>0$，$\exists\delta=\varepsilon$，当 $0<|x-2|<\delta$ 时，恒有不等式

$$|(x+1)-3|<\varepsilon$$

即

$$\lim_{x \to 2}(x+1)=3$$

【例 1-20】 利用函数极限定义证明 $\lim\limits_{x \to -2} \dfrac{x^2-4}{x+2}=-4$。

证

$$|f(x)-A|=\left|\frac{x^2-4}{x+2}-(-4)\right|=|x-(-2)|$$

因此,对于任意给定的正数 ε,要使 $|f(x)-A|<\varepsilon$ 成立,只需取 $\delta=\varepsilon$,则 $\forall \varepsilon>0$,$\exists \delta=\varepsilon$,当 $0<|x-(-2)|<\delta$ 时,恒有不等式

$$|f(x)-A|=|x-(-2)|<\varepsilon$$

即

$$\lim_{x \to -2} \frac{x^2-4}{x+2}=-4$$

三、单侧极限

有些函数在其定义域上某些点左侧与右侧的解析式不同,如函数 $f(x)=\begin{cases} x, & x \leqslant 0 \\ 1, & x>0 \end{cases}$。当 $x>0$ 而趋于 0 时,应按 $f(x)=1$ 来考虑函数值的变化趋势;当 $x \leqslant 0$ 而趋于 0 时,则应按 $f(x)=x$ 来考虑。还有些函数仅在某些点一侧有定义,如函数$\sqrt{1-x^2}$ 在其定义域$[-1,1]$端点 $x=\pm 1$ 处的极限,也只能在点 $x=-1$ 的右侧和点 $x=1$ 的左侧来讨论。因此,应给出单侧极限的定义。

把定义 1-4 中的 $0<|x-x_0|<\delta$ 改为 $x_0-\delta<x<x_0$,就得到了左极限的定义,左极限记作

$$\lim_{x \to x_0^-} f(x)=A \quad \text{或} \quad f(x_0^-)=A$$

同理,把 $0<|x-x_0|<\delta$ 改为 $x_0<x<x_0+\delta$,就得到了右极限的定义,右极限记作

$$\lim_{x \to x_0^+} f(x)=A \quad \text{或} \quad f(x_0^+)=A$$

右极限与左极限统称为单侧极限。

左、右极限的定义可分别用 ε-δ 语言描述如下:

$\forall \varepsilon>0$,$\exists \delta>0$,当 $x_0-\delta<x<x_0$ 时,有 $|f(x)-A|<\varepsilon$,则 $\lim\limits_{x \to x_0^-} f(x)=A$

$\forall \varepsilon>0$,$\exists \delta>0$,当 $x_0<x<x_0+\delta$ 时,有 $|f(x)-A|<\varepsilon$,则 $\lim\limits_{x \to x_0^+} f(x)=A$

根据 $x \to x_0$ 时函数 $f(x)$的极限的定义和左、右极限的定义,容易证明 $\lim\limits_{x \to x_0} f(x)=A$ 成立的充分必要条件是 $f(x_0^-)=f(x_0^+)=A$。因此,即使 $\lim\limits_{x \to x_0^-} f(x)$和 $\lim\limits_{x \to x_0^+} f(x)$都存在,但如果它们不相等,那么 $\lim\limits_{x \to x_0} f(x)$也是不存在的。

【例 1-21】 设函数

$$f(x)=\begin{cases} x, & x \leqslant 0 \\ 1, & x>0 \end{cases}$$

证明：当 $x\to 0$ 时，$f(x)$的极限不存在。

证　左极限

$$\lim_{x\to 0^-} f(x)=\lim_{x\to 0^-} x=0$$

右极限

$$\lim_{x\to 0^+} f(x)=\lim_{x\to 0^+} 1=1$$

因为左极限和右极限不相等，所以$\lim\limits_{x\to 0} f(x)$不存在(见图 1-11)。

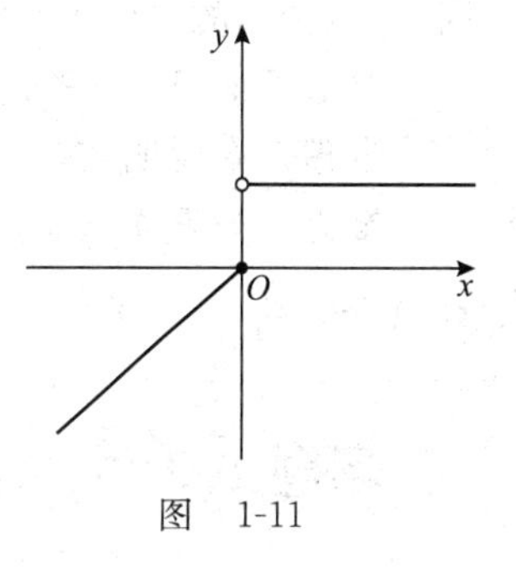

图　1-11

再如前面提到的符号函数 $\mathrm{sgn}x$，由于它在 $x=0$ 处的左、右极限不相等，所以$\lim\limits_{x\to 0}\mathrm{sgn}x$ 不存在。

【例 1-22】　证明$\lim\limits_{x\to 0}\dfrac{|x|}{x}$不存在。

证　左极限

$$\lim_{x\to 0^-} f(x)=\lim_{x\to 0^-}\frac{-x}{x}=-1$$

右极限

$$\lim_{x\to 0^+} f(x)=\lim_{x\to 0^+}\frac{x}{x}=1$$

函数在 $x=0$ 处左极限和右极限不相等，所以$\lim\limits_{x\to 0}\dfrac{|x|}{x}$不存在。

四、函数极限的性质

根据函数极限的定义，我们可以得出关于函数极限性质的一些定理，并就其中的几个给出证明。

定理 1-4(唯一性)　如果$\lim\limits_{x\to x_0} f(x)$存在，则该极限唯一。

定理 1-5(局部有界性)　如果$\lim\limits_{x\to x_0} f(x)=A$，那么存在常数 $M>0$ 和 $\delta>0$，使得当 $0<|x-x_0|<\delta$ 时，有$|f(x)|\leqslant M$。

证　因为$\lim\limits_{x\to x_0} f(x)=A$，所以对于 $\varepsilon=1$，$\exists\,\delta>0$，当 $0<|x-x_0|<\delta$ 时，有

$$|f(x)-A|<\varepsilon=1$$

于是

$$|f(x)|=|f(x)-A+A|\leqslant|f(x)-A|+|A|<|A|+1$$

取 $M=|A|+1$，则证明了定理 1-5。

定理 1-6(局部保号性)　如果$\lim\limits_{x\to x_0} f(x)=A$，且 $A>0$ 或 $A<0$，那么总存在点 x_0 的某一去心邻域，当 x 在该邻域内时，有 $f(x)>0$ 或 $f(x)<0$。

证　设 $A>0$，取 ε 为小于或等于 A 的任一给定正数，由于$\lim\limits_{x\to x_0} f(x)=A$，所以，对于这个取定的正数 ε，$\exists\,\delta>0$，使得当 $0<|x-x_0|<\delta$ 时，恒有

$$|f(x)-A|<\varepsilon$$

即

$$A-\varepsilon<f(x)<A+\varepsilon$$

因 $A-\varepsilon\geqslant 0$，故 $f(x)>0$。

类似可证 $A<0$ 的情形。

定理 1-6 说明，在点 x_0 的某一去心邻域内，函数 $f(x)$ 与极限值的符号相同。

推论 如果在点 x_0 的某一去心邻域内 $f(x)\geqslant 0$（或 $f(x)\leqslant 0$），而且 $\lim\limits_{x\to x_0}f(x)=A$，那么 $A\geqslant 0$（或 $A\leqslant 0$）。

习题 1.3 

1. 根据函数极限的定义证明下列等式成立。

(1) $\lim\limits_{x\to 2}(x-1)=1$； (2) $\lim\limits_{x\to 1}\dfrac{x^2-1}{x-1}=2$。

2. 根据函数极限的定义证明 $\lim\limits_{x\to\infty}\dfrac{2x+1}{x-1}=2$。

3. 设 $f(x)=\begin{cases}e^{\frac{1}{x}}, & x<0\\ a+\cos x, & x>0\end{cases}$，问 a 为何值时，$\lim\limits_{x\to 0}f(x)$ 存在？

4. 设 $f(x)=\begin{cases}x, & x<3\\ 3x-1, & x\geqslant 3\end{cases}$，求 $x\to 3$ 时，函数 $f(x)$ 的左、右极限，并说明当 $x\to 3$ 时，$f(x)$ 的极限是否存在。

第四节 无穷小与无穷大

一、无穷小

我们已经研究了许多的极限，其中极限为零的函数在极限的研究中发挥着重要的作用。我们把这种以零为极限的函数称为无穷小。无穷小是函数极限的一种特殊形式，只要令函数极限定义中的常数 $A=0$，便可得到无穷小的定义。

定义 1-5 如果函数 $f(x)$ 当 $x\to x_0$（或 $x\to\infty$）时的极限为零，则称函数 $f(x)$ 当 $x\to x_0$（或 $x\to\infty$）时为无穷小。

定义 1-5′ 如果对于任意给定的 $\varepsilon>0$，总存在 $\delta>0$（或 $M>0$），使得对于适合不等式 $0<|x-x_0|<\delta$（或 $|x|>M$）的一切 x，对应的函数值 $f(x)$ 都满足不等式

$$|f(x)|<\varepsilon$$

则称函数 $f(x)$ 当 $x\to x_0$（或 $x\to\infty$）时为无穷小，记作

$$\lim_{x\to x_0}f(x)=0 \quad 或 \quad \lim_{x\to\infty}f(x)=0$$

类似地，可定义当 $x\to x_0^+$，$x\to x_0^-$，$x\to+\infty$，$x\to-\infty$ 以及 $x\to\infty$ 时的无穷小。

【例 1-23】 证明当 $x\to 2$ 时，$y=\dfrac{x^2-4}{x+2}$ 为无穷小。

证
$$|f(x)-0|=\left|\frac{x^2-4}{x+2}\right|=|x-2|$$

因此，对于任意给定的正数 ε，要使
$$|f(x)-0|<\varepsilon$$
成立，只需 $|x-2|<\varepsilon$。取 $\delta=\varepsilon$，则 $\forall\varepsilon>0$，$\exists\delta=\varepsilon$，当 $0<|x-2|<\delta$ 时，恒有不等式
$$|f(x)-0|<\varepsilon$$
即当 $x\to2$ 时，$y=\frac{x^2-4}{x+2}$为无穷小。

因为$\lim\limits_{x\to x_0}(x-x_0)=0$，所以函数 $x-x_0$ 当 $x\to x_0$ 时为无穷小；因为$\lim\limits_{x\to\infty}\frac{1}{x}=0$，所以函数$\frac{1}{x}$当 $x\to\infty$时为无穷小；因为$\lim\limits_{x\to1^-}\sqrt{1-x^2}=0$，所以函数$\sqrt{1-x^2}$当 $x\to1^-$ 时为无穷小；因为 $x_0=0$ 时，$\lim\limits_{x\to0}\sqrt{1-x^2}=1$，所以函数$\sqrt{1-x^2}$当 $x\to0$ 时不为无穷小。

因此，“无穷小”这个术语，不是表达量的大小，而是表达它的变化状态，它与“很小的量”或“可以忽略不计”这些术语有本质的区别，后两者皆指一个确定的数值，而“无穷小”是一个以零为极限的变量，与自变量的变化过程有关。除此以外，任何非零常数在自变量的任何变化过程中都不是无穷小。

无穷小与函数极限之间究竟有什么样的关系，下面的定理给出了结论。

定理 1-7　在自变量的同一变化过程 $x\to x_0$(或 $x\to\infty$)中，具有极限的函数等于它的极限与一个无穷小的和；反之，如果函数可表示为常数与无穷小的和，则此常数就是该函数的极限。

证　下面仅就 $x\to x_0$ 时的情形进行证明，其他情形类似也可证，不再赘述。

设$\lim\limits_{x\to x_0}f(x)=A$，则对任意给定的正数 ε，总存在一个正数 δ，使得对于适合不等式 $0<|x-x_0|<\delta$ 的一切 x，对应的函数值 $f(x)$都满足
$$|f(x)-A|<\varepsilon$$
令 $\alpha=f(x)-A$，则有
$$|\alpha|<\varepsilon$$
成立，即 α 是 $x\to x_0$ 时的无穷小，且有
$$f(x)=A+\alpha$$

反之，设 $f(x)=A+\alpha$，其中 A 是常数，α 是 $x\to x_0$ 时的无穷小，于是有
$$|f(x)-A|=|\alpha|$$
因为$\lim\limits_{x\to x_0}\alpha=0$，所以由函数极限定义可知，对于任意给定的正数 ε，总存在一个正数 δ，使得对于适合不等式 $0<|x-x_0|<\delta$ 的一切 x 有不等式
$$|\alpha|<\varepsilon$$
即
$$|f(x)-A|<\varepsilon$$
这就证明了 A 是 $f(x)$当 $x\to x_0$ 时的极限。

下面我们给出无穷小的下列性质。

定理 1-8　有限个无穷小的代数和是无穷小。

定理 1-9 有界变量与无穷小的乘积仍是无穷小。

推论 1 常数与无穷小的乘积是无穷小。

推论 2 有限个无穷小的乘积是无穷小。

需要注意的是,两个无穷小的商未必是无穷小。例如,当 $x\to 0$ 时,x 是无穷小,$\sin x$ 也是无穷小,但$\dfrac{\sin x}{x}$不是无穷小。

【例 1-24】 求$\lim\limits_{x\to\infty}\dfrac{1}{x}\sin x$。

解 因为

$$|\sin x|\leqslant 1$$

故 $\sin x$ 在$(-\infty,+\infty)$内有界,又因为

$$\lim_{x\to\infty}\frac{1}{x}=0$$

即$\dfrac{1}{x}$当$x\to\infty$时为无穷小,根据定理 1-9 可知,$\dfrac{1}{x}\sin x$ 当 $x\to\infty$时为无穷小,从而有

$$\lim_{x\to\infty}\frac{1}{x}\sin x=0$$

二、无穷大

下面给出无穷大的定义。

定义 1-6 设函数 $f(x)$在 x_0 的某一去心邻域内有定义(或$|x|$大于某一正数时有定义)。若对任意给定的不论多么大的正数 M,总存在正数 δ(或 X),只要 x 适合不等式 $0<|x-x_0|<\delta$(或$|x|>X$)时,不等式

$$|f(x)|>M$$

恒成立,则称函数 $f(x)$当 $x\to x_0$(或 $x\to\infty$)时为无穷大。

应当指出,$x\to x_0$ 或($x\to\infty$)时的无穷大 $f(x)$,由函数极限定义可知极限是不存在的,但为了叙述方便,我们也说“函数的极限是无穷大”,且记作

$$\lim_{x\to x_0}f(x)=\infty \quad 或 \quad \lim_{x\to\infty}f(x)=\infty$$

在无穷大的定义中,如果把$|f(x)|>M$ 换成 $f(x)>M$,则称函数 $f(x)$当 $x\to x_0$(或 $x\to\infty$)时为正无穷大;如果把$|f(x)|>M$ 换成 $f(x)<-M$,则称函数 $f(x)$当 $x\to x_0$(或 $x\to\infty$)时为负无穷大,并分别记作

$$\lim_{x\to x_0}f(x)=+\infty \quad 或 \quad \lim_{x\to\infty}f(x)=+\infty$$

$$\lim_{x\to x_0}f(x)=-\infty \quad 或 \quad \lim_{x\to\infty}f(x)=-\infty$$

一般地,如果$\lim\limits_{x\to x_0}f(x)=\infty$,则直线 $x=x_0$ 是函数 $y=f(x)$的图形的铅直渐近线。

【例 1-25】 证明$\lim\limits_{x\to 1}\dfrac{1}{x-1}=\infty$。

证 对于任意给定的正数 M,要使

$$\left|\frac{1}{x-1}\right|>M$$

只需

$$|x-1|<\frac{1}{M}$$

故可取

$$\delta=\frac{1}{M}$$

则对于适合 $0<|x-1|<\delta=\frac{1}{M}$ 的一切 x，有

$$\left|\frac{1}{x-1}\right|>M$$

即

$$\lim_{x\to 1}\frac{1}{x-1}=\infty \quad \text{（见图 1-12）}$$

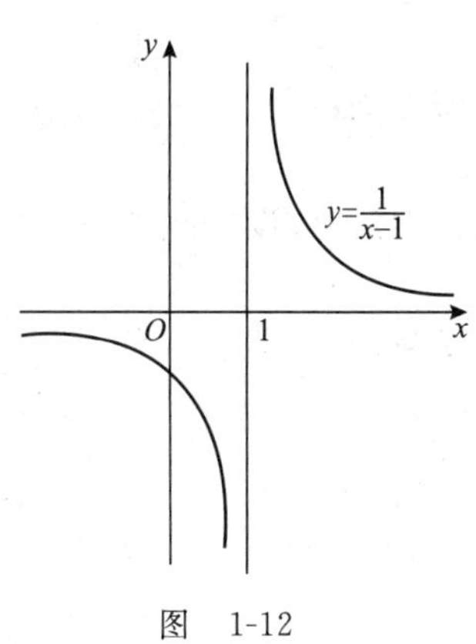

图　1-12

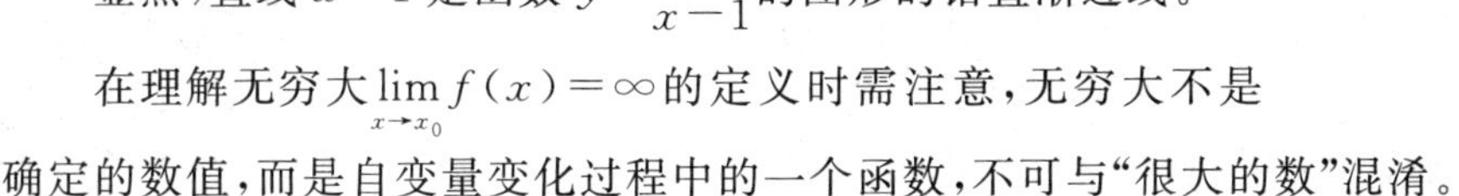

显然，直线 $x=1$ 是函数 $y=\frac{1}{x-1}$ 的图形的铅直渐近线。

在理解无穷大 $\lim\limits_{x\to x_0}f(x)=\infty$ 的定义时需注意，无穷大不是确定的数值，而是自变量变化过程中的一个函数，不可与“很大的数”混淆。

若 $f(x)$ 为 $x\to x_0$ 时的无穷大，则易见 $f(x)$ 为 $\mathring{U}(x_0)$ 上的无界函数，但无界函数不一定是无穷大。例如，$f(x)=x\sin x$ 在 $(-\infty,+\infty)$ 上无界，因对任意 $M>0$，取 $x=2n\pi+\frac{\pi}{2}$，这里正整数 $n>\frac{M}{2\pi}$，则有

$$f(x)=\left(2n\pi+\frac{\pi}{2}\right)\sin\left(2n\pi+\frac{\pi}{2}\right)=2n\pi+\frac{\pi}{2}>M$$

但 $\lim\limits_{x\to+\infty}f(x)\neq\infty$，若取数列 $x_n=2n\pi(n=1,2,\cdots)$，则 $x_n\to+\infty(n\to\infty)$ 时，

$$\lim_{x\to+\infty}f(x_n)=\lim_{x\to+\infty}2n\pi\sin(2n\pi)=0$$

因此，当 $x_n\to+\infty$ 时，$f(x)$ 无界但不是无穷大。

三、无穷小与无穷大的关系

无穷大与无穷小之间有如下关系。

定理 1-10　在自变量的同一变化过程中，如果 $f(x)$ 为无穷大，则 $\frac{1}{f(x)}$ 为无穷小；反之，如果 $f(x)(f(x)\neq 0)$ 为无穷小，则 $\frac{1}{f(x)}$ 为无穷大。

证　不妨设 $\lim\limits_{x\to x_0}f(x)=\infty$，欲证 $\frac{1}{f(x)}$ 当 $x\to x_0$ 时为无穷小，由无穷大定义，对 $\forall M>0$，$\exists\delta>0$，当 $0<|x-x_0|<\delta$ 时，不等式 $|f(x)|>M$ 恒成立。对于任意给定的正数 ε，取

$M=\frac{1}{\varepsilon}$,则当 $0<|x-x_0|<\delta$ 时,有

$$|f(x)|>M=\frac{1}{\varepsilon}$$

即

$$\left|\frac{1}{f(x)}\right|<\varepsilon$$

所以$\frac{1}{f(x)}$当 $x\to x_0$ 时为无穷小。

反之,设$\lim\limits_{x\to x_0}f(x)=0(f(x)\neq 0)$,欲证$\frac{1}{f(x)}$当 $x\to x_0$ 时为无穷大,由无穷小定义,对 $\forall M>0$,$\exists\delta>0$,当 $0<|x-x_0|<\delta$ 时,不等式$|f(x)|<\varepsilon$ 恒成立。取 $\varepsilon=\frac{1}{M}$,则有

$$|f(x)|<\varepsilon=\frac{1}{M}$$

由于 $f(x)\neq 0$,所以有

$$\left|\frac{1}{f(x)}\right|>M$$

即$\frac{1}{f(x)}$当 $x\to x_0$ 时为无穷大。

例如,当 $x\to 0$ 时,x 是无穷小,而$\frac{1}{x}$是无穷大。

习题 1.4 

1. 下列哪些是无穷小?哪些是无穷大?

(1) $y=\cot x$,当 $x\to 0$ 时;
(2) $y=\ln x$,当 $x\to 0^+$ 时;
(3) $y=2^{-x}$,当 $x\to+\infty$时;
(4) $y=\frac{1}{x-2}$,当 $x\to 2$ 时;
(5) $y=x\sin\frac{1}{x}$,当 $x\to 0$ 时;
(6) $y=\frac{x^2-1}{x^2-2x-3}$,当 $x\to 3$ 时。

2. 求下列极限。

(1) $\lim\limits_{x\to 0}x\cos\frac{1}{x}$;
(2) $\lim\limits_{x\to\infty}\frac{\arctan x}{x}$。

3. 两个无穷小的商是否一定是无穷小?请举例说明。

第五节 极限运算法则

前面已经介绍了极限的定义,本节将主要介绍极限的四则运算法则,利用这些法则,我们可以解决部分求极限的问题。在下面的讨论中,极限符号“lim”的下面没有标出自变量的

变化过程，表示这种极限可以理解为自变量 $x\to x_0$，也可以理解为自变量 $x\to\infty$。

定理 1-11　设在自变量的同一变化过程中，$f(x)$ 与 $g(x)$ 的极限都存在，且 $\lim f(x)=A$，$\lim g(x)=B$，则它们的和、差、积、商（分母极限不为零）的极限也存在，且

(1) $\lim[f(x)\pm g(x)]=\lim f(x)\pm\lim g(x)=A\pm B$；

(2) $\lim[f(x)\cdot g(x)]=\lim f(x)\cdot\lim g(x)=A\cdot B$；

(3) $\lim\dfrac{f(x)}{g(x)}=\dfrac{\lim f(x)}{\lim g(x)}=\dfrac{A}{B}(B\neq 0)$。

证　这里只证(1)当 $x\to x_0$ 时的情形。

因为 $\lim f(x)=A$，$\lim g(x)=B$，由定理 1-7 有

$$f(x)=A+\alpha,\quad g(x)=B+\beta$$

其中，α，β 均为无穷小，于是有

$$\begin{aligned}f(x)\pm g(x)&=(A+\alpha)\pm(B+\beta)\\&=(A\pm B)+(\alpha\pm\beta)\end{aligned}$$

因为 α，β 为无穷小，由定理 1-8 可知 $\alpha\pm\beta=\alpha+(\pm\beta)$是无穷小。故由定理 1-7 可得

$$\lim[f(x)\pm g(x)]=A\pm B=\lim f(x)\pm\lim g(x)$$

定理 1-11 中的(1)、(2)可以推广到有限个函数的情形。例如，若 $\lim f(x)$，$\lim g(x)$，$\lim h(x)$都存在，则

$$\begin{aligned}\lim[f(x)\pm g(x)\pm h(x)]&=\lim\{[f(x)\pm g(x)]\pm h(x)\}\\&=\lim[f(x)\pm g(x)]\pm\lim h(x)\\&=\lim f(x)\pm\lim g(x)\pm\lim h(x)\end{aligned}$$

$$\begin{aligned}\lim[f(x)\cdot g(x)\cdot h(x)]&=\lim\{[f(x)\cdot g(x)]\cdot h(x)\}\\&=\lim[f(x)\cdot g(x)]\cdot\lim h(x)\\&=\lim f(x)\cdot\lim g(x)\cdot\lim h(x)\end{aligned}$$

推论 1　若 $\lim f(x)$存在，n 为正整数，则 $\lim[f(x)]^n=[\lim f(x)]^n$。

推论 2　若 $\lim f(x)$存在，c 为常数，则 $\lim[cf(x)]=c\lim f(x)$。

运用极限的四则运算法则时应注意：

(1) 参与运算的函数的极限必须都存在，否则极限的运算法则不能用；

(2) 极限的四则运算法则只适用于有限个函数的情形，函数个数为无限多个时不能用。

【例 1-26】　求 $\lim\limits_{x\to 0}(3x-2)$。

解

$$\begin{aligned}\lim_{x\to 0}(3x-2)&=\lim_{x\to 0}3x-\lim_{x\to 0}2=3\lim_{x\to 0}x-2\\&=3\cdot 0-2=-2\end{aligned}$$

【例 1-27】　求 $\lim\limits_{x\to 1}\dfrac{x+1}{x^2-2x+3}$。

解

$$\lim_{x\to 1}\frac{x+1}{x^2-2x+3}=\frac{\lim\limits_{x\to 1}(x+1)}{\lim\limits_{x\to 1}(x^2-2x+3)}=\frac{\lim\limits_{x\to 1}x+\lim\limits_{x\to 1}1}{\lim\limits_{x\to 1}x^2-2\lim\limits_{x\to 1}x+\lim\limits_{x\to 1}3}=\frac{1+1}{1^2-2+3}=1$$

由以上两例可以看出，求多项式函数或有理分式函数当 $x\to x_0$ 时的极限，只要把 x_0 代入函数中就可以了，但对于有理分式函数，如果将 x_0 代入函数后，分母等于零，则没有意义，

需另选它法，下面举两个例子。

【例 1-28】 求$\lim\limits_{x\to 1}\dfrac{2x^3-x^2-x}{x^2-x}$。

解　当 $x\to 1$ 时，分子和分母的极限都是零，不能直接运用商的极限运算法则求此极限。但在 $x\to 1$ 的过程中 $x\neq 1$，因此，可先约分，再求极限，即

$$\lim_{x\to 1}\frac{2x^3-x^2-x}{x^2-x}=\lim_{x\to 1}\frac{x(x-1)(2x+1)}{x(x-1)}=\lim_{x\to 1}(2x+1)=3$$

【例 1-29】 求 $\lim\limits_{x\to -\sqrt{2}}\dfrac{x^2-1}{x^2-2}$。

解　因为 $x\to -\sqrt{2}$ 时，分母 x^2-2 的极限为零，所以不能直接运用商的极限运算法则求此极限。但在 $x\to -\sqrt{2}$ 时，分子 x^2-1 的极限不为零，于是可以先求

$$\lim_{x\to -\sqrt{2}}\frac{x^2-2}{x^2-1}=\frac{\lim\limits_{x\to -\sqrt{2}}(x^2-2)}{\lim\limits_{x\to -\sqrt{2}}(x^2-1)}=\frac{0}{1}=0$$

由定理 1-10，可得

$$\lim_{x\to -\sqrt{2}}\frac{x^2-1}{x^2-2}=\infty$$

【例 1-30】 求 $\lim\limits_{x\to 4}\dfrac{\sqrt{2x+1}-3}{\sqrt{x-2}-\sqrt{2}}$。

解　当 $x\to 4$ 时，分子和分母的极限都是零，不能直接运用商的极限运算法则求此极限。可先进行有理化，约去极限为零的因子，再利用法则求极限。

$$\lim_{x\to 4}\frac{\sqrt{2x+1}-3}{\sqrt{x-2}-\sqrt{2}}=\lim_{x\to 4}\frac{2(x-4)(\sqrt{x-2}+\sqrt{2})}{(x-4)(\sqrt{2x+1}+3)}$$

$$=2\lim_{x\to 4}\frac{\sqrt{x-2}+\sqrt{2}}{\sqrt{2x+1}+3}=2\frac{\lim\limits_{x\to 4}(\sqrt{x-2}+\sqrt{2})}{\lim\limits_{x\to 4}(\sqrt{2x+1}+3)}=\frac{2\sqrt{2}}{3}$$

【例 1-31】 求 $\lim\limits_{x\to -1}\left(\dfrac{1}{x+1}-\dfrac{3}{x^3+1}\right)$。

解　当 $x\to -1$ 时，$\dfrac{1}{x+1}$ 与 $\dfrac{3}{x^3+1}$ 均趋于无穷大，所以不能直接运用差的极限运算法则。对这类极限问题，通常是先对其进行通分，再进行适当变形，然后运用极限运算法则求极限。

$$\lim_{x\to -1}\left(\frac{1}{x+1}-\frac{3}{x^3+1}\right)=\lim_{x\to -1}\frac{(x^2-x+1)-3}{x^3+1}$$

$$=\lim_{x\to -1}\frac{(x-2)(x+1)}{(x+1)(x^2-x+1)}$$

$$=\lim_{x\to -1}\frac{x-2}{x^2-x+1}=-1$$

【例 1-32】 求 $\lim\limits_{n\to+\infty}\left(\dfrac{2}{n^2}+\dfrac{4}{n^2}+\cdots+\dfrac{2n}{n^2}\right)$。

解　当 $n\to+\infty$ 时，虽然 $\dfrac{2}{n^2},\dfrac{4}{n^2},\cdots,\dfrac{2n}{n^2}$ 的极限都存在，但是它们的和不是有限项的和，所以不能直接用和的极限运算法则。这类极限问题，通常是先求和，再求极限。

$$\lim_{n\to+\infty}\left(\frac{2}{n^2}+\frac{4}{n^2}+\cdots+\frac{2n}{n^2}\right)=\lim_{n\to+\infty}\frac{2(1+2+\cdots+n)}{n^2}=\lim_{n\to+\infty}\frac{2\cdot\frac{1}{2}n(n+1)}{n^2}=1$$

下面介绍几个 $x\to\infty$ 时求有理分式函数极限的例子。

【例 1-33】 求 $\lim\limits_{x\to\infty}\dfrac{x^2-1}{2x^2-x-1}$。

解　当 $x\to\infty$ 时，分子和分母都趋于无穷大，所以不能直接运用商的极限运算法则。先用 x^2 同时除分子和分母，然后求极限。

$$\begin{aligned}\lim_{x\to\infty}\frac{x^2-1}{2x^2-x-1}&=\lim_{x\to\infty}\frac{1-\frac{1}{x^2}}{2-\frac{1}{x}-\frac{1}{x^2}}\\&=\frac{\lim\limits_{x\to\infty}1-\lim\limits_{x\to\infty}\frac{1}{x^2}}{\lim\limits_{x\to\infty}2-\lim\limits_{x\to\infty}\frac{1}{x}-\lim\limits_{x\to\infty}\frac{1}{x^2}}\\&=\frac{1-0}{2-0-0}=\frac{1}{2}\end{aligned}$$

例 1-33 所用方法称作无穷小析出法。这种方法对于有理分式函数当 $x\to\infty$ 时的极限问题比较适用，一般是分子、分母同时除以自变量的最高次幂，将所有低次幂的项都变成无穷小，然后求极限。

【例 1-34】 求 $\lim\limits_{x\to\infty}\dfrac{x^2+x}{x^4-3x^2+1}$。

解　利用无穷小析出法，得

$$\lim_{x\to\infty}\frac{x^2+x}{x^4-3x^2+1}=\lim_{x\to\infty}\frac{\frac{1}{x^2}+\frac{1}{x^3}}{1-\frac{3}{x^2}+\frac{1}{x^4}}=\frac{\lim\limits_{x\to\infty}\left(\frac{1}{x^2}+\frac{1}{x^3}\right)}{\lim\limits_{x\to\infty}\left(1-\frac{3}{x^2}+\frac{1}{x^4}\right)}=\frac{0}{1}=0$$

【例 1-35】 求 $\lim\limits_{x\to\infty}\dfrac{4x^3-2x^2+x}{3x^2+2x}$。

解　利用无穷小析出法，得

$$\lim_{x\to\infty}\frac{3x^2+2x}{4x^3-2x^2+x}=\lim_{x\to\infty}\frac{\frac{3}{x}+\frac{2}{x^2}}{4-\frac{2}{x}+\frac{1}{x^2}}=\frac{\lim\limits_{x\to\infty}\left(\frac{3}{x}+\frac{2}{x^2}\right)}{\lim\limits_{x\to\infty}\left(4-\frac{2}{x}+\frac{1}{x^2}\right)}=\frac{0}{4}=0$$

由定理 1-10，可得

$$\lim_{x\to\infty}\frac{4x^3-2x^2+x}{3x^2+2x}=\infty$$

对例 1-33～例 1-35 综合分析可知，$x\to\infty$时有理分式函数的极限有如下结论：

$$\lim_{x\to\infty}\frac{a_0+a_1x+a_2x^2+\cdots+a_{n-1}x^{n-1}+a_nx^n}{b_0+b_1x+b_2x^2+\cdots+b_{m-1}x^{m-1}+b_mx^m}=\begin{cases}0, & n<m\\ \dfrac{a_n}{b_m}, & n=m\\ \infty, & n>m\end{cases}$$

其中，$a_0,a_1,\cdots,a_n,b_0,b_1,\cdots,b_m$ 均为常数，n,m 为非负整数，且 a_n,b_m 均不为 0。

习题 1.5

计算下列极限。

1. $\lim\limits_{x\to 0}\dfrac{3x+1}{x^2-5}$；

2. $\lim\limits_{x\to\sqrt{2}}\dfrac{x^2-2}{3x^2+1}$；

3. $\lim\limits_{x\to 1}\dfrac{x^2-1}{2x^2-x-1}$；

4. $\lim\limits_{x\to 3}\dfrac{x^2-x-6}{x^2+x-12}$；

5. $\lim\limits_{x\to -2}\dfrac{x^3+8}{x+2}$；

6. $\lim\limits_{h\to 0}\dfrac{(x+h)^2-x^2}{h}$；

7. $\lim\limits_{x\to\infty}\dfrac{x^5-2x}{3x^4+9}$；

8. $\lim\limits_{x\to\infty}\dfrac{(2x-1)^{30}(3x-2)^{20}}{(2x+1)^{50}}$；

9. $\lim\limits_{x\to 2}\left(\dfrac{1}{x-2}-\dfrac{4}{x^2-4}\right)$；

10. $\lim\limits_{n\to\infty}\left(1+\dfrac{1}{2}+\dfrac{1}{4}+\cdots+\dfrac{1}{2^n}\right)$；

11. $\lim\limits_{x\to 0}\dfrac{\sqrt{x+1}-1}{x}$；

12. $\lim\limits_{x\to 0}\dfrac{x^2}{1-\sqrt{1+x^2}}$；

13. $\lim\limits_{x\to 2}\dfrac{x^2+3x}{x-2}$；

14. $\lim\limits_{x\to\infty}\dfrac{x^2}{2x+3}$；

15. $\lim\limits_{n\to\infty}\dfrac{(\sqrt{n}+1)(\sqrt{2n}+1)}{3n}$；

16. $\lim\limits_{n\to\infty}\dfrac{n-\sin n}{n+\cos n}$；

17. $\lim\limits_{n\to\infty}\dfrac{\sqrt[3]{n^2+n}}{n^2+2}$；

18. $\lim\limits_{n\to\infty}[\ln(2n^2+n-1)-3\ln n]$；

19. $\lim\limits_{x\to\infty}\dfrac{1-x-3x^3}{1+x^2+3x^3}$；

20. $\lim\limits_{x\to 0}\dfrac{\sqrt{1+x^2}-1}{x}$。

第六节　极限存在准则、两个重要极限

本节将介绍极限存在的两个准则，并应用这两个准则推导出两个重要极限：$\lim\limits_{x\to 0}\dfrac{\sin x}{x}=1$ 及$\lim\limits_{x\to\infty}\left(1+\dfrac{1}{x}\right)^x=\mathrm{e}$。

一、极限存在准则

1. 夹逼准则

准则Ⅰ　如果数列 $x_n, y_n, z_n (n=1,2,\cdots)$ 满足下列条件：

(1) $y_n \leqslant x_n \leqslant z_n (n=1,2,3,\cdots)$；

(2) $\lim\limits_{n\to+\infty} y_n = a$，$\lim\limits_{n\to+\infty} z_n = a$，

则数列 $\{x_n\}$ 的极限存在，且 $\lim\limits_{n\to+\infty} x_n = a$。

证　因为当 $n\to+\infty$ 时，$y_n\to a$，$z_n\to a$，所以对于任意给定的正数 ε，存在正整数 N_1，当 $n>N_1$ 时，有 $|y_n-a|<\varepsilon$；又存在正整数 N_2，当 $n>N_2$ 时，有 $|z_n-a|<\varepsilon$。取 $N=\max\{N_1,N_2\}$，则当 $n>N$ 时，不等式

$$|y_n-a|<\varepsilon,\quad |z_n-a|<\varepsilon$$

同时成立，即

$$a-\varepsilon<y_n<a+\varepsilon,\quad a-\varepsilon<z_n<a+\varepsilon$$

因为 $y_n\leqslant x_n\leqslant z_n$，所以当 $n>N$ 时，有

$$a-\varepsilon<y_n\leqslant x_n\leqslant z_n<a+\varepsilon$$

即

$$|x_n-a|<\varepsilon$$

由数列极限定义可知 $\lim\limits_{n\to+\infty} x_n = a$。

将准则Ⅰ推广到函数的极限上，便得到以下准则。

准则Ⅰ′　设函数 $f(x)$，$g(x)$，$h(x)$ 在点 x_0 的某一去心邻域内(或 $|x|>M$)满足条件：

(1) $g(x)\leqslant f(x)\leqslant h(x)$；

(2) $\lim\limits_{\substack{x\to x_0\\(x\to\infty)}} g(x)=A$，$\lim\limits_{\substack{x\to x_0\\(x\to\infty)}} h(x)=A$，

则 $\lim\limits_{\substack{x\to x_0\\(x\to\infty)}} f(x)$ 存在，且等于 A。

准则Ⅰ与准则Ⅰ′均称为极限的夹逼准则。

夹逼准则多适用于所考虑的函数比较容易适度放大或缩小，而且放大或缩小后的函数易求得相同极限的问题，主要针对无穷多项和或积的问题。

【例 1-36】　利用极限存在准则证明：

(1) $\lim\limits_{n\to\infty}\sqrt{1+\dfrac{1}{n}}=1$；　(2) $\lim\limits_{n\to\infty} n\left(\dfrac{1}{n^2+\pi}+\dfrac{1}{n^2+2\pi}+\cdots+\dfrac{1}{n^2+n\pi}\right)=1$。

证　(1) 因为

$$1<\sqrt{1+\frac{1}{n}}<1+\frac{1}{n}$$

而

$$\lim_{n\to\infty}1=\lim_{n\to\infty}\left(1+\frac{1}{n}\right)=1$$

所以由夹逼准则可得

$$\lim_{n\to\infty}\sqrt{1+\frac{1}{n}}=1$$

(2) 因为

$$\frac{n^2}{n^2+n\pi}<n\left(\frac{1}{n^2+\pi}+\frac{1}{n^2+2\pi}\cdots+\frac{1}{n^2+n\pi}\right)<\frac{n^2}{n^2+\pi}$$

而

$$\lim_{n\to\infty}\frac{n^2}{n^2+n\pi}=\lim_{n\to\infty}\frac{n^2}{n^2+\pi}=1$$

由夹逼准则可得

$$\lim_{n\to\infty}n\left(\frac{1}{n^2+\pi}+\frac{1}{n^2+2\pi}+\cdots+\frac{1}{n^2+n\pi}\right)=1$$

2. 单调有界收敛准则

准则Ⅱ 单调有界数列必有极限。

如果数列$\{a_n\}$满足$a_n\leqslant a_{n+1}(n=1,2,\cdots)$,则称数列$\{a_n\}$是单调增加的;如果数列$\{a_n\}$满足$a_n\geqslant a_{n+1}(n=1,2,\cdots)$,则称数列$\{a_n\}$是单调减少的。单调增加和单调减少的数列统称为单调数列。

本章第二节指出收敛的数列一定有界,有界的数列不一定收敛。现在准则Ⅱ表明:如果数列不仅有界,并且是单调的,那么这个数列的极限必定存在,也就是这个数列一定收敛。

准则Ⅱ的几何解释:单调增加(减少)数列的点只可能向一个方向移动,或者无限向右(左)移动,或者无限趋近于某一定点A,而对有界数列,只可能发生第二种情况。

【例 1-37】 设$a_1=10,a_{n+1}=\sqrt{6+a_n}(n=1,2,\cdots)$,证明数列$\{a_n\}$极限存在,并求此极限。

证 先证有界性。

因为

$$a_1=10,\quad a_{n+1}=\sqrt{6+a_n}$$

所以

$$a_n>0\quad(n=1,2,\cdots)$$

即数列$\{a_n\}$的下界为0。

再证单调性。

$$a_2=\sqrt{6+10}=4<a_1$$

设对正整数k有$a_{k+1}<a_k$,则有

$$a_{k+2}=\sqrt{6+a_{k+1}}<\sqrt{6+a_k}=a_{k+1}$$

由数学归纳法知,对一切n,均有$a_{n+1}<a_n$,即数列$\{a_n\}$单调递减。

综上所述,数列$\{a_n\}$单调递减且有下界,由极限的存在准则Ⅱ得出$\lim\limits_{n\to\infty}a_n$存在。

设$\lim\limits_{n\to\infty}a_n=a$,则

$$\lim_{n\to\infty}a_{n+1}=\lim_{n\to\infty}\sqrt{6+a_n}$$

故

$$a=\sqrt{6+a}$$

解得

$$a=3,\quad a=-2(\text{不合题意,舍去})$$

即

$$\lim_{n\to\infty}a_n=3$$

二、两个重要极限

1. 第一个重要极限$\lim\limits_{x\to0}\dfrac{\sin x}{x}=1$

观察当 $x\to0$ 时函数的变化趋势：

x(弧度)	0.50	0.10	0.05	0.04	0.03	0.02	…
$\dfrac{\sin x}{x}$	0.9585	0.9983	0.9996	0.9997	0.9998	0.9999	…

当 x 取正值趋近于 0 时，$\dfrac{\sin x}{x}\to1$，即 $\lim\limits_{x\to0^+}\dfrac{\sin x}{x}=1$。

证　显然，$\dfrac{\sin x}{x}$对于一切 $x\neq0$ 都有定义。

因为

$$\frac{\sin(-x)}{-x}=\frac{-\sin x}{-x}=\frac{\sin x}{x}$$

即当 x 改变符号时，$\dfrac{\sin x}{x}$的值不变，因此我们只需讨论 x 取正值趋近于零的情形即可。

如图 1-13 所示，在单位圆中，设圆心角$\angle AOB=x\left(0<x<\dfrac{\pi}{2}\right)$，点 A 处的切线与 OB 的延长线相交于 D，又因 $BC\perp OA$，则 $\sin x=BC$，$x=\overset{\frown}{AB}$，$\tan x=AD$。

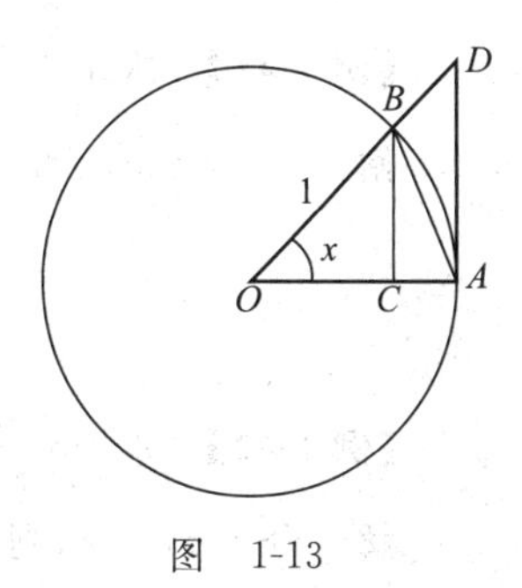

图　1-13

因为

$$S_{\triangle AOB}<S_{\text{扇形}AOB}<S_{\triangle AOD}$$

所以

$$\frac{1}{2}\sin x<\frac{1}{2}x<\frac{1}{2}\tan x$$

即

$$\sin x<x<\tan x$$

同时除以 $\sin x$，得

$$1<\frac{x}{\sin x}<\frac{1}{\cos x}$$

或

$$\cos x<\frac{\sin x}{x}<1$$

下面来证$\lim\limits_{x\to0}\cos x=1$。

当 $0<x<\frac{\pi}{2}$ 时，$\cos x=1-2\sin^2\frac{x}{2}>1-\frac{x^2}{2}$，因此 $1-\frac{x^2}{2}<\cos x<1$，由准则Ⅰ′可知 $\lim\limits_{x\to 0}\cos x=1$，又因为 x 改变符号时，$\frac{\sin x}{x}$ 的值不变，所以由准则Ⅰ′，可得

$$\lim_{x\to 0}\frac{\sin x}{x}=1$$

进一步推广，如果 $\lim\limits_{x\to a}\varphi(x)=0$（$a$ 可以是有限数 x_0，$\pm\infty$ 或 ∞），则 $\lim\limits_{x\to a}\frac{\sin\varphi(x)}{\varphi(x)}=\lim\limits_{\varphi(x)\to 0}\frac{\sin\varphi(x)}{\varphi(x)}=1$。

【例 1-38】 求 $\lim\limits_{x\to 0}\frac{\tan x}{x}$。

解
$$\lim_{x\to 0}\frac{\tan x}{x}=\lim_{x\to 0}\frac{\frac{\sin x}{\cos x}}{x}=\lim_{x\to 0}\frac{\sin x}{x}\cdot\lim_{x\to 0}\frac{1}{\cos x}=1$$

【例 1-39】 求 $\lim\limits_{x\to 0}\frac{1-\cos x}{x^2}$。

解
$$\lim_{x\to 0}\frac{1-\cos x}{x^2}=\lim_{x\to 0}\frac{2\sin^2\frac{x}{2}}{x^2}=\frac{1}{2}\cdot\lim_{x\to 0}\left(\frac{\sin\frac{x}{2}}{\frac{x}{2}}\right)^2=\frac{1}{2}$$

【例 1-40】 求 $\lim\limits_{x\to 0}\frac{\arcsin x}{x}$。

解 令 $\arcsin x=t$，则 $x=\sin t$，且 $x\to 0$ 时，$t\to 0$。

$$\lim_{x\to 0}\frac{\arcsin x}{x}=\lim_{t\to 0}\frac{t}{\sin t}=\lim_{t\to 0}\frac{1}{\frac{\sin t}{t}}=1$$

【例 1-41】 求 $\lim\limits_{x\to 0}\frac{\arctan x}{x}$。

解 令 $\arctan x=t$，则 $x=\tan t$，且 $x\to 0$ 时，$t\to 0$。

$$\lim_{x\to 0}\frac{\arctan x}{x}=\lim_{t\to 0}\frac{t}{\tan t}=\lim_{t\to 0}\frac{1}{\frac{\tan t}{t}}=1$$

【例 1-42】 求 $\lim\limits_{x\to \pi}\frac{\sin x}{\pi-x}$。

解 令 $t=\pi-x$，则 $\sin x=\sin(\pi-t)=\sin t$，且当 $x\to\pi$ 时，$t\to 0$。所以有

$$\lim_{x\to\pi}\frac{\sin x}{\pi-x}=\lim_{t\to 0}\frac{\sin t}{t}=1$$

【例 1-43】 求 $\lim\limits_{x\to 0}\frac{1-\cos x}{x\sin x}$。

解
$$\lim_{x\to 0}\frac{1-\cos x}{x\sin x}=\lim_{x\to 0}\frac{2\sin^2\frac{x}{2}}{2x\sin\frac{x}{2}\cos\frac{x}{2}}$$

$$=\lim_{x\to 0}\frac{\tan\frac{x}{2}}{x}=\frac{1}{2}\cdot\lim_{x\to 0}\frac{\tan\frac{x}{2}}{\frac{x}{2}}=\frac{1}{2}$$

【例 1-44】 求$\lim\limits_{n\to\infty} n\sin\dfrac{x}{n+1}(x\neq0)$。

解
$$\lim_{n\to\infty} n\sin\frac{x}{n+1}=\lim_{n\to\infty} x\,\frac{n}{n+1}\cdot\frac{\sin\dfrac{x}{n+1}}{\dfrac{x}{n+1}}$$
$$=x\lim_{n\to\infty}\frac{n}{n+1}\cdot\lim_{n\to\infty}\frac{\sin\dfrac{x}{n+1}}{\dfrac{x}{n+1}}=x$$

【例 1-45】 求$\lim\limits_{x\to0}\dfrac{\tan x-\sin x}{x}$。

解
$$\lim_{x\to0}\frac{\tan x-\sin x}{x}=\lim_{x\to0}\frac{\tan x}{x}\cdot(1-\cos x)$$
$$=\lim_{x\to0}\frac{\tan x}{x}\cdot\lim_{x\to0}(1-\cos x)$$
$$=0$$

2. 第二个重要极限$\lim\limits_{x\to\infty}\left(1+\dfrac{1}{x}\right)^x=\mathrm{e}$

观察当 $x\to+\infty$时函数的变化趋势：

x	1	2	10	1000	10000	100000	100000	…
$\left(1+\frac{1}{x}\right)^x$	2	2.25	2.59	2.717	2.718	2.7182	2.7183	…

当 x 取正值并无限增大时，$\left(1+\dfrac{1}{x}\right)^x$ 是逐渐增大的，但是不论 x 如何大，$\left(1+\dfrac{1}{x}\right)^x$ 的值总不会超过 3。实际上如果 x 继续增大，即当 $x\to+\infty$时，可以验证$\left(1+\dfrac{1}{x}\right)^x$ 趋近于一个确定的无理数 $\mathrm{e}=2.718281828459\cdots$。

下面用准则Ⅱ讨论此重要极限。

(1) 证明$\lim\limits_{n\to\infty}\left(1+\dfrac{1}{n}\right)^n$ 存在。

先证明数列$\{x_n\}$是单调增加的。

设 $x_n=\left(1+\dfrac{1}{n}\right)^n$，则由二项式定理有

$$x_n=1+n\cdot\frac{1}{n}+\frac{n(n-1)}{2!}\cdot\frac{1}{n^2}+\frac{n(n-1)(n-2)}{3!}\cdot\frac{1}{n^3}+\cdots+\frac{n(n-1)\cdots(n-n+1)}{n!}\cdot\frac{1}{n^n}$$
$$=1+1+\frac{1}{2!}\left(1-\frac{1}{n}\right)+\frac{1}{3!}\left(1-\frac{1}{n}\right)\left(1-\frac{2}{n}\right)+\cdots+\frac{1}{n!}\left(1-\frac{1}{n}\right)\left(1-\frac{2}{n}\right)\cdots\left(1-\frac{n-1}{n}\right)$$

$$x_{n+1}=1+1+\frac{1}{2!}\left(1-\frac{1}{n+1}\right)+\frac{1}{3!}\left(1-\frac{1}{n+1}\right)\left(1-\frac{2}{n+1}\right)+\cdots+\frac{1}{n!}\left(1-\frac{1}{n+1}\right)\left(1-\frac{2}{n+1}\right)\cdots$$

$$\left(1-\frac{n-1}{n+1}\right)+\frac{1}{(n+1)!}\left(1-\frac{1}{n+1}\right)\left(1-\frac{2}{n+1}\right)\cdots\left(1-\frac{n}{n+1}\right)$$

在这两个展开式中,除前两项相同外,后者的每一项都大于前者的相应项,且后者最后还多了一个数值为正的项,所以有

$$x_n<x_{n+1}$$

即数列$\{x_n\}$单调增加。

再证明数列$\{x_n\}$有上界。

因 $1-\frac{1}{n},1-\frac{2}{n},\cdots,1-\frac{n-1}{n}$都小于 1,因此有

$$\begin{aligned}x_n&<1+\frac{1}{1!}+\frac{1}{2!}+\frac{1}{3!}+\cdots+\frac{1}{n!}\\&<1+1+\frac{1}{2}+\frac{1}{2^2}+\cdots+\frac{1}{2^{n-1}}\\&=1+\frac{1-\frac{1}{2^n}}{1-\frac{1}{2}}=3-\frac{1}{2^{n-1}}<3\end{aligned}$$

即数列$\{x_n\}$有上界。

根据准则Ⅱ可知$\lim\limits_{n\to\infty}\left(1+\frac{1}{n}\right)^n$ 存在,记$\lim\limits_{n\to\infty}\left(1+\frac{1}{n}\right)^n=\mathrm{e}$。其中 $\mathrm{e}=2.718281828459\cdots$,是个无理数。指数函数 e^x 及自然对数 $\ln x$ 中的底 e 就是这个常数。

(2) 证明 $\lim\limits_{x\to\infty}\left(1+\frac{1}{x}\right)^x=\mathrm{e}$。

先证明 $\lim\limits_{x\to+\infty}\left(1+\frac{1}{x}\right)^x=\mathrm{e}$。

对于任意大于 1 的 x,总能找到两个相邻的自然数 n 和 $n+1$,使得

$$n\leqslant x<n+1$$

或

$$\frac{1}{n+1}<\frac{1}{x}\leqslant\frac{1}{n}$$

于是有

$$1+\frac{1}{n+1}<1+\frac{1}{x}\leqslant1+\frac{1}{n}$$

于是

$$\left(1+\frac{1}{n+1}\right)^n<\left(1+\frac{1}{x}\right)^x\leqslant\left(1+\frac{1}{n}\right)^{n+1}$$

显然,当 $x\to+\infty$时,$n\to\infty$。

当 $n\to\infty$时,有

$$\lim_{n\to\infty}\left(1+\frac{1}{n+1}\right)^n=\lim_{n\to\infty}\frac{\left(1+\frac{1}{n+1}\right)^{n+1}}{1+\frac{1}{n+1}}=\frac{\lim\limits_{n\to\infty}\left(1+\frac{1}{n+1}\right)^{n+1}}{\lim\limits_{n\to\infty}\left(1+\frac{1}{n+1}\right)}=\mathrm{e}$$

$$\lim_{n\to\infty}\left(1+\frac{1}{n}\right)^{n+1}=\lim_{n\to\infty}\left[\left(1+\frac{1}{n}\right)^{n}\cdot\left(1+\frac{1}{n}\right)\right]=\lim_{n\to\infty}\left(1+\frac{1}{n}\right)^{n}\cdot\lim_{n\to\infty}\left(1+\frac{1}{n}\right)=\mathrm{e}$$

由准则Ⅰ可知

$$\lim_{x\to+\infty}\left(1+\frac{1}{x}\right)^{x}=\mathrm{e}$$

再证明 $\lim\limits_{x\to-\infty}\left(1+\frac{1}{x}\right)^{x}=\mathrm{e}$。

作代换 $x=-t$，则 $\left(1+\frac{1}{x}\right)^{x}=\left(1-\frac{1}{t}\right)^{-t}=\left(\frac{t}{t-1}\right)^{t}=\left(1+\frac{1}{t-1}\right)^{t}=\left(1+\frac{1}{t-1}\right)^{t-1}\left(1+\frac{1}{t-1}\right)$ 且当 $x\to-\infty$ 时，$t\to+\infty$，从而有 $\lim\limits_{x\to-\infty}\left(1+\frac{1}{x}\right)^{x}=\lim\limits_{t\to+\infty}\left(1+\frac{1}{t-1}\right)^{t-1}\left(1+\frac{1}{t-1}\right)=\mathrm{e}$，即

$$\lim_{x\to-\infty}\left(1+\frac{1}{x}\right)^{x}=\mathrm{e}$$

综合以上结果可知

$$\lim_{x\to\infty}\left(1+\frac{1}{x}\right)^{x}=\mathrm{e}$$

若令 $t=\frac{1}{x}$，则 $x\to\infty$ 时，$t\to0$，可得到

$$\lim_{t\to0}(1+t)^{\frac{1}{t}}=\mathrm{e}$$

【例 1-46】 求 $\lim\limits_{x\to\infty}\left(1-\frac{1}{x}\right)^{2x}$。

解
$$\lim_{x\to\infty}\left(1-\frac{1}{x}\right)^{2x}=\lim_{x\to\infty}\left[\left(1+\frac{1}{-x}\right)^{-x}\right]^{-2}=\mathrm{e}^{-2}$$

在计算极限时经常会遇到形如 $[f(x)]^{g(x)}$ $(f(x)>0)$ 的函数的极限，通常称这类函数为幂指函数。如果 $\lim f(x)=A>0$，$\lim g(x)=B$，则 $\lim[f(x)]^{g(x)}=A^{B}$。

【例 1-47】 求 $\lim\limits_{x\to0}(1+\sin x)^{\frac{1}{x}}$。

解
$$\lim_{x\to0}(1+\sin x)^{\frac{1}{x}}=\lim_{x\to0}(1+\sin x)^{\frac{1}{\sin x}\cdot\frac{\sin x}{x}}=\mathrm{e}$$

【例 1-48】 求 $\lim\limits_{x\to\infty}\left(\frac{2x+1}{2x+3}\right)^{x+1}$。

解　方法一

$$\lim_{x\to\infty}\left(\frac{2x+1}{2x+3}\right)^{x+1}=\lim_{x\to\infty}\left[\frac{1+\frac{1}{2x}}{1+\frac{3}{2x}}\right]^{x+1}=\frac{\lim\limits_{x\to\infty}\left(1+\frac{1}{2x}\right)^{x+1}}{\lim\limits_{x\to\infty}\left(1+\frac{3}{2x}\right)^{x+1}}=\frac{\lim\limits_{x\to\infty}\left(1+\frac{1}{2x}\right)^{2x\cdot\frac{x+1}{2x}}}{\lim\limits_{x\to\infty}\left(1+\frac{3}{2x}\right)^{\frac{2x}{3}\cdot\frac{3(x+1)}{2x}}}=\frac{\mathrm{e}^{\frac{1}{2}}}{\mathrm{e}^{\frac{3}{2}}}=\mathrm{e}^{-1}$$

方法二

$$\lim_{x\to\infty}\left(\frac{2x+1}{2x+3}\right)^{x+1}=\lim_{x\to\infty}\left[\left(1+\frac{-2}{2x+3}\right)^{-\frac{2x+3}{2}}\right]^{-\frac{2(x+1)}{2x+3}}=\mathrm{e}^{-1}$$

【例 1-49】 求 $\lim\limits_{x\to0}(\cos x)^{\frac{1}{x^2}}$。

解
$$\lim_{x\to0}(\cos x)^{\frac{1}{x^2}}=\lim_{x\to0}[1+(\cos x-1)]^{\frac{1}{\cos x-1}\cdot\frac{\cos x-1}{x^2}}=\mathrm{e}^{-\frac{1}{2}}$$

习题 1.6

1. 计算下列极限。

(1) $\lim\limits_{x\to 0}\dfrac{\tan 7x}{x}$；　　(2) $\lim\limits_{x\to 0}\dfrac{\sin 2x}{\sin 3x}$；

(3) $\lim\limits_{x\to 0}\dfrac{\sin x}{\tan 2x}$；　　(4) $\lim\limits_{x\to 0}x\cot 2x$；

(5) $\lim\limits_{x\to 0}\dfrac{\arctan 7x}{x}$；　　(6) $\lim\limits_{n\to\infty}2^n\sin\dfrac{x}{2^n}$；

(7) $\lim\limits_{x\to\frac{\pi}{2}}\dfrac{\cos x}{\dfrac{\pi}{2}-x}$；　　(8) $\lim\limits_{x\to\alpha}\dfrac{\sin x-\sin\alpha}{x-\alpha}$。

(9) $\lim\limits_{x\to 0}(1-x)^{\frac{1}{x}}$；　　(10) $\lim\limits_{x\to 0}(1+4x)^{\frac{1}{x}}$；

(11) $\lim\limits_{x\to\infty}\left(1-\dfrac{2}{x}\right)^{3x}$；　　(12) $\lim\limits_{x\to\infty}\left(\dfrac{1+x}{x}\right)^{3x}$；

(13) $\lim\limits_{x\to 0}\left(\dfrac{1-2x}{1+3x}\right)^{\frac{2}{x}}$；　　(14) $\lim\limits_{x\to\frac{\pi}{2}}(1+\cos x)^{\sec x}$。

2. 求$\lim\limits_{n\to\infty}\left(\dfrac{1}{\sqrt{n^2+1}}+\dfrac{1}{\sqrt{n^2+2}}+\cdots+\dfrac{1}{\sqrt{n^2+n}}\right)$。

第七节　无穷小的比较

本章第四节介绍了无穷小的概念及性质，但对于两个无穷小的商的情况并没有说明，本节将着重介绍两个无穷小的商的情况。例如，当 $x\to 0$ 时，$\sin x$，x，x^2 都是无穷小，但它们中任意两个的商却出现了不同的情况

$$\lim_{x\to 0}\frac{x^2}{x}=0,\quad \lim_{x\to 0}\frac{x}{x^2}=\infty,\quad \lim_{x\to 0}\frac{\sin x}{x}=1$$

这些情况恰好说明了这些无穷小趋近于零的速度的“快慢”程度，观察其变化趋势：

x	1	0.1	0.01	0.001	…
x^2	1	0.01	0.0001	0.000001	…
$\sin x$	0.8415	0.0998	0.0099998	0.0009999998	…

就上面几个例子来说，在 $x\to 0$ 的过程中，x^2 比 x 趋近于零“快些”；反过来，x 比 x^2 趋近于零“慢些”，而 $\sin x$ 与 x 趋近于零“快慢相仿”。

为比较两个无穷小趋近于零的速度，我们引进了下面的定义，极限符号的下方没有标出自变量的变化过程，表示这种极限可以理解为自变量 $x\to x_0$，也可以理解为自变量 $x\to\infty$。

定义 1-7　设 α,β 为在自变量同一变化过程中的两个无穷小。

(1) 如果 $\lim \frac{\beta}{\alpha}=0$，则称 β 是比 α 高阶的无穷小，记作 $\beta=o(\alpha)$；

(2) 如果 $\lim \frac{\beta}{\alpha}=\infty$，则称 β 是比 α 低阶的无穷小；

(3) 如果 $\lim \frac{\beta}{\alpha}=c\neq 0$，则称 β 与 α 是同阶无穷小；

(4) 如果 $\lim \frac{\beta}{\alpha}=1$，则称 β 与 α 是等价无穷小，记作 $\alpha\sim\beta$；

(5) 如果 $\lim \frac{\beta}{\alpha^k}=c\neq 0, k>0$，则称 β 是关于 α 的 k 阶无穷小。

在同阶无穷小的定义中，如果取 $c=1$，便成了等价无穷小，所以等价无穷小是同阶无穷小的特殊情况。

在前面的例子中，因为

$$\lim_{x\to 0}\frac{x^2}{x}=0,\quad \lim_{x\to 0}\frac{x}{x^2}=\infty,\quad \lim_{x\to 0}\frac{\sin x}{x}=1$$

所以当 $x\to 0$ 时，x^2 是比 x 高阶的无穷小，记为 $x^2=o(x)(x\to 0)$；x 是比 x^2 低阶的无穷小；$\sin x$ 与 x 是等价无穷小，记为 $\sin x\sim x(x\to 0)$。

以上讨论了无穷小的比较。但应指出，不是任何两个无穷小都可以进行这种阶的比较。例如，当 $x\to 0$ 时，$x\sin\frac{1}{x}$ 和 x^2 都是无穷小，但它们的比 $\frac{x\sin\frac{1}{x}}{x^2}=\frac{1}{x}\sin\frac{1}{x}$ 或 $\frac{x^2}{x\sin\frac{1}{x}}=\frac{x}{\sin\frac{1}{x}}$ 的极限都不存在，所以这两个无穷小不能进行阶的比较。

关于等价无穷小，有下述重要性质。

定理 1-12　设 α,β 为在自变量同一变化过程中的两个无穷小，则 β 与 α 是等价无穷小的充分必要条件是

$$\beta=\alpha+o(\alpha)$$

证　先证必要性。

因为

$$\alpha\sim\beta$$

所以

$$\lim\frac{\beta}{\alpha}=1$$

于是有

$$\lim\frac{\beta-\alpha}{\alpha}=\lim\left(\frac{\beta}{\alpha}-1\right)=\lim\frac{\beta}{\alpha}-1=1-1=0$$

因 β 与 α 都是无穷小，由第四节定理 1-8 知 $\beta-\alpha$ 也是无穷小。所以由上式知

$$\beta-\alpha=o(\alpha)$$

即

$$\beta=\alpha+o(\alpha)$$

再证充分性。

设 $\beta=\alpha+o(\alpha)$，则

$$\lim \frac{\beta}{\alpha}=\lim \frac{\alpha+o(\alpha)}{\alpha}=\lim\left(1+\frac{o(\alpha)}{\alpha}\right)=1+0=1$$

由等价无穷小的定义知

$$\alpha \sim \beta$$

由定理 1-12 可知，两个等价无穷小之间仅相差一个高阶无穷小。例如，当 $x \to 0$ 时，$\sin x \sim x$，所以当 $x \to 0$ 时有

$$\sin x=x+o(x)$$

定理 1-13 设 $\alpha \sim \alpha'$，$\beta \sim \beta'$，且 $\lim \frac{\beta'}{\alpha'}$ 存在，则

$$\lim \frac{\beta}{\alpha}=\lim \frac{\beta'}{\alpha'}$$

证 因为

$$\alpha \sim \alpha', \beta \sim \beta'$$

所以有

$$\lim \frac{\alpha'}{\alpha}=1, \quad \lim \frac{\beta}{\beta'}=1$$

于是

$$\lim \frac{\beta}{\alpha}=\lim\left(\frac{\beta}{\beta'} \cdot \frac{\beta'}{\alpha'} \cdot \frac{\alpha'}{\alpha}\right)=\lim \frac{\beta}{\beta'} \cdot \lim \frac{\beta'}{\alpha'} \cdot \lim \frac{\alpha'}{\alpha}=\lim \frac{\beta'}{\alpha'}$$

由定理 1-13 可知，在求两个无穷小之比的极限时，若能将分子或分母用适当的等价无穷小替代，有时可使计算简化。

利用等价无穷小定义，根据前几节的例题，可以总结出以下几个常用的等价无穷小：当 $x \to 0$ 时，$\sin x \sim x$，$\tan x \sim x$，$1-\cos x \sim \frac{1}{2}x^2$，$\arcsin x \sim x$，$\arctan x \sim x$，$\ln(1+x) \sim x$，$e^x-1 \sim x$，$a^x-1 \sim x\ln a$，$(1+x)^a-1 \sim ax$。我们可以直接利用这些等价无穷小简化计算，而这些等价无穷小替代的证明将在后面的章节中给予证明。

【例 1-50】 求 $\lim\limits_{x \to 0} \frac{\sin x}{\tan 2x}$。

解 因为当 $x \to 0$ 时，

$$\sin x \sim x, \quad \tan x \sim x$$

所以有

$$\sin x \sim x, \quad \tan 2x \sim 2x$$

于是

$$\lim_{x \to 0} \frac{\sin x}{\tan 2x}=\lim_{x \to 0} \frac{x}{2x}=\lim_{x \to 0} \frac{1}{2}=\frac{1}{2}$$

在应用定理 1-13 的等价无穷小替代求极限时应注意，只有对所求极限式中相乘或相除的因式才能用等价无穷小替代，而对极限式中的相加或相减部分则不能随意替代，否则会出错。例如，

$$\lim_{x\to 0}\frac{\tan x-\sin x}{(\arcsin x)^3}=\lim_{x\to 0}\frac{x-x}{x^3}=0$$

结果是错误的。正确的做法是设法把它们转化为乘积因子，再使用无穷小代换，如当 $x\to 0$ 时，$\sin x\sim x$，$1-\cos x\sim\frac{1}{2}x^2$，$\arcsin x\sim x$。

所以

$$\lim_{x\to 0}\frac{\tan x-\sin x}{(\arcsin x)^3}=\lim_{x\to 0}\frac{\sin x\left(\frac{1}{\cos x}-1\right)}{x^3}=\lim_{x\to 0}\frac{\sin x(1-\cos x)}{x^3\cos x}=\lim_{x\to 0}\frac{x\cdot\frac{1}{2}x^2}{x^3\cos x}$$

$$=\lim_{x\to 0}\frac{1}{2\cos x}=\frac{1}{2}$$

【例 1-51】 求 $\lim_{x\to 0}\frac{\sqrt{1+x\sin x}-1}{e^{x^2}-1}$。

解　因为当 $x\to 0$ 时，

$$\sqrt{1+x\sin x}-1\sim\frac{x\sin x}{2},\quad e^{x^2}-1\sim x^2,\quad \sin x\sim x$$

所以

$$\lim_{x\to 0}\frac{\sqrt{1+x\sin x}-1}{e^{x^2}-1}=\lim_{x\to 0}\frac{\frac{x\sin x}{2}}{x^2}=\lim_{x\to 0}\frac{x^2}{2x^2}=\frac{1}{2}$$

【例 1-52】 求 $\lim_{x\to 0}\frac{\tan x-\sin x}{x^3}$。

解　方法一

$$\lim_{x\to 0}\frac{\tan x-\sin x}{x^3}=\lim_{x\to 0}\frac{\frac{\sin x}{\cos x}-\sin x}{x^3}$$

$$=\lim_{x\to 0}\frac{\sin x\cdot\frac{1-\cos x}{\cos x}}{x^3}$$

$$=\lim_{x\to 0}\frac{\sin x}{x}\cdot\lim_{x\to 0}\frac{1}{\cos x}\cdot\lim_{x\to 0}\frac{1-\cos x}{x^2}$$

$$=\frac{1}{2}$$

方法二

$$\lim_{x\to 0}\frac{\tan x-\sin x}{x^3}=\lim_{x\to 0}\frac{\tan x(1-\cos x)}{x^3}$$

$$=\lim_{x\to 0}\frac{x\cdot\frac{1}{2}x^2}{x^3}$$

$$=\frac{1}{2}$$

【例 1-53】 求$\lim\limits_{x\to 0}\dfrac{e^{\tan x}-e^{\sin x}}{\tan^3 x}$。

解
$$\lim_{x\to 0}\frac{e^{\tan x}-e^{\sin x}}{\tan^3 x}=\lim_{x\to 0}\frac{e^{\sin x}(e^{\tan x-\sin x}-1)}{\tan^3 x}=\lim_{x\to 0}\frac{\tan x-\sin x}{x^3}=\frac{1}{2}$$

【例 1-54】 求$\lim\limits_{x\to 0}\dfrac{e^{x^2}-\cos x}{\ln(1+x^2)}$。

解
$$\begin{aligned}\lim_{x\to 0}\frac{e^{x^2}-\cos x}{\ln(1+x^2)}&=\lim_{x\to 0}\frac{(e^{x^2}-1)+(1-\cos x)}{x^2}\\&=\lim_{x\to 0}\frac{e^{x^2}-1}{x^2}+\lim_{x\to 0}\frac{1-\cos x}{x^2}\\&=\lim_{x\to 0}\frac{x^2}{x^2}+\lim_{x\to 0}\frac{\frac{1}{2}x^2}{x^2}\\&=\frac{3}{2}\end{aligned}$$

【例 1-55】 当$x\to -1$时，x^3+ax^2-x+b与$x+1$为等价无穷小，求a,b的值。

解 由于
$$\lim_{x\to -1}\frac{x^3+ax^2-x+b}{x+1}=1,\quad \lim_{x\to -1}(x+1)=0$$
所以
$$\lim_{x\to -1}(x^3+ax^2-x+b)=0$$
即
$$a+b=0,\quad b=-a$$
又
$$\begin{aligned}1&=\lim_{x\to -1}\frac{x^3+ax^2-x+b}{x+1}=\lim_{x\to -1}\frac{x^3+ax^2-x-a}{x+1}=\lim_{x\to -1}\frac{(x^2-1)(x+a)}{x+1}\\&=\lim_{x\to -1}[(x-1)(x+a)]=-2(a-1)\end{aligned}$$
解得
$$a=\frac{1}{2}$$
因此
$$a=\frac{1}{2},\quad b=-\frac{1}{2}$$

习题 1.7

1. 试判断下列变量，当$x\to 0$时是否是x的高阶无穷小：

(1) $\sin 2x$；(2) x^3-x^2；(3) $\sqrt{x}$；(4) $1-\cos x$。

2. 当$x\to 1$时，无穷小$1-x$与$1-x^2$和$\dfrac{1}{3}(1-x^3)$是否同阶？是否等价？

3. 证明：当$x\to 0$时，$e^x-1\sim x$。

4. 利用等价无穷小的性质，求下列极限。

(1) $\lim\limits_{x\to0}\dfrac{\sin5x}{\tan2x}$；　(2) $\lim\limits_{x\to0}\dfrac{\ln(1+3x)}{2x}$；

(3) $\lim\limits_{x\to0}\dfrac{\sin^3x}{x(1-\cos x)}$；　(4) $\lim\limits_{x\to0}\dfrac{1-e^{2x}}{x}$；

(5) $\lim\limits_{x\to0}\dfrac{x\cdot\arcsin x\cdot\sin\dfrac{1}{x}}{\sin x}$；　(6) $\lim\limits_{x\to0}\dfrac{1-\sqrt[3]{1-x+x^2}}{x}$。

第八节　函数的连续性

自然界中有许多现象是连续变化的，如空气的流动、植物的生长等。这种现象反映到函数关系上，就是函数的连续性。函数连续就是它所表示的曲线没有间断点。

一、函数连续的概念

为了描述函数的连续性，下面先引入函数增量（改变量）的概念。

1. 函数的增量（改变量）

定义 1-8　设函数 $y=f(x)$在 x_0 的某邻域内有定义，当自变量 x 在该邻域内由 x_0 变到 x，相应的函数值由 $f(x_0)$变到 $f(x)$，则称 $x-x_0$ 为自变量 x 在点 x_0 处的增量或改变量，记为 Δx，即

$$\Delta x=x-x_0$$

相应的称 $f(x)-f(x_0)$为函数 $y=f(x)$的增量，记为 Δy，即

$$\Delta y=f(x)-f(x_0)=f(x_0+\Delta x)-f(x_0)$$

$y=f(x)$函数的连续变化，就是自变量 x 在点 x_0 处取得微小增量 Δx 时，函数 y 的相应增量 Δy 也随着变动，且当 $\Delta x\to0$ 时，$\Delta y\to0$（见图 1-14）。

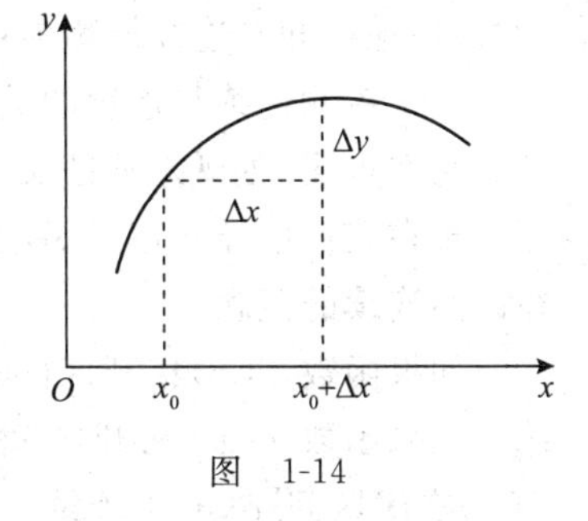

图　1-14

注意：Δx，Δy 是完整的记号，它们可正、可负，也可为 0。

2. 函数连续的定义

定义 1-9　设函数 $y=f(x)$在点 x_0 的某个邻域内有定义，如果当自变量 x 在点 x_0 处取得的增量 Δx 趋于零时，函数相应的增量 Δy 也趋于零，即

$$\lim_{\Delta x\to0}\Delta y=0$$

或

$$\lim_{\Delta x\to0}[f(x_0+\Delta x)-f(x_0)]=0$$

则称函数 $y=f(x)$在点 x_0 处连续。

若在定义 1-9 中令 $x=x_0+\Delta x$，则当 $\Delta x\to0$ 时，$x\to x_0$，于是定义 1-9 中的等式又可写成

$$\lim_{x\to x_0}f(x)=f(x_0)$$

于是,定义 1-9 又可如下表述。

定义 1-10　设函数 $y=f(x)$ 在点 x_0 的某个邻域内有定义,如果当 $x\to x_0$ 时,函数 $f(x)$ 的极限存在,且等于它在点 x_0 处的函数值,即有

$$\lim_{x\to x_0} f(x)=f(x_0)$$

则称函数 $y=f(x)$ 在点 x_0 处连续。

由定义 1-10 可知,函数 $f(x)$ 在 x_0 点连续,不仅要求 $f(x)$ 在 x_0 点有定义,而且要求 $x\to x_0$ 时,$f(x)$ 的极限等于 $f(x_0)$,即函数 $f(x)$ 在点 x_0 处连续需满足下列三个条件:

(1) $f(x)$ 在点 x_0 处有定义,即 $f(x_0)$ 存在;

(2) $x\to x_0$ 时,$f(x)$ 极限存在;

(3) 这个极限值等于 $f(x_0)$。

这三个条件也给出了判断函数在某点是否连续的具体方法。

由于 $\lim\limits_{x\to x_0} x=x_0$,所以又有

$$\lim_{x\to x_0} f(x)=f(x_0)=f(\lim_{x\to x_0} x)$$

简单地说,就是连续函数的极限符号与函数符号可以交换次序。

由定义 1-10 可知,如果已知函数在点 x_0 处连续,则求函数当 $x\to x_0$ 时的极限,只要把 x_0 代入函数中,求出它的函数值就可以了。

相应于左、右极限的概念,我们给出左、右连续的定义,将定义 1-10 中的极限换成左极限(或右极限),即

$$f(x_0^-)=\lim_{x\to x_0^-} f(x)\quad 或\quad f(x_0^+)=\lim_{x\to x_0^+} f(x)$$

若 $f(x_0^-)=f(x_0)$(或 $f(x_0^+)=f(x_0)$),则称函数 $y=f(x)$ 在点 x_0 处左连续(或右连续)。左连续和右连续统称为单侧连续。

关于单侧连续与连续的关系,有如下重要结论:函数 $f(x)$ 在点 x_0 处连续的充分必要条件是它在点 x_0 处既左连续又右连续。

现在我们已经知道了函数在一点连续的概念,下面由函数在一点连续的概念给出函数在区间连续的概念。

如果函数 $f(x)$ 在开区间 (a,b) 内的每一点都连续,则称函数 $f(x)$ 在区间 (a,b) 内连续。如果函数 $f(x)$ 在开区间 (a,b) 内连续,且在 a 点右连续,在 b 点左连续,则称函数 $f(x)$ 在闭区间 $[a,b]$ 上连续。

从几何上看,$f(x)$ 的连续性表示,当 x 轴上两点间的距离充分小时,函数图形上的对应点的纵坐标之差也很小,这说明连续函数的图形是一条连续且不间断的曲线。

【例 1-56】 证明函数 $y=\sin x$ 在区间 $(-\infty,+\infty)$ 内是连续的。

证　设 x 为区间 $(-\infty,+\infty)$ 内任意一点,则有

$$\Delta y=\sin(x+\Delta x)-\sin x=2\sin\frac{\Delta x}{2}\cos\left(x+\frac{\Delta x}{2}\right)$$

因为当 $x\to 0$ 时,

$$0<\sin\frac{\Delta x}{2}<\frac{\Delta x}{2}$$

由夹逼准则

$$\lim_{\Delta x\to 0}\sin\frac{\Delta x}{2}=0$$

而 $\cos\left(x+\frac{\Delta x}{2}\right)$ 为有界量，所以 Δy 是无穷小与有界函数的乘积，即

$$\lim_{\Delta x\to 0}\Delta y=0$$

这就证明了函数 $y=\sin x$ 在区间 $(-\infty,+\infty)$ 内任意一点都是连续的。

【例 1-57】 绝对值函数 $f(x)=|x|=\begin{cases}x, & x\geqslant 0\\ -x, & x<0\end{cases}$ 在 $x=0$ 处是否连续？

解 由

$$\lim_{x\to 0^-}f(x)=\lim_{x\to 0^-}(-x)=0=f(0)$$

$$\lim_{x\to 0^+}f(x)=\lim_{x\to 0^+}x=0=f(0)$$

可知，绝对值函数 $f(x)$ 在 $x=0$ 处既左连续又右连续，所以 $f(x)$ 在 $x=0$ 处连续。

【例 1-58】 讨论函数 $f(x)=\begin{cases}|x|, & |x|\leqslant 1\\ \dfrac{x}{|x|}, & |x|>1\end{cases}$ 在其定义域内的连续性。

解

$$f(x)=\begin{cases}-1, & x<-1\\ -x, & -1\leqslant x\leqslant 0\\ x, & 0<x\leqslant 1\\ 1, & x>1\end{cases}$$

因为

$$f(-1^-)=-1,\quad f(-1^+)=1$$

所以 $f(x)$ 在 $x=-1$ 不连续。

又因为

$$f(0^-)=f(0^+)=0=f(0),f(1^-)=f(1^+)=1=f(1)$$

所以 $f(x)$ 在 $x=0,x=1$ 均连续。

综合以上讨论，$f(x)$ 在其定义域内不连续，$x=-1$ 为函数的跳跃间断点。

【例 1-59】 已知 $f(x)=\begin{cases}\sqrt{1+x^2}-1, & 0<x\leqslant 1\\ e^{x-1}+a, & x>1\end{cases}$，在 $x=1$ 处连续，求 a 的值。

解 $f(1^-)=\lim\limits_{x\to 1^-}(\sqrt{1+x^2}-1)=\sqrt{2}-1=f(1)$，　$f(1^+)=\lim\limits_{x\to 1^+}(e^{x-1}+a)=a+1$

因为 $f(x)$ 在 $x=1$ 处连续，所以

$$\sqrt{2}-1=a+1$$

即

$$a=\sqrt{2}-2$$

幂函数、指数函数、对数函数、三角函数和反三角函数在其定义域内都是连续的，即一切基本初等函数在其定义域内都连续。

二、函数的间断点

定义 1-11 如果函数 $f(x)$ 在点 x_0 处不连续，则称点 x_0 为函数 $f(x)$ 的间断点。

定义 1-11′ 如果 $f(x)$ 在点 x_0 的某一去心邻域内有定义，且 $f(x)$ 有下列三种情形之一：

(1) 在点 x_0 处无定义,即 $f(x_0)$不存在;

(2) $\lim\limits_{x\to x_0}f(x)$不存在;

(3) 虽然 $f(x_0)$与$\lim\limits_{x\to x_0}f(x)$都存在,但是$\lim\limits_{x\to x_0}f(x)\neq f(x_0)$,则函数 $f(x)$在点 x_0 处不连续,点 x_0 称为函数 $f(x)$的间断点或不连续点。

间断点通常分为两类:如果 x_0 是函数 $f(x)$的间断点,且 $f(x)$在 x_0 处的左极限和右极限都存在,则称 x_0 为函数 $f(x)$的第一类间断点;不是第一类间断点的任何间断点都称为第二类间断点。在第一类间断点中,我们把左、右极限相等的间断点称为可去间断点;左、右极限不相等的间断点称为跳跃间断点。

下面来看几个例子。

【例 1-60】 函数 $f(x)=\begin{cases}x, & x\neq 0\\ 1, & x=0\end{cases}$,因$\lim\limits_{x\to 0}f(x)=\lim\limits_{x\to 0}x=0$,$f(0)=1$,但$\lim\limits_{x\to 0}f(x)\neq f(0)$,所以 $x=0$ 是函数 $f(x)$的间断点。又因$\lim\limits_{x\to 0}f(x)$存在,即 $f(x)$在 $x=0$ 处的左、右极限都存在且相等,故 $x=0$ 是函数 $f(x)$的第一类间断点中的可去间断点。

如果 x_0 是函数 $f(x)$的可去间断点,可以对其进行补充或改变定义:令 $f(x_0)=\lim\limits_{x\to x_0}f(x)$,则 x_0 就是 $f(x)$的连续点。在例 1-60 中,如果令 $f(0)=0$,则 $f(x)$在 $x=0$ 连续。

【例 1-61】 函数 $f(x)=\begin{cases}\dfrac{|x|}{x}, & x\neq 0\\ 0, & x=0\end{cases}$,因

$$\lim_{x\to 0^-}f(x)=\lim_{x\to 0^-}\frac{|x|}{x}=\lim_{x\to 0^-}\frac{-x}{x}=-1$$

$$\lim_{x\to 0^+}f(x)=\lim_{x\to 0^+}\frac{|x|}{x}=\lim_{x\to 0^+}\frac{x}{x}=1$$

但

$$\lim_{x\to 0^-}f(x)\neq\lim_{x\to 0^+}f(x)$$

所以 $x=0$ 是函数 $f(x)$的第一类间断点中的跳跃间断点(见图 1-15)。

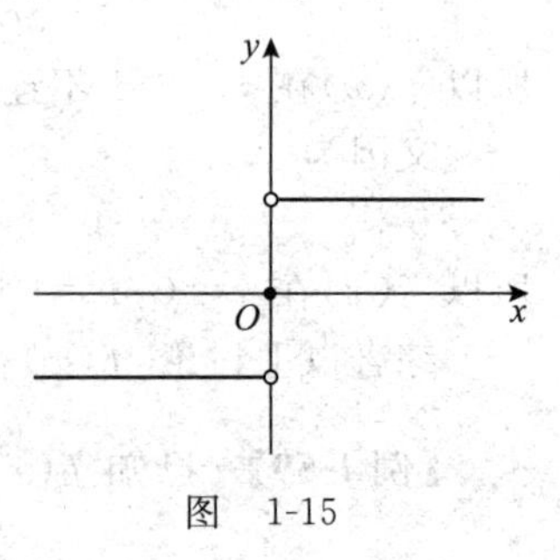

图 1-15

【例 1-62】 求函数 $f(x)=\dfrac{e^{\frac{1}{x}}+1}{e^{\frac{1}{x}}-1}$的间断点,并判断其类型。

解 函数 $f(x)=\dfrac{e^{\frac{1}{x}}+1}{e^{\frac{1}{x}}-1}$在点 $x=0$ 处无定义,所以在 $x=0$ 处间断。由于

$$\lim_{x\to 0^-}f(x)=\lim_{x\to 0^-}\frac{e^{\frac{1}{x}}+1}{e^{\frac{1}{x}}-1}=\frac{1}{-1}=-1$$

$$\lim_{x\to 0^+}f(x)=\lim_{x\to 0^-}\frac{e^{\frac{1}{x}}+1}{e^{\frac{1}{x}}-1}=\lim_{x\to 0^-}\frac{1+e^{-\frac{1}{x}}}{1-e^{-\frac{1}{x}}}=\frac{1}{1}=1$$

所以 $x=0$ 是函数 $f(x)$的第一类间断点中的跳跃间断点。

【例 1-63】 正切函数 $y=\tan x$ 在 $x=\dfrac{\pi}{2}$处没有定义,所以 $x=\dfrac{\pi}{2}$是函数 $y=\tan x$ 的间

断点。因为$\lim\limits_{x\to\frac{\pi}{2}}\tan x=\infty$,所以称 $x=\frac{\pi}{2}$是函数 $y=\tan x$ 的第二类间断点中的无穷间断点。

【例 1-64】 函数 $y=\sin\frac{1}{x}$在点 $x=0$ 没有定义,所以点 $x=0$ 是函数 $\sin\frac{1}{x}$的间断点。当 $x\to 0$ 时,函数值在 -1 与 1 之间变动无限多次,所以点 $x=0$ 称为函数 $y=\sin\frac{1}{x}$的第二类间断点中的振荡间断点。

无穷间断点和振荡间断点都是比较常见的第二类间断点。

三、连续函数的运算法则与初等函数的连续性

下面来研究连续函数的运算性质。

1. 连续函数的四则运算

定理 1-14 如果函数 $f(x)$,$g(x)$在点 x_0 处连续,那么它们的和、差、积、商(分母不为 0)在点 x_0 处也连续。

证 下面只证"和"的情形,其他同理。

因函数 $f(x)$,$g(x)$在点 x_0 处都连续,即

$$\lim_{x\to x_0} f(x)=f(x_0),\quad \lim_{x\to x_0} g(x)=g(x_0)$$

由极限的运算法则有

$$\lim_{x\to x_0}[f(x)+g(x)]=\lim_{x\to x_0} f(x)+\lim_{x\to x_0} g(x)=f(x_0)+g(x_0)$$

即 $f(x)+g(x)$在点 x_0 处连续。

定理 1-14 的和、差、积的情形都可推广到有限个函数,即有限个在 x_0 处连续的函数的和、差、积在该点处仍连续。

2. 复合函数的连续性

定理 1-15 设函数 $u=\varphi(x)$在点 x_0 处连续,且 $u_0=\varphi(x_0)$,而函数 $y=f(u)$在点 u_0 处连续,则复合函数 $y=f[\varphi(x)]$在点 x_0 处也连续。

证 由 $u=\varphi(x)$在点 x_0 处连续可得

$$\lim_{x\to x_0}\varphi(x)=\varphi(x_0)=u_0$$

即

$$x\to x_0 \text{ 时},\quad u\to u_0$$

又由 $y=f(u)$在点 u_0 处连续可得

$$\lim_{u\to u_0} f(u)=f(u_0)$$

由以上两式可得

$$\lim_{x\to x_0} f[\varphi(x)]=\lim_{u\to u_0} f(u)=f(u_0)=f[\varphi(x_0)]$$

即函数 $y=f[\varphi(x)]$在点 x_0 处连续。

由复合函数的连续性,有

$$\lim_{x\to x_0} f[\varphi(x)]=f[\lim_{x\to x_0}\varphi(x)]$$

也就是说,在求复合函数的极限时,函数符号与极限符号可以交换次序。

【例 1-65】 求$\lim\limits_{x\to 2}\sqrt{\dfrac{x-2}{x^2-4}}$。

解 函数 $y=\sqrt{\dfrac{x-2}{x^2-4}}$可看作由 $y=\sqrt{u}$与$u=\dfrac{x-2}{x^2-4}$复合而成。

因为

$$\lim_{x\to 2}\frac{x-2}{x^2-4}=\lim_{x\to 2}\frac{1}{x+2}=\frac{1}{4}$$

又因 $y=\sqrt{u}$在点 $u=\dfrac{1}{4}$处连续,所以

$$\lim_{x\to 2}\sqrt{\frac{x-2}{x^2-4}}=\sqrt{\lim_{x\to 2}\frac{x-2}{x^2-4}}=\sqrt{\frac{1}{4}}=\frac{1}{2}$$

【例 1-66】 求$\lim\limits_{x\to 0}\dfrac{\log_a(1+x)}{x}$。

解 函数 $y=\dfrac{\log_a(1+x)}{x}=\log_a(1+x)^{\frac{1}{x}}$可看作由 $y=\log_a u$ 与 $u=(1+x)^{\frac{1}{x}}$复合而成。

因为

$$\lim_{x\to 0}(1+x)^{\frac{1}{x}}=\mathrm{e}$$

又因 $y=\log_a u$ 在点 $u=\mathrm{e}$ 处连续,所以

$$\lim_{x\to 0}\frac{\log_a(1+x)}{x}=\lim_{x\to 0}\log_a(1+x)^{\frac{1}{x}}=\log_a\left[\lim_{x\to 0}(1+x)^{\frac{1}{x}}\right]=\log_a\mathrm{e}=\frac{1}{\ln a}$$

例 1-66 说明,当 $x\to 0$ 时,$\log_a(1+x)$与 x 是同阶无穷小。

3. 反函数的连续性

定理 1-16 如果函数 $y=f(x)$在某个区间上单调增加(或单调减少)且连续,那么它的反函数 $y=f^{-1}(x)$在对应的区间上也单调增加(或单调减少)且连续。

【例 1-67】 函数 $y=\mathrm{e}^x$ 在区间$(-\infty,+\infty)$上是单调增加的连续函数,由定理 1-16 得,$y=\ln x$ 在对应的区间$(0,+\infty)$上也是单调增加的连续函数。

4. 初等函数的连续性

由初等函数的定义及连续函数的运算法则,可以证得:一切初等函数在其定义区间内都是连续的。这里所说的定义区间,是指包含在定义域内的区间。上述关于初等函数的连续性的结论为我们提供了一种求极限的方法,即如果 $f(x)$是初等函数,且 x_0 是 $f(x)$定义区间内的点,则

$$\lim_{x\to x_0} f(x)=f(x_0)$$

【例 1-68】 求$\lim\limits_{x\to 0}\dfrac{a^x-1}{x}$。

解 令 $a^x-1=t$,则 $x=\log_a(1+t)$,当 $x\to 0$ 时,$t\to 0$,于是

$$\lim_{x\to 0}\frac{a^x-1}{x}=\lim_{t\to 0}\frac{t}{\log_a(1+t)}=\lim_{t\to 0}\frac{1}{\dfrac{\log_a(1+t)}{t}}=\frac{\lim\limits_{t\to 0}1}{\lim\limits_{t\to 0}\dfrac{\log_a(1+t)}{t}}=\ln a$$

【例 1-69】 求 $\lim\limits_{x\to 0}\dfrac{(1+x)^{\alpha}-1}{x}(\alpha\in\mathbf{R})$。

解　令 $(1+x)^{\alpha}-1=t$，则当 $x\to 0$ 时，$t\to 0$，于是

$$\lim_{x\to 0}\frac{(1+x)^{\alpha}-1}{x}=\lim_{x\to 0}\frac{(1+x)^{\alpha}-1}{\ln(1+x)^{\alpha}}\cdot\frac{\ln(1+x)^{\alpha}}{x}=\lim_{t\to 0}\frac{t}{\ln(1+t)}\cdot\lim_{x\to 0}\frac{\alpha\ln(1+x)}{x}=\alpha$$

当 $x\to 0$ 时，由例 1-66～例 1-69 可得下面三个常用的等价无穷小关系式：

$$\ln(1+x)\sim x$$

$$e^x-1\sim x$$

$$(1+x)^{\alpha}-1\sim\alpha x$$

【例 1-70】 求 $\lim\limits_{x\to\frac{\pi}{4}}(\sin 2x)^3$。

解　由于 $(\sin 2x)^3$ 是初等函数，其定义域是 $(-\infty,+\infty)$，$\dfrac{\pi}{4}$ 是定义域内的点，所以

$$\lim_{x\to\frac{\pi}{4}}(\sin 2x)^3=\lim_{x\to\frac{\pi}{4}}\left(\sin 2\cdot\frac{\pi}{4}\right)^3=1$$

【例 1-71】 求 $\lim\limits_{x\to+\infty}(\sin\sqrt{x+1}-\sin\sqrt{x})$。

解　利用三角公式得

$$\begin{aligned}\lim_{x\to+\infty}(\sin\sqrt{x+1}-\sin\sqrt{x})&=\lim_{x\to+\infty}2\sin\frac{\sqrt{x+1}-\sqrt{x}}{2}\cos\frac{\sqrt{x+1}+\sqrt{x}}{2}\\&=\lim_{x\to+\infty}2\sin\frac{1}{2(\sqrt{x+1}+\sqrt{x})}\cos\frac{\sqrt{x+1}+\sqrt{x}}{2}\end{aligned}$$

当 $x\to+\infty$ 时，$\sin\dfrac{1}{2(\sqrt{x+1}+\sqrt{x})}$ 为无穷小，$\cos\dfrac{\sqrt{x+1}+\sqrt{x}}{2}$ 为有界量，所以

$$\lim_{x\to+\infty}(\sin\sqrt{x+1}-\sin\sqrt{x})=0$$

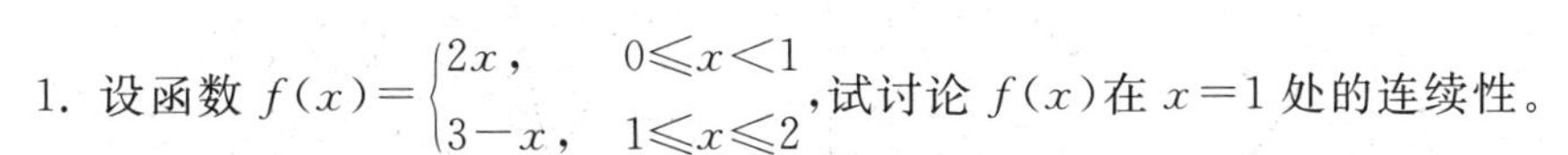

习题 1.8

1. 设函数 $f(x)=\begin{cases}2x, & 0\leqslant x<1\\ 3-x, & 1\leqslant x\leqslant 2\end{cases}$，试讨论 $f(x)$ 在 $x=1$ 处的连续性。

2. 函数 $f(x)=\begin{cases}|x|, & |x|\leqslant 1\\ \dfrac{x}{|x|}, & |x|>1\end{cases}$ 在其定义域内是否连续？请作出函数 $f(x)$ 的图形。

3. 求下列函数的间断点，并判断间断点的类型。

(1) $y=\dfrac{1}{1+2^{\frac{1}{x}}}$；　　(2) $\dfrac{x-1}{x^2-3x+2}$；　　(3) $f(x)=\begin{cases}x-2, & x\leqslant 2\\ 5-x, & x>2\end{cases}$。

4. 求下列极限。

(1) $\lim\limits_{x\to\infty}\sin\dfrac{x+1}{x-1}$； (2) $\lim\limits_{x\to 0}\ln\dfrac{\sin x}{x}$； (3) $\lim\limits_{n\to\infty}\dfrac{\sqrt[3]{n^2}\sin n!}{n+1}$。

第九节 闭区间上连续函数的性质

第八节介绍了如果函数 $f(x)$在开区间(a,b)内连续，且在 a 点右连续，在 b 点左连续，那么函数 $f(x)$在闭区间$[a,b]$上连续。本节将介绍闭区间上连续函数的几个非常重要的性质。

定理 1-17(有界性定理) 如果函数 $y=f(x)$在闭区间$[a,b]$上连续，则 $y=f(x)$在这个闭区间上有界。

设函数 $f(x)$在区间 I 上有定义，如果在区间 I 上存在一点 x_0，使得对于区间 I 内任意一点都满足

$$f(x)\leqslant f(x_0) \quad 或 \quad f(x)\geqslant f(x_0)$$

则称 $f(x_0)$是 $f(x)$在区间 I 上的最大值(或最小值)。

定理 1-18(最大值和最小值定理) 如果函数 $y=f(x)$在闭区间$[a,b]$上连续，则 $y=f(x)$在这个闭区间上一定有最大值与最小值(见图 1-16)。

注意： 对于开区间内的连续函数或在闭区间上有间断点的函数，定理 1-17 与定理 1-18 的结论不一定成立。例如，函数 $y=\dfrac{1}{x}$在开区间$(0,1)$上连续，但它是无界的，没有最大值，也没有最小值。

定理 1-19(介值定理) 如果函数 $y=f(x)$在闭区间$[a,b]$上连续，M 和 m 分别为函数 $y=f(x)$在该区间上的最大值和最小值，则对于 M 和 m 之间的任何实数 c，在 a 和 b 之间至少存在一点 ξ，使 $f(\xi)=c$(见图 1-17)。

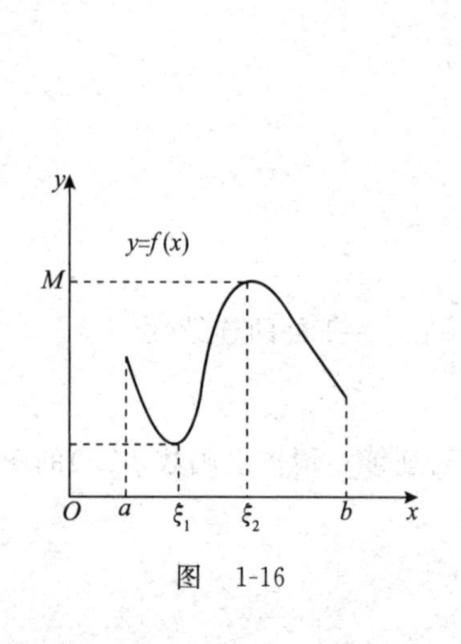

图 1-16

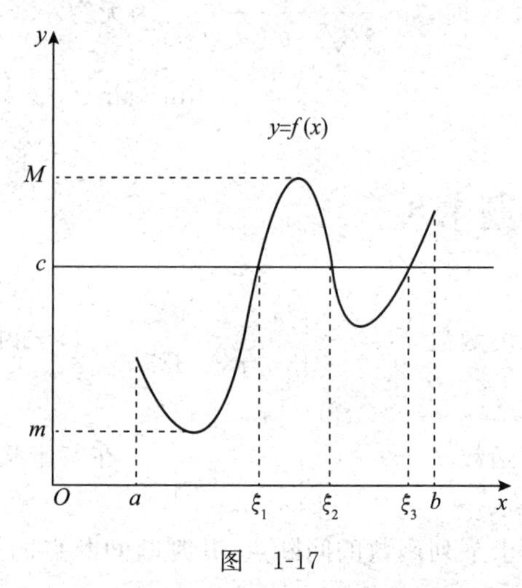

图 1-17

定理 1-19 指出，闭区间上的连续函数可以取遍 M 和 m 之间的一切数值，这个性质反映

了函数连续变化的特征，其几何意义是：闭区间上的连续曲线 $y=f(x)$ 与水平直线 $y=c(m<c<M)$ 至少有一个交点。

如果 $f(x_0)=0$，则 x_0 称为函数 $f(x)$ 的零点。

定理 1-20(零点定理)　如果函数 $y=f(x)$ 在闭区间 $[a,b]$ 上连续，且 $f(a)$ 与 $f(b)$ 异号，即 $f(a)\cdot f(b)<0$，则在开区间 (a,b) 内至少存在一点 ξ，使得 $f(\xi)=0$（见图 1-18）。

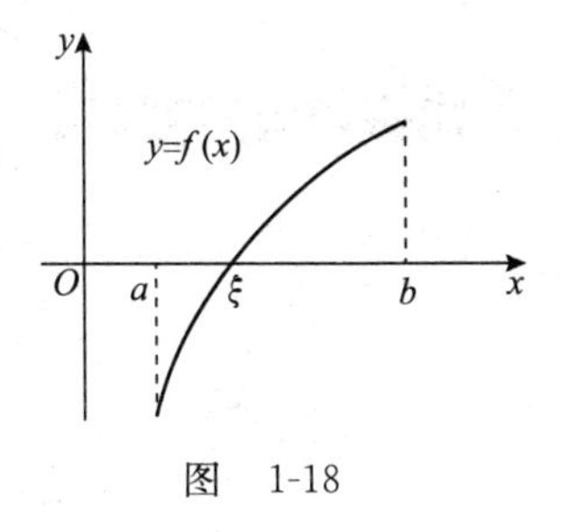

图　1-18

几何解释：连续曲线 $y=f(x)$ 的两个端点位于 x 轴的不同侧，则曲线弧与 x 轴至少有一个交点。

【例 1-72】　证明方程 $\ln x=x-\mathrm{e}$ 在开区间 $(1,\mathrm{e}^2)$ 内至少有一个实根。

证　构造辅助函数

$$f(x)=\ln x-x+\mathrm{e}$$

则 $f(x)$ 在闭区间 $[1,\mathrm{e}^2]$ 上连续，又有

$$f(1)=\mathrm{e}-1>0,\quad f(\mathrm{e}^2)=2-\mathrm{e}^2+\mathrm{e}<0$$

由零点定理，在开区间 $(1,\mathrm{e}^2)$ 内至少存在一点 ξ，使得 $f(\xi)=0$，即 $\ln x=x-\mathrm{e}$ 在 $(1,\mathrm{e}^2)$ 内必有实根。

【例 1-73】　证明方程 $x=a\sin x+b(a>0,b>0)$ 至少有一个正根，并且它不超过 $a+b$。

证　构造辅助函数

$$f(x)=x-a\sin x-b$$

则 $f(x)$ 在 $[0,a+b]$ 上连续，又因

$$f(0)=-b<0,\quad f(a+b)=a[1-\sin(a+b)]\geqslant 0$$

若 $f(a+b)=0$，即 $\sin(a+b)=1$，则 $x=a+b$ 为原方程的一个正根；

若 $f(a+b)>0$，则由零点定理，至少存在一点 $\xi\in(0,a+b)$，使得 $f(\xi)=0$，即 ξ 为原方程的小于 $a+b$ 的一个正根。

综合以上讨论，方程 $x=a\sin x+b(a>0,b>0)$ 至少有一个正根，并且它不超过 $a+b$。

习题 1.9

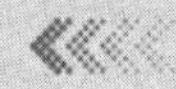

1. 证明方程 $x^5-3x=7$ 至少有一个根介于 1 与 2 之间。

2. 证明方程 $\sin x+x+1=0$ 在开区间 $\left(-\dfrac{\pi}{2},\dfrac{\pi}{2}\right)$ 内至少有一个根。

3. 设函数 $f(x)$ 在区间 $[a,b]$ 上连续，且 $f(a)<a$，$f(b)>b$，证明至少存在一点 $\xi\in(a,b)$，使得 $f(\xi)=\xi$。

4. 证明：若函数 $f(x)$ 在 $[a,b]$ 上连续，且 $a<x_1<x_2<\cdots<x_n<b$，则在 $[x_1,x_n]$ 上必存在一点 ξ，使 $f(\xi)=\dfrac{f(x_1)+f(x_2)+\cdots+f(x_n)}{n}$。

知识结构图、本章小结与学习指导

知识结构图

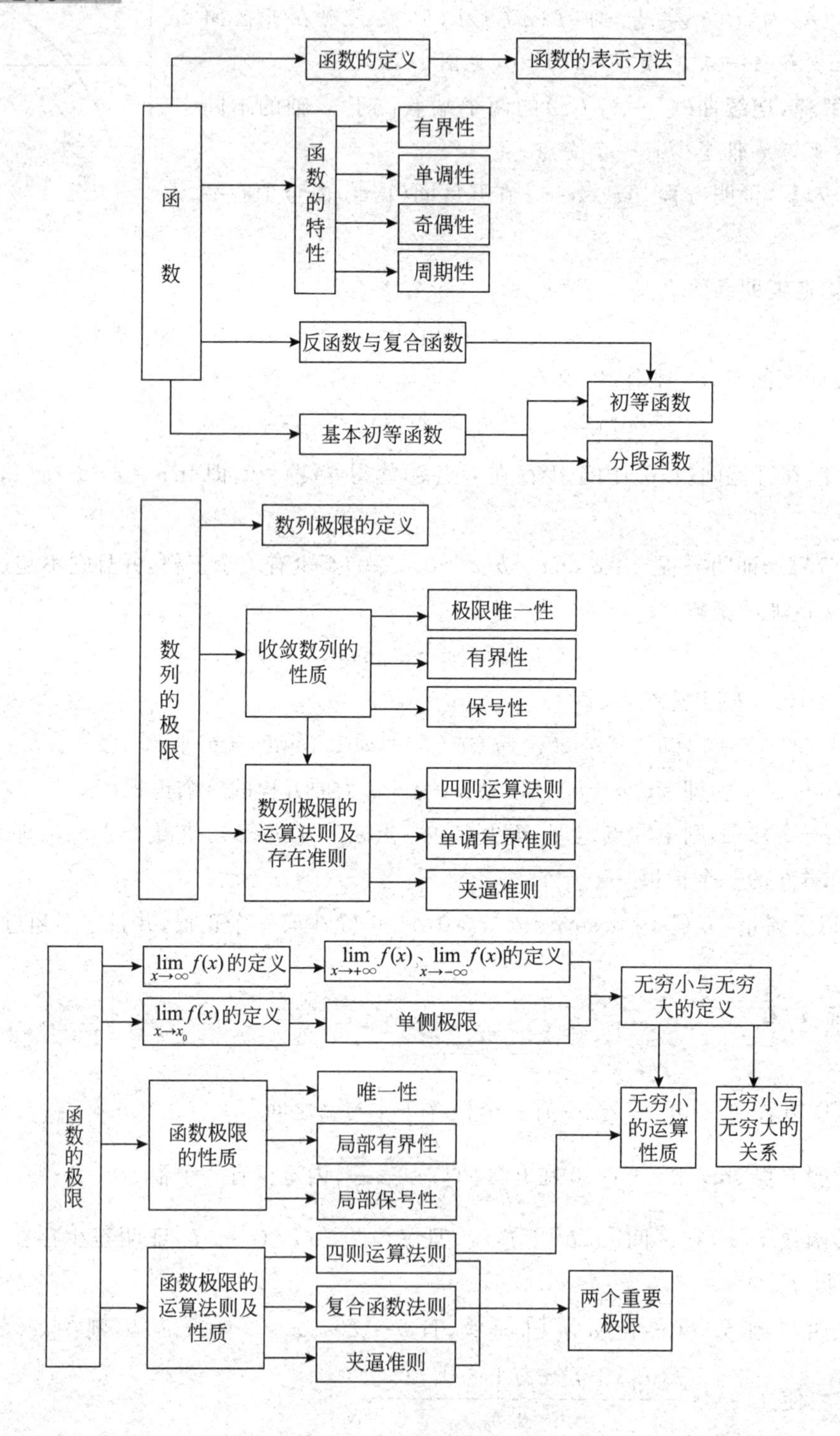

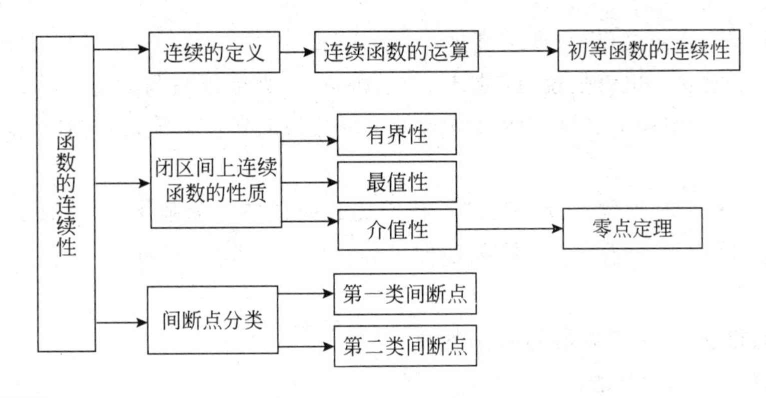

本章小结

本章主要学习了与一元函数有关的概念及函数的特性、数列极限、函数极限等内容。

1. 函数

函数的定义有两个要素，即定义域与对应法则。因此，两个函数相等或相同是指它们不仅定义域相同，而且对应法则也相同。函数的四种简单特性，即单调性、有界性、周期性、奇偶性都有明确的定义，且各有直观的几何意义。要判断一个函数是否具有某种特性，可以用定义来说明。复合函数的主要作用在于对一个比较复杂的函数，适当地引入中间变量后，分解成若干个比较简单的函数，使我们对复杂函数的讨论可转化为对简单函数的讨论，但需注意，不是任何两个函数都能复合。高等数学中的函数绝大多数是初等函数，因此，基本初等函数的基础作用不可忽视。

2. 极限的定义

为加深对极限的理解，下面把极限定义中的ε，N，M与δ的含义以及它们的作用作以下几点说明。

(1) 极限各定义中的ε都是任意给定的(无论多么小)的正数，它的作用在于刻画数列$\{a_n\}$和A或函数$f(x)$和A接近的程度。由于它的任意性，因而不等式

$$|a_n-A|<\varepsilon \quad 或 \quad |f(x)-A|<\varepsilon$$

才能精确刻画$\{a_n\}$或$f(x)$无限接近A的实质。

(2) ε-N定义中的ε给定后，可取的正整数N并不唯一。因为如果N能满足要求，那么任何一个大于N的正整数自然也能满足要求。定义没有要求取符合要求的最小的正整数，只要能肯定有符合要求的正整数存在就可以了。因此，切勿为了表示N与ε有关，把它记成$N(\varepsilon)$而误认为N是ε的函数。N的作用在于刻画保证不等式$|a_n-A|<\varepsilon$成立所需要的n变大的程度。一般说来，ε给得更小一些时，N就要更大一些。

(3) ε-M或ε-δ定义中的M和δ都是正数，它们的作用在于分别刻画保证不等式$|f(x)-A|<\varepsilon$成立所需要的$|x|$变大的程度或x接近x_0的程度。一般说来，当ε给得更小时，M要更大一些，但δ却要更小一些，ε给定后，随之可取的M或δ也不是唯一的，定义不要求必须取最小的M或最大的δ。

(4) ε-N定义只要求当$n>N$时的一切a_n都能使不等式$|a_n-A|<\varepsilon$成立。也就是说，数列$\{a_n\}$是否以A为极限只跟它N项以后的所有项的变化有关，而与它前面的有限项无关。因此改变一个数列的有限项的值、去掉或增加有限个项，并不影响数列的收敛或发散。

(5) ε-M 或 ε-δ 定义，也只要求满足 $|x|>M$ 或 $0<|x-x_0|<\delta$ 的一切 x 恒有不等式 $|f(x)-A|<\varepsilon$ 成立。也就是说，函数 $f(x)$ 是否以 A 为极限只与满足 $|x|>M$ 的 x 或在去心邻域 $0<|x-x_0|<\delta$ 中的 x 所对应的一切函数值的变化有关，而与其他 x 所对应的函数值无关。

(6) 研究 $x\to x_0$ 时函数 $f(x)$ 的极限，我们关心的是当 x 无限接近 x_0 时函数 $f(x)$ 的变化趋势。因此，对于 $f(x)$ 在 x_0 的情况如何，可不予考虑，定义只要求 $0<|x-x_0|<\delta$，而不是 $|x-x_0|<\delta$。

3. 极限的性质、存在准则和运算法则

(1) 收敛数列有唯一极限，并且一定有界。

(2) 极限存在的单调有界准则与夹逼准则。

(3) $\lim\limits_{x\to x_0}f(x)$ 存在的充要条件是 $f(x_0^-)=f(x_0^+)$。

(4) 运用极限的和、差、积、商运算法则时应注意，参与运算的函数的极限都要存在，并且函数的个数只能是有限个，在作商的运算时，还要求分母的极限不为零。

4. 无穷大与无穷小

(1) 无穷大是绝对值无限增大的一类变量，它不是指绝对值很大的数；无穷小是以零为极限的一类变量，它也不是指绝对值很小的数。

(2) 在自变量的同一变化过程中，无穷大 $f(x)$ 的倒数 $\dfrac{1}{f(x)}$ 是无穷小；无穷小 $f(x)$ $(f(x)\neq 0)$ 的倒数是无穷大。

(3) 有限个无穷小的和、差、积仍然是无穷小，但两个无穷小的商未必是无穷小。无穷小与有界函数的乘积仍是无穷小。

(4) 两个无穷小之商的极限，一般随着无穷小的不同而不同，从而产生了两个无穷小之间的高阶、同阶、等价等概念，它们反映了两个无穷小趋近于零的“快慢”程度。

5. 连续函数

(1) 函数 $f(x)$ 在 x_0 处连续定义的三种不同表达形式：

① $\lim\limits_{\Delta x\to 0}\Delta y=\lim\limits_{\Delta x\to 0}[f(x_0+\Delta x)-f(x_0)]=0$；

② $\lim\limits_{x\to x_0}f(x)=f(x_0)$；

③ 利用 ε-δ 定义给出函数在一点连续的定义，即 $\forall\varepsilon>0$，$\exists\delta>0$，使当 $|x-x_0|<\delta$ 时，$|f(x)-f(x_0)|<\varepsilon$。

(2) 连续函数的和、差、积、商在它们同时有定义的区间内仍为连续函数。

(3) 连续函数的复合函数仍为连续函数。

(4) 单调连续函数有单调连续的反函数。

(5) 初等函数在其定义域内连续。

(6) 闭区间 $[a,b]$ 上的连续函数 $f(x)$ 有下列重要性质：

① $f(x)$ 在 $[a,b]$ 上必取得最大值与最小值(最大值和最小值定理)；

② $f(x)$ 在 $[a,b]$ 上必取得介于最大值与最小值之间的任何值(介值定理)；

③ $f(x)$ 在 $[a,b]$ 上必取得介于 $f(a)$ 与 $f(b)$ 之间的任何值；

④ 如果 $f(a)\cdot f(b)<0$，那么在 (a,b) 内必有函数 $f(x)$ 的零点(零点定理)。

其中，性质③是性质②的推论。

6. 间断点的分类

左、右极限都存在的间断点称为第一类间断点，其中左、右极限不相等的间断点称为跳跃间断点，左、右极限相等的间断点称为可去间断点。不是第一类间断点的任何间断点都称为第二类间断点。

学习指导

1. 本章要求

(1) 理解函数的定义。

(2) 了解函数的单调性、有界性、周期性和奇偶性。

(3) 了解反函数和复合函数的概念。

(4) 熟悉基本初等函数的性质及图形。

(5) 深刻理解极限的概念。

(6) 熟练掌握极限的四则运算法则。

(7) 了解两个极限存在准则(夹逼准则和单调有界准则)，会用两个重要极限求极限。

(8) 理解无穷小与无穷大的定义，掌握无穷小的性质及无穷小的比较。

(9) 理解无穷小与无穷大的关系，理解极限与无穷小的关系。

(10) 理解函数在一点连续的定义，熟练掌握连续函数的性质，会判断间断点的类型。

(11) 掌握初等函数的连续性及闭区间上连续函数的性质。

2. 学习重点

(1) 函数的定义及基本初等函数。

(2) 极限的定义与极限的运算。

(3) 连续的定义与初等函数的连续性。

3. 学习难点

极限的概念。

4. 学习建议

(1) 切实领会极限定义的实质，理解本章的众多概念，明白它们之间的联系与区别。

(2) 用定义证明极限的根本目的是加深对极限定义的理解，掌握定义的实质，所以只要能消化书中的这类例题就可以了。

(3) 熟练掌握 $x \to 0$ 时的等价无穷小，对于求极限会有很大的帮助。

扩展阅读

中国古代的极限思想

中华文明历史悠久，中华文化博大精深、源远流长，中国古代数学有着辉煌的成就。华罗庚先生说过，中华民族是最擅长数学的。作为微积分学基础的极限理论直到 19 世纪才得以完善，但是极限思想的萌芽可以追溯到大约 2500 年前。

我国是世界上最早产生极限思想和应用极限思想的国家。早在战国时期，我国已有极限的锥形,《庄子·天下篇》中记录了我国伟大的哲学家、思想家庄子的极限思想:“一尺之锤,日取其半,万世不竭。”这句话的意思是说,一尺长的木棍,每天取其一半,可以无穷尽地取用,这体现了分割的思想,蕴含了高等数学中的极限思想,庄子的无限分割思想也为后人解决问题提供了灵感。

另外,在《墨子·经下》中也有:“非半弗斫,则不动,说在端。”这句话的意思是说,一条线段从中点分为两半,仍取一半继续分割,直到不可分割时就只剩下一个点。这些体现出了古人对无限思想的认识,蕴含了朴素的、直观的极限思想。

至东汉时期,我国古代数学中的极限思想已经发展成熟。魏晋期间我国伟大的数学家、中国古典数学理论的奠基人之一——刘徽在《九章算术》中写道:“以六觚之一面乘一弧半径,三之,得十二觚之幂。若又割之,次以十二觚之一面乘一弧之半径,六之,则得二十四觚之幂。割之弥细,所失弥少。割之又割,以至于不可割,则与圆周合体而无所失矣。”这里“觚”是正多边形,“面”是正多边形的边,“幂”是正多边形的面积。

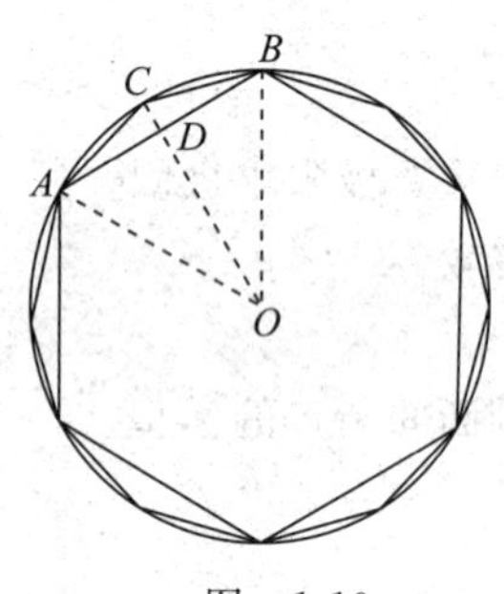

图 1-19

刘徽所用的方法就是先作出一个圆的内接正六边形,然后平分每组对边的弧,作出圆的内接正十二边形,同样的方法继续作出圆的内接正二十四边形、正四十八边形……正多边形的边数越多,即所谓“割之弥细”,圆的面积与正多边形的面积相差就越少(见图 1-19)。当分割次数无限增加,也就是正多边形的边数无限增大时,正多边形将与圆重合,圆内接正多边形面积的极限即为圆面积,这就是著名的“割圆术”。“割圆术”是极限思想在几何上的应用,是人类史上首次将极限和无穷小引入数学证明的一种方法,这成为人类文明史中不朽的篇章。刘徽通过“割圆术”将圆周率精确到小数点后 3 位,这是当时世界上最精确的圆周率数据。

到了南北朝时期,数学家祖冲之和他的儿子祖暅继承了刘徽的思想,首次将圆周率精确到了小数点后第 7 位,这是当时世界上最精确的记录。圆周率历来被数学史家认为是衡量一个民族古典数学文明发达的尺度,可见南北朝时期的中国数学水平是世界领先的。另外,祖冲之还得到了两个圆周率的有理数近似值,分别称为约率与密率,后人称密率为祖率。

祖率在西方直到 1573 年才由德国人奥托发现,1625 年发表于荷兰工程师安托尼斯的著作中,欧洲称为安托尼斯率。祖冲之的圆周率保持了千年之久,直到 15 世纪才被阿拉伯数学家阿尔·卡西打破,计算到小数点后 17 位。

此外,祖冲之和他的儿子祖暅编写了一本名为《缀术》的专著,这本书在唐代初期被选作国子监算学馆的教材之一。据说《缀术》的内容深奥,是唐朝算学中最难的课本,所以习者寥寥。《缀术》在北宋元丰七年(1084 年)时便已经失传,令人惋惜。《缀术》中有云:“缘幂势既同,则积不容异。”这句话的意思是说,如果两个立方体的所有等高的横截面积全都相等,那么这两个立方体的体积一定是相同的(见图 1-20),这正是“不可分量”思想的延续。这个原理我们称为祖暅原理,在微积分里被西方称为卡瓦列里原理。祖暅原理的发现比卡瓦列里原理早 1000 多年。祖暅承袭了刘徽的思想,利用祖暅原理求出“牟合方盖”的体

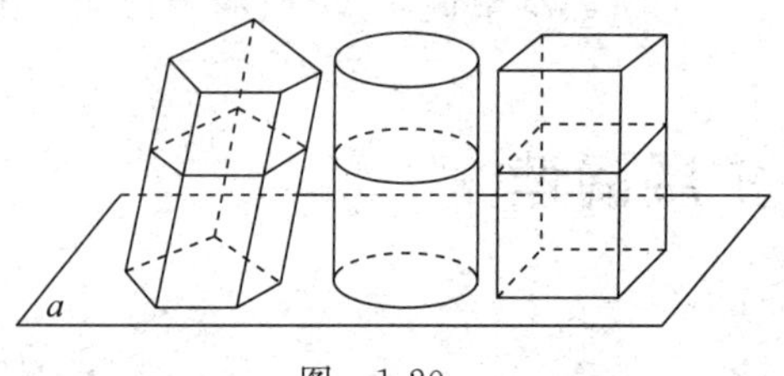

图 1-20

积，进而利用“牟合方盖”求出了球体的体积，解决了刘徽遗留的问题。

《缀术》代表了当时数学的最高水平，但是由于已经失传，我们无法得知其内容。有学者认为《缀术》中蕴含极限思想，是因为“缀”字本身就有“连续”的含义。

刘徽、祖冲之都是我国历史上杰出的科学家。他们的科学发现与创造是我国古代科技发展成就的重要代表之一，他们的研究为人类社会的发展做出了极大的贡献，他们的卓越贡献对世界具有深刻的影响。

总复习题一

1. 判断题。

(1) 在某一过程中，若 $f(x)$ 有极限，$g(x)$ 无极限，则 $f(x)\cdot g(x)$ 必无极限。（　）

(2) 无界数列必定发散。（　）

(3) 有界函数与无穷大的乘积是无穷大。（　）

(4) 若 $f(x)$ 在点 x_0 处连续，$g(x)$ 在 x_0 处不连续，则 $f(x)\cdot g(x)$ 在 x_0 处必不连续。（　）

(5) 若 $f(x)$ 在点 x_0 处连续，且 $f(x_0)>0$，则在 x_0 的某邻域内恒有 $f(x)>0$。（　）

2. 选择题。

(1) 当 $x_0\to 0$ 时，以下无穷小量（　）比其他三个是更高阶无穷小量。

A. $\ln(1+x)$　　B. e^x-1　　C. $\tan x$　　D. $1-\cos x$

(2) 设 $f(x)=\begin{cases}\dfrac{\sqrt{\sin x+1}-1}{x}, & x\neq 0\\ 0, & x=0\end{cases}$，则 $x=0$ 是 $f(x)$ 的（　）。

A. 可去间断点　　B. 无穷间断点　　C. 连续点　　D. 跳跃间断点

(3) 已知 $\lim\limits_{x\to\infty}\left(\dfrac{x^2}{x+1}-ax-b\right)=0$，则常数 a,b 的值所组成的数组 (a,b) 为（　）。

A. $(1,0)$　　B. $(0,1)$　　C. $(1,1)$　　D. $(1,-1)$

3. 设 $f(x)=\begin{cases}1-x, & x\leqslant 0\\ x, & x>0\end{cases}$，$g(x)=\begin{cases}x^2, & x<0\\ -x, & x\geqslant 0\end{cases}$，求 $f[g(x)]$。

4. 当 $x\to 0$ 时，$e^{x\cos x^2}-e^x$ 与 x^n 是同阶无穷小量，求 n 的值。

5. 求下列极限。

(1) $\lim\limits_{x\to\infty}[\ln(2x^2-1)-\ln(x^2+2)]$；

(2) $\lim\limits_{x\to 4}\dfrac{\sqrt{1+2x}-3}{\sqrt{x}-2}$；

(3) $\lim\limits_{x\to\infty}\left(\dfrac{2x+1}{2x-1}\right)^x$；

(4) $\lim\limits_{x\to 0}(\cos x)^{\frac{1}{x^2}}$；

(5) $\lim\limits_{n\to\infty}\dfrac{n\cdot\arctan n^2}{\sqrt{n^2+1}}$；

(6) $\lim\limits_{n\to\infty}\left(\dfrac{1}{n}\sin n-n\sin\dfrac{1}{n}\right)$；

(7) $\lim\limits_{n\to\infty}2^n\sin\dfrac{3x+1}{2^n}$；

(8) $\lim\limits_{\alpha\to\beta}\dfrac{e^\alpha-e^\beta}{\alpha-\beta}$。

6. 设 $f(x)=\begin{cases}a+bx^2, & x\leqslant 0\\ \dfrac{\sin bx}{x}, & x>0\end{cases}$,要使 $f(x)$ 在 $(-\infty,+\infty)$ 内连续,求 a 与 b 的关系。

7. 设 $f(x)$ 在 $[a,+\infty)$ 内连续,且 $\lim\limits_{x\to+\infty}f(x)=A$,证明 $f(x)$ 在 $[a,+\infty)$ 上有界。

8. 证明方程 $x\cdot 2^x=1$ 至少有一个小于 1 的正根。

9. 设 $f(x)$ 在 $[0,2]$ 上连续,且 $f(0)=f(2)$,试证在 $[0,1]$ 上至少存在一点 ξ,使得 $f(\xi)=f(\xi+1)$ 成立。

考 研 真 题

1. 填空题。

(1) $\lim\limits_{x\to 0}\dfrac{x\ln(1+x)}{1-\cos x}=$________。

(2) 曲线 $y=\dfrac{x+4\sin x}{5x-2\cos x}$ 的水平渐近线方程为________。

(3) $\lim\limits_{n\to\infty}\left(\dfrac{n+1}{n}\right)^{(-1)^n}=$________。

(4) $\lim\limits_{x\to 0}\dfrac{\ln\cos x}{x^2}=$________。

2. 选择题。

(1) 设函数 $f(x)=\dfrac{1}{e^{\frac{x}{x-1}}-1}$,则(　　)。

A. $x=0,x=1$ 都是 $f(x)$ 的第一类间断点

B. $x=0,x=1$ 都是 $f(x)$ 的第二类间断点

C. $x=0$ 是 $f(x)$ 的第一类间断点,$x=1$ 是 $f(x)$ 的第二类间断点

D. $x=0$ 是 $f(x)$ 的第二类间断点,$x=1$ 是 $f(x)$ 的第一类间断点

(2) 当 $x\to 0^+$ 时,与 $\sqrt{x}$ 等价的无穷小是(　　)。

A. $1-e^{\sqrt{x}}$　　B. $\ln\dfrac{1+x}{1-\sqrt{x}}$　　C. $\sqrt{1+\sqrt{x}}-1$　　D. $1-\cos\sqrt{x}$

(3) 函数 $f(x)=\dfrac{x^2-x}{x^2-1}\sqrt{1+\dfrac{1}{x^2}}$ 的无穷间断点的个数为(　　)。

A. 0　　B. 1　　C. 2　　D. 3

(4) 极限 $\lim\limits_{x\to\infty}\left[\dfrac{x^2}{(x-a)(x+b)}\right]^x=$(　　)。

A. 1　　B. e　　C. e^{a-b}　　D. e^{b-a}

(5) 设函数 $f(x)$ 在 $(-\infty,+\infty)$ 内单调有界,$\{x_n\}$ 为数列,下列命题正确的是(　　)。

A. 若 $\{x_n\}$ 收敛,则 $\{f(x_n)\}$ 收敛　　B. 若 $\{x_n\}$ 单调,则 $\{f(x_n)\}$ 收敛

C. 若 $\{f(x_n)\}$ 收敛,则 $\{x_n\}$ 收敛　　D. 若 $\{f(x_n)\}$ 单调,则 $\{x_n\}$ 收敛

3. 求 $\lim\limits_{x\to-\infty}\dfrac{\sqrt{4x^2+x-1}+x+1}{\sqrt{x^2+\sin x}}$。

4. 求$\lim\limits_{x\to0}\left[\dfrac{2+e^{\frac{1}{x}}}{1+e^{\frac{4}{x}}}+\dfrac{\sin x}{|x|}\right]$。

5. 已知对任意的正整数 n，都有不等式$\dfrac{1}{n+1}<\ln\left(1+\dfrac{1}{n}\right)<\dfrac{1}{n}$成立。设 $a_n=1+\dfrac{1}{2}+\cdots+\dfrac{1}{n}-\ln n$，证明数列$\{a_n\}$收敛。

6. 设数列$\{x_n\}$满足 $0<x_1<\pi$，$x_{n+1}=\sin x_n$（$n=1,2,\cdots$）。

（1）证明$\lim\limits_{n\to\infty}x_n$ 存在，并求该极限；　　（2）计算$\lim\limits_{n\to\infty}\left(\dfrac{x_{n+1}}{x_n}\right)^{\frac{1}{x_n^2}}$。

第二章 导数与微分

数学中研究导数、微分及其应用的部分统称为微分学。微分学是从数量关系上描述物质运动的数学工具。一元函数微分学是高等数学的重要内容之一，导数与微分是其中的两个基本概念。本章将从几个实际问题入手，引出导数和微分的概念，然后介绍导数的一些基本公式和求导的运算方法。

第一节 导数的概念

一、引例

【例 2-1】 变速直线运动的瞬时速度。

设一物体作变速直线运动，从某时刻开始到时刻 t 经过的路程为 s，则 s 为 t 的函数 $s=s(t)$，称 $s(t)$为位置函数。

下面将定义并计算物体在时刻 t_0 的瞬时速度 $v(t_0)$。解决这个问题的基本思路是：虽然整体来说速度是随着时间不断变化的，但局部来说可近似地看成不变。也就是说，当 Δt 很小时，从时刻 t_0 到时刻 $t_0+\Delta t$ 这段时间内，速度的变化也很小，可以近似地看成匀速运动，因而这段时间内的平均速度可以看成时刻 t_0 的瞬时速度的近似值。

从时刻 t_0 到时刻 $t_0+\Delta t$，物体经过的路程为

$$\Delta s=s(t_0+\Delta t)-s(t_0)$$

所以这段时间内的平均速度为

$$\overline{v}=\frac{\Delta s}{\Delta t}=\frac{s(t_0+\Delta t)-s(t_0)}{\Delta t}$$

当 Δt 无限变小时，这个平均速度无限接近于时刻 t_0 的瞬时速度 $v(t_0)$。因此，当 $\Delta t\to 0$ 时，如果 $\lim\limits_{\Delta t\to 0}\overline{v}$ 存在，就称此极限值为物体在时刻 t_0 的瞬时速度 $v(t_0)$，即

$$v(t_0)=\lim_{\Delta t\to 0}\overline{v}=\lim_{\Delta t\to 0}\frac{\Delta s}{\Delta t}=\lim_{\Delta t\to 0}\frac{s(t_0+\Delta t)-s(t_0)}{\Delta t}$$

【例 2-2】 曲线 C 在定点 $M_0(x_0,y_0)$处的切线的斜率。

首先给出一般曲线的切线定义，如图 2-1 所示，在曲线 C 为 $y=f(x)$的图形任取两点 M_0 和 M，作割线 M_0M，固定 M_0，让 M 沿曲线 $y=f(x)$趋近于点 M_0，割线 M_0M 的极限位置 M_0T 称为曲线 $y=f(x)$在点 M_0 处的切线。

下面求曲线 $y=f(x)$在点 M_0 处的切线斜率。

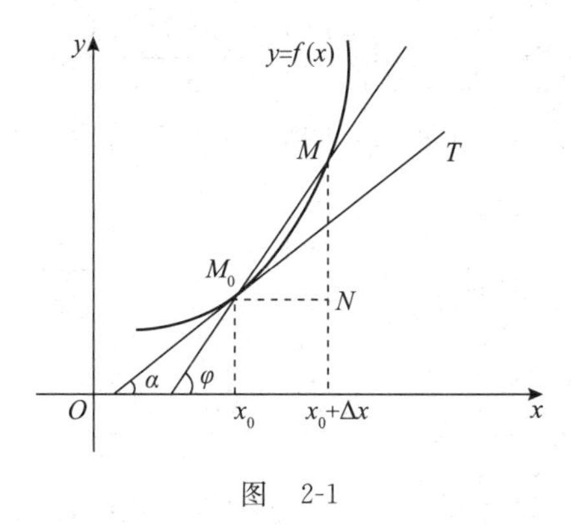

图　2-1

设 $M_0(x_0,y_0)$，$M(x_0+\Delta x,y_0+\Delta y)$，则割线 M_0M 的斜率为

$$\begin{aligned}\tan\varphi &= \frac{NM}{M_0N}\\ &= \frac{\Delta y}{\Delta x}\\ &= \frac{f(x_0+\Delta x)-f(x_0)}{\Delta x}\end{aligned}$$

其中，φ 为割线 M_0M 的倾斜角。

当 $\Delta x\to 0$ 时，动点 M 沿曲线趋近于 M_0，从而割线 M_0M 也随之变动而趋近于极限位置——直线 M_0T，显然割线 M_0M 的倾角 φ 也趋向于切线 M_0T 的倾斜角 α。如果当 $\Delta x\to 0$ 时，$\tan\varphi$ 的极限存在，即

$$\lim_{\Delta x\to 0}\tan\varphi=\lim_{\Delta x\to 0}\frac{\Delta y}{\Delta x}=\lim_{\Delta x\to 0}\frac{f(x_0+\Delta x)-f(x_0)}{\Delta x}=k$$

则此极限值是割线斜率的极限，也就是切线的斜率，即 $k=\tan\alpha$。

二、导数的定义

虽然以上两个例子所讲实际问题的具体含义各不相同，但实质是一样的，都归结为计算函数的增量与自变量的增量的比值，当自变量的增量趋近于零时的极限，即

$$\lim_{\Delta x\to 0}\frac{\Delta y}{\Delta x}=\lim_{\Delta x\to 0}\frac{f(x_0+\Delta x)-f(x_0)}{\Delta x}$$

在自然科学和工程技术领域中，还有许多实际问题，诸如电流强度、线密度、比热容、加速度、角速度等，对这些问题的研究也都归结为此类极限问题，抛开其具体意义，抽象出其数量关系的共性，便得到导数的定义。

定义 2-1　设函数 $y=f(x)$ 在点 x_0 的某个邻域内有定义，当自变量在点 x_0 处取得增量 Δx（点 $x_0+\Delta x$ 仍在该邻域内）时，函数 y 相应地取得增量

$$\Delta y=f(x_0+\Delta x)-f(x_0)$$

如果当 $\Delta x\to 0$ 时，$\dfrac{\Delta y}{\Delta x}$ 的极限存在，即

$$\lim_{\Delta x \to 0} \frac{\Delta y}{\Delta x} = \lim_{\Delta x \to 0} \frac{f(x_0 + \Delta x) - f(x_0)}{\Delta x}$$

存在,则称函数 $y = f(x)$ 在点 x_0 处可导,并称这个极限值为函数 $y = f(x)$ 在点 x_0 处的导数,记作

$$f'(x_0), \quad y'\Big|_{x=x_0}, \quad \frac{\mathrm{d}y}{\mathrm{d}x}\Big|_{x=x_0}, \quad 或 \quad \frac{\mathrm{d}f(x)}{\mathrm{d}x}\Big|_{x=x_0}$$

即

$$f'(x_0) = \lim_{\Delta x \to 0} \frac{\Delta y}{\Delta x} = \lim_{\Delta x \to 0} \frac{f(x_0 + \Delta x) - f(x_0)}{\Delta x}$$

关于导数的定义,还需要再作说明。在导数的定义式中,函数的增量与自变量的增量之比 $\frac{\Delta y}{\Delta x}$,称为函数 $f(x)$ 在点 x_0 处的差商,它反映的是当自变量由 x_0 变到 $x_0 + \Delta x$ 时,自变量变化一个单位所产生的函数 $y = f(x)$ 的平均增量,即函数 $y = f(x)$ 在这个区间上随自变量变化的平均变化速度,叫做平均变化率。若要计算精确的变化率,则要对其取极限,所以导数 $f'(x_0)$ 作为平均变化率的极限又叫做函数 $f(x)$ 在点 x_0 处的瞬时变化率,它反映了函数 $y = f(x)$ 在点 x_0 随自变量变化的快慢程度,即变化速度,这是导数概念的实质。通常把研究某个变量相对于另一个变量的变化快慢程度的这类问题叫做变化率问题。

有了导数的概念之后,前面讲的两个例子就可以用导数来表达:物体在时刻 t_0 的瞬时速度 $v(t_0)$ 就是位移函数 $s(t)$ 在 t_0 处的导数,即 $v(t_0) = s'(t_0)$;曲线 $y = f(x)$ 在点 M_0 处的切线斜率 k 就是函数 $f(x)$ 在 x_0 处的导数,即 $k = f'(x_0)$。

如果导数定义中的极限存在,也可以说函数 $y = f(x)$ 在点 x_0 处具有导数或导数存在,如果极限不存在,称函数 $y = f(x)$ 在点 x_0 处不可导或导数不存在。如果

$$\lim_{\Delta x \to 0} \frac{\Delta y}{\Delta x} = \lim_{\Delta x \to 0} \frac{f(x_0 + \Delta x) - f(x_0)}{\Delta x} = \infty$$

此时,也可以说点 x_0 处的导数为无穷大,但需注意,此时函数 $y = f(x)$ 在点 x_0 处的导数实际上是不存在的。

此外,导数的定义式还有其他几种不同的形式,常见的有

$$f'(x_0) = \lim_{x \to x_0} \frac{f(x) - f(x_0)}{x - x_0}$$

和

$$f'(x_0) = \lim_{h \to 0} \frac{f(x_0 + h) - f(x_0)}{h}$$

定义中所给的是函数 $y = f(x)$ 在一点可导的定义。如果函数 $y = f(x)$ 在区间 (a, b) 内的每一点都可导,则称函数 $y = f(x)$ 在区间 (a, b) 内可导。此时,对于区间 (a, b) 内的每一点 x 都有一个导数与之对应,因此 $f'(x)$ 是该区间上的一个函数,称为函数 $y = f(x)$ 的导函数,记作

$$f'(x), \quad y', \quad \frac{\mathrm{d}y}{\mathrm{d}x}, \quad 或 \quad \frac{\mathrm{d}f(x)}{\mathrm{d}x}$$

将导数定义式中的 x_0 换成 x,便可得到导函数的定义式

$$f'(x)=\lim_{\Delta x\to 0}\frac{f(x+\Delta x)-f(x)}{\Delta x}$$

或

$$f'(x)=\lim_{h\to 0}\frac{f(x+h)-f(x)}{h}$$

易知 $f(x)$在点 x_0 处的导数 $f'(x_0)$就是导数 $f'(x)$在 x_0 处的函数值，即 $f'(x_0)=f'(x)\Big|_{x=x_0}$。一般来说，在不至于混淆的情况下，导函数 $f'(x)$也简称为导数。

一般来说，按定义求导数有以下三个步骤：

(1) 给出自变量的增量 Δx，求出函数的增量 $\Delta y=f(x+\Delta x)-f(x)$；

(2) 求函数增量与自变量增量之比$\frac{\Delta y}{\Delta x}=\frac{f(x+\Delta x)-f(x)}{\Delta x}$；

(3) 取极限$\lim\limits_{\Delta x\to 0}\frac{\Delta y}{\Delta x}=\lim\limits_{\Delta x\to 0}\frac{f(x+\Delta x)-f(x)}{\Delta x}$。

【例 2-3】 设 $f'(x_0)$存在，求下列极限：

(1) $\lim\limits_{\Delta x\to 0}\frac{f(x_0-\Delta x)-f(x_0)}{\Delta x}$；　　(2) $\lim\limits_{h\to 0}\frac{f(x_0)-f(x_0+h)}{h}$；

(3) $\lim\limits_{h\to 0}\frac{f(x_0+h)-f(x_0-2h)}{h}$；　　(4) $\lim\limits_{x\to 0}\frac{f(x)}{x}$(设 $f(0)=0,f'(0)$存在)。

解　结合导数的定义，有

(1) $\lim\limits_{\Delta x\to 0}\frac{f(x_0-\Delta x)-f(x_0)}{\Delta x}=-\lim\limits_{\Delta x\to 0}\frac{f(x_0-\Delta x)-f(x_0)}{-\Delta x}=-f'(x_0)$

(2) $\lim\limits_{h\to 0}\frac{f(x_0)-f(x_0+h)}{h}=-\lim\limits_{\Delta x\to 0}\frac{f(x_0+h)-f(x_0)}{h}=-f'(x_0)$

(3)
$$\begin{aligned}\lim_{h\to 0}\frac{f(x_0+h)-f(x_0-2h)}{h}&=\lim_{\Delta x\to 0}\frac{f(x_0+h)-f(x_0)-f(x_0-2h)+f(x_0)}{h}\\&=\lim_{h\to 0}\frac{f(x_0+h)-f(x_0)}{h}+2\lim_{h\to 0}\frac{f(x_0-2h)-f(x_0)}{-2h}\\&=f'(x_0)+2f'(x_0)\\&=3f'(x_0)\end{aligned}$$

(4) $\lim\limits_{x\to 0}\frac{f(x)}{x}=\lim\limits_{x\to 0}\frac{f(x)-f(0)}{x-0}=f'(0)$

【例 2-4】 设 $f(x)=x(x-1)(x-2)\cdots(x-100)$，求 $f'(0)$。

解　由导数定义知

$$\begin{aligned}f'(0)&=\lim_{x\to 0}\frac{f(x)-f(0)}{x-0}=\lim_{x\to 0}\frac{x(x-1)(x-2)\cdots(x-100)}{x}\\&=\lim_{x\to 0}(x-1)(x-2)\cdots(x-100)=100!\end{aligned}$$

下面来看几个基本初等函数求导数的例子。

【例 2-5】 设 $y=C$(C 为常数)，求 y'。

解　$\Delta y=C-C=0$，进一步有

$$\frac{\Delta y}{\Delta x}=0$$

于是得

$$\lim_{\Delta x\to 0}\frac{\Delta y}{\Delta x}=\lim_{\Delta x\to 0}0=0$$

即

$$(C)'=0$$

【例 2-6】 求 $y=x^n$(n 为正整数)的导数。

解 $y=x^n$(n 为正整数)。由二项式定理可知

$$\begin{aligned}\Delta y&=(x+\Delta x)^n-x^n\\&=\left[x^n+nx^{n-1}\Delta x+\frac{n(n-1)}{2}x^{n-2}(\Delta x)^2+\cdots+(\Delta x)^n\right]-x^n\\&=nx^{n-1}\Delta x+\frac{n(n-1)}{2}x^{n-2}(\Delta x)^2+\cdots+(\Delta x)^n\end{aligned}$$

进一步有

$$\frac{\Delta y}{\Delta x}=nx^{n-1}+\frac{n(n-1)}{2}x^{n-2}\Delta x+\cdots+(\Delta x)^{n-1}$$

于是得

$$\lim_{\Delta x\to 0}\frac{\Delta y}{\Delta x}=\lim_{\Delta x\to 0}\left[nx^{n-1}+\frac{n(n-1)}{2}x^{n-2}\Delta x+\cdots+(\Delta x)^{n-1}\right]=nx^{n-1}$$

即

$$(x^n)'=nx^{n-1}$$

当幂指数为任意实数时,上式仍然成立,即

$$(x^\mu)'=\mu x^{\mu-1}\quad(\mu\text{ 为实数})$$

这就是幂函数的导数公式。

【例 2-7】 求 $y=\sin x$ 的导数。

解 对于正弦函数,有

$$\Delta y=\sin(x+\Delta x)-\sin x=2\cos\left(x+\frac{\Delta x}{2}\right)\sin\frac{\Delta x}{2}$$

进一步有

$$\frac{\Delta y}{\Delta x}=\cos\left(x+\frac{\Delta x}{2}\right)\frac{\sin\frac{\Delta x}{2}}{\frac{\Delta x}{2}}$$

于是得

$$\begin{aligned}\lim_{\Delta x\to 0}\frac{\Delta y}{\Delta x}&=\lim_{\Delta x\to 0}\left[\cos\left(x+\frac{\Delta x}{2}\right)\frac{\sin\frac{\Delta x}{2}}{\frac{\Delta x}{2}}\right]\\&=\lim_{\Delta x\to 0}\cos\left(x+\frac{\Delta x}{2}\right)\cdot\lim_{\Delta x\to 0}\frac{\sin\frac{\Delta x}{2}}{\frac{\Delta x}{2}}=\cos x\end{aligned}$$

即

$$(\sin x)'=\cos x$$

用类似的方法，对于余弦函数 $y=\cos x$，可求得

$$(\cos x)'=-\sin x$$

【例 2-8】 求 $y=\log_a x(a>0,a\neq 1)$的导数。

解
$$\Delta y=\log_a(x+\Delta x)-\log_a x=\log_a \frac{x+\Delta x}{x}=\log_a\left(1+\frac{\Delta x}{x}\right)$$

进一步有

$$\frac{\Delta y}{\Delta x}=\frac{\log_a\left(1+\frac{\Delta x}{x}\right)}{\Delta x}=\log_a\left(1+\frac{\Delta x}{x}\right)^{\frac{1}{\Delta x}}$$

于是得

$$\lim_{\Delta x\to 0}\frac{\Delta y}{\Delta x}=\lim_{\Delta x\to 0}\log_a\left(1+\frac{\Delta x}{x}\right)^{\frac{1}{\Delta x}}=\lim_{\Delta x\to 0}\log_a\left[\left(1+\frac{\Delta x}{x}\right)^{\frac{x}{\Delta x}}\right]^{\frac{1}{x}}=\log_a\left[\lim_{\Delta x\to 0}\left(1+\frac{\Delta x}{x}\right)^{\frac{x}{\Delta x}}\right]^{\frac{1}{x}}$$

$$=\log_a e^{\frac{1}{x}}=\frac{1}{x}\log_a e=\frac{1}{x\ln a}$$

即

$$(\log_a x)'=\frac{1}{x\ln a}$$

特别地，当 $a=e$ 时，有$(\ln x)'=\frac{1}{x}$。

【例 2-9】 求 $y=a^x(a>0,a\neq 1)$的导数。

解
$$\Delta y=a^{x+\Delta x}-a^x=a^x(a^{\Delta x}-1)$$

进一步有

$$\frac{\Delta y}{\Delta x}=a^x\frac{a^{\Delta x}-1}{\Delta x}$$

于是得

$$\lim_{\Delta x\to 0}\frac{\Delta y}{\Delta x}=a^x\lim_{\Delta x\to 0}\frac{a^{\Delta x}-1}{\Delta x}$$

利用第一章第八节例 1-68 的结果得

$$y'=a^x\ln a$$

即

$$(a^x)'=a^x\ln a$$

特别地，当 $a=e$ 时，有$(e^x)'=e^x$。

对于其他基本初等函数的导数，将在求导的运算法则及反函数的求导法则之后给出。

如果把导数定义中的极限换成左极限或右极限，即

$$\lim_{\Delta x\to 0^-}\frac{\Delta y}{\Delta x}=\lim_{\Delta x\to 0^-}\frac{f(x_0+\Delta x)-f(x_0)}{\Delta x}$$

或

$$\lim_{\Delta x\to 0^+}\frac{\Delta y}{\Delta x}=\lim_{\Delta x\to 0^+}\frac{f(x_0+\Delta x)-f(x_0)}{\Delta x}$$

就得到了左导数或右导数的定义，分别记作 $f'_-(x_0)$和 $f'_+(x_0)$，左导数和右导数统称为单侧导数。

由

$$\lim_{\Delta x\to 0}\frac{\Delta y}{\Delta x}=\lim_{\Delta x\to 0}\frac{f(x_0+\Delta x)-f(x_0)}{\Delta x}$$

存在的充分必要条件是左、右极限都存在并且相等，我们又得到这样一个结论：函数 $f(x)$在 x_0 处可导的充分必要条件是函数 $f(x)$在 x_0 处的左导数 $f'_-(x_0)$和右导数 $f'_+(x_0)$都存在且相等。

【例 2-10】 求函数 $f(x)=|x|$在 $x=0$ 处的导数。

解 因为

$$\lim_{\Delta x\to 0^+}\frac{\Delta y}{\Delta x}=\lim_{\Delta x\to 0^+}\frac{f(0+\Delta x)-f(0)}{\Delta x}=\lim_{\Delta x\to 0^+}\frac{|0+\Delta x|-|0|}{\Delta x}=\lim_{\Delta x\to 0^+}\frac{|\Delta x|}{\Delta x}=\lim_{\Delta x\to 0^+}\frac{\Delta x}{\Delta x}=1$$

$$\lim_{\Delta x\to 0^-}\frac{\Delta y}{\Delta x}=\lim_{\Delta x\to 0^-}\frac{f(0+\Delta x)-f(0)}{\Delta x}=\lim_{\Delta x\to 0^-}\frac{|0+\Delta x|-|0|}{\Delta x}=\lim_{\Delta x\to 0^-}\frac{|\Delta x|}{\Delta x}=\lim_{\Delta x\to 0^-}\frac{-\Delta x}{\Delta x}=-1$$

且

$$\lim_{\Delta x\to 0^+}\frac{\Delta y}{\Delta x}\neq\lim_{\Delta x\to 0^-}\frac{\Delta y}{\Delta x}$$

所以 $\lim\limits_{\Delta x\to 0}\frac{\Delta y}{\Delta x}$不存在，即函数 $f(x)=|x|$在 $x=0$ 处不可导。

【例 2-11】 设 $f(x)=\begin{cases}x^2, & x<0\\ -x, & x\geqslant 0\end{cases}$，求 $f'_-(0)$，$f'_+(0)$并判断 $f'(0)$是否存在。

解 由单侧导数的定义，有

$$f'_-(0)=\lim_{x\to 0^-}\frac{f(x)-f(0)}{x-0}=\lim_{x\to 0^-}\frac{x^2-0}{x-0}=\lim_{x\to 0^-}x=0$$

$$f'_+(0)=\lim_{x\to 0^+}\frac{f(x)-f(0)}{x-0}=\lim_{x\to 0^+}\frac{-x-0}{x-0}=-1$$

因为

$$f'_-(0)\neq f'_+(0)$$

所以 $f'(0)$不存在。

三、导数的几何意义与物理意义

1. 几何意义

由例 2-2 可知，函数 $y=f(x)$在点 x_0 处的导数 $f'(x_0)$在几何上表示曲线 $y=f(x)$在点$(x_0,f(x_0))$处的切线 MT 的斜率，即

$$f'(x_0)=\tan\alpha$$

其中，α 为切线的倾斜角(见图 2-2)。

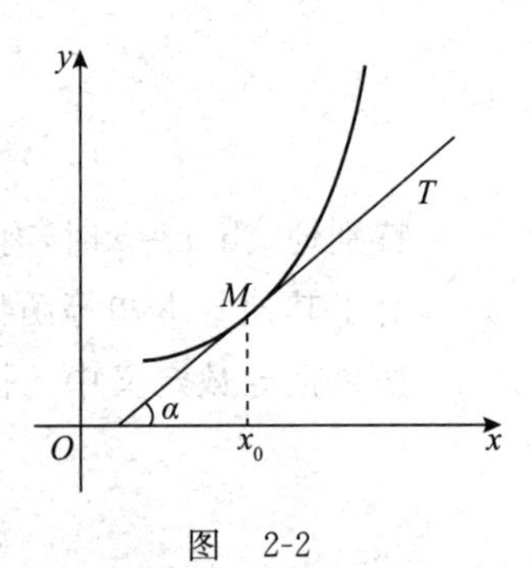

图 2-2

据此可以看到，若 $f'(x_0)>0$，则 α 为锐角；若 $f'(x_0)<0$，则 α 为钝角；若 $f'(x_0)=0$，则 $\alpha=0$，切线平行于 x 轴；若 $f'(x_0)=\infty$，则 $\alpha=\frac{\pi}{2}$，切线与 x 轴垂直；若 $y=f(x)$ 在点 x_0 处不可导，且导数不为无穷大，则曲线 $y=f(x)$ 在点 M 处没有切线。

根据导数的几何意义，并应用直线的点斜式方程，容易写出曲线 $y=f(x)$ 在点 (x_0,y_0) 处的切线方程为

$$y-y_0=f'(x_0)(x-x_0)$$

过切点 (x_0,y_0) 且与切线垂直的直线叫做曲线 $y=f(x)$ 在点 (x_0,y_0) 处的法线。如果 $f'(x_0)=0$，则法线的斜率为 $-\frac{1}{f'(x_0)}$，从而法线方程为

$$y-y_0=-\frac{1}{f'(x_0)}(x-x_0)$$

若 $f'(x_0)=0$，则切线方程为 $y=y_0$，法线方程为 $x=x_0$；

若 $f'(x_0)=\infty$，则切线方程为 $x=x_0$，法线方程为 $y=y_0$。

【例 2-12】 求曲线 $y=\sqrt{x}$ 在横坐标 $x=4$ 处的切线方程和法线方程。

解　由导数的几何意义可知，所求切线的斜率为

$$k_1=y'\Big|_{x=4}=\frac{1}{2\sqrt{x}}\Big|_{x=4}=\frac{1}{4}$$

又

$$y\Big|_{x=4}=\sqrt{4}=2$$

故所求切线方程为

$$y-2=\frac{1}{4}(x-4)$$

即

$$x-4y+4=0$$

所求法线的斜率为

$$k_2=-\frac{1}{k_1}=-4$$

法线方程为

$$y-2=-4(x-4)$$

即

$$4x+y-18=0$$

【例 2-13】 求曲线 $y=x^2$ 在点(2,4)处的切线方程，并指出该曲线上哪一点处的切线与直线 $y=\frac{1}{3}x+2$ 平行。

解　由导数的几何意义知所求切线的斜率为

$$k=y'\Big|_{x=2}=2x\Big|_{x=2}=4$$

所以切线方程为

$$y-4=4(x-2)$$

即

$$4x-y-4=0$$

根据两直线平行的条件,要与直线 $y=\frac{1}{3}x+2$ 平行,应有

$$y'=2x=\frac{1}{3}$$

解得

$$x=\frac{1}{6}$$

又

$$y\Big|_{x=\frac{1}{6}}=\frac{1}{36}$$

所以该曲线在点 $\left(\frac{1}{6},\frac{1}{36}\right)$ 处的切线与所给直线平行。

2. 物理意义

由例 2-1 可知,函数 $s=s(t)$ 在点 t_0 处的导数 $s'(t_0)$ 在物理上表示物体(质点)在 t_0 时刻的瞬时速度 $v(t_0)$,即

$$v(t_0)=s'(t_0)$$

【例 2-14】 设质点 M 沿 s 轴移动,其位置函数 $s=10t+5t^2$(位移单位为 m,时间单位为 s),试求:

(1) 当 t 在时间间隔 $[2,2.1]$ 和 $[2,2+\Delta t]$ 内,质点 M 运动的平均速度;

(2) 质点 M 在 $t=2$ 时的瞬时速度。

解 (1) 在 $[2,2.1]$ 这段时间内,质点 M 运动的平均速度为

$$\bar{v}=\frac{s(2.1)-s(2)}{2.1-2}=\frac{10\times2.1+5\times(2.1)^2-(10\times2+5\times2^2)}{0.1}=30.5(\text{m/s})$$

在 $[2,2+\Delta t]$ 这段时间内,质点 M 运动的平均速度为

$$\bar{v}=\frac{s(2+\Delta t)-s(2)}{\Delta t}=\frac{10\times(2+\Delta t)+5\times(2+\Delta t)^2-(10\times2+5\times2^2)}{\Delta t}=(30+5\Delta t)(\text{m/s})$$

(2) 质点 M 在 $t=2$ 时的瞬时速度

方法一

$$v(2)=\lim_{\Delta t\to0}\frac{s(2+\Delta t)-s(2)}{\Delta t}=\lim_{\Delta t\to0}(30+5\Delta t)=30(\text{m/s})$$

方法二

$$v(2)=\lim_{t\to2}\frac{s(t)-s(2)}{t-2}=\lim_{t\to2}\frac{10t+5t^2-(10\times2+5\times2^2)}{t-2}\lim_{t\to2}(20+5t)=30(\text{m/s})$$

四、函数的可导性与连续性

定理 2-1 如果函数 $f(x)$ 在点 x_0 处可导,则 $f(x)$ 在点 x_0 处连续。

证 设 $y=f(x)$ 在点 x_0 处可导,根据导数定义有

$$\lim_{\Delta x\to0}\frac{\Delta y}{\Delta x}=f'(x_0)$$

根据无穷小与函数极限的关系可知

$$\frac{\Delta y}{\Delta x}=f'(x_0)+\alpha$$

其中，α 当 $\Delta x\to 0$ 时为无穷小。用 Δx 同时乘以上式的两端有

$$\Delta y=f'(x_0)\Delta x+\alpha\Delta x$$

于是有

$$\lim_{\Delta x\to 0}\Delta y=\lim_{\Delta x\to 0}[f'(x_0)\Delta x+\alpha\Delta x]=0$$

此式恰好说明函数 $y=f(x)$ 在点 x_0 处连续。

但是，一个函数在某点连续却不一定在该点可导，请看下面的例子。

【例 2-15】 讨论函数 $y=|x|$ 在 $x=0$ 处的连续性和可导性。

解 函数 $y=|x|$ 在 $x=0$ 处的左极限为

$$f(0^-)=\lim_{x\to 0^-}|x|=\lim_{x\to 0^-}(-x)=0$$

函数 $y=|x|$ 在 $x=0$ 处的右极限为

$$f(0^+)=\lim_{x\to 0^+}|x|=\lim_{x\to 0^+}x=0$$

因为

$$f(0^-)=f(0^+)=f(0)=0$$

所以函数 $y=|x|$ 在 $x=0$ 处连续。

又由例 2-10 可知，函数 $y=|x|$ 在 $x=0$ 处的导数不存在，因此函数 $y=|x|$ 在 $x=0$ 处连续但不可导。由图 2-3 可以看出，函数 $y=|x|$ 在点 $O(0,0)$ 处没有切线。

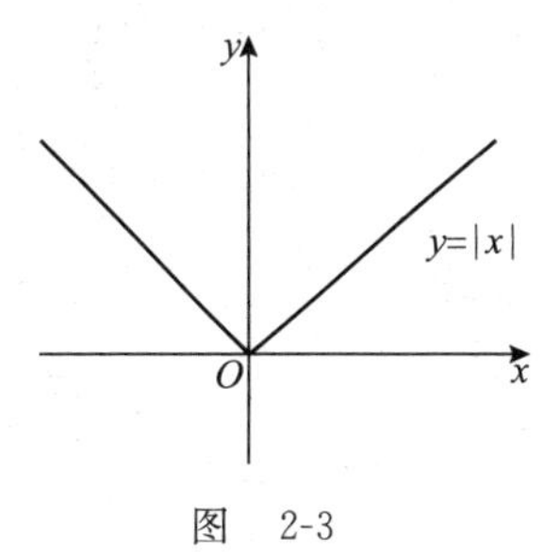

图　2-3

【例 2-16】 函数 $y=f(x)=\begin{cases}2x, & x\leqslant 1\\ 3-x, & x>1\end{cases}$ 在 $x=1$ 处是否连续？是否可导？

解 函数 $f(x)$ 在 $x=1$ 处的左极限为

$$f(1^-)=\lim_{x\to 1^-}f(x)=\lim_{x\to 1^-}2x=2$$

函数 $f(x)$ 在 $x=1$ 处的右极限为

$$f(1^+)=\lim_{x\to 1^+}f(x)=\lim_{x\to 1^+}(3-x)=2$$

因为

$$f(1^-)=f(1^+)=f(1)=2$$

所以函数 $f(x)$ 在 $x=1$ 处连续。

函数 $f(x)$ 在 $x=1$ 处的左导数为

$$f'_-(1)=\lim_{x\to 1^-}\frac{f(x)-f(1)}{x-1}=\lim_{x\to 1^-}\frac{2x-2}{x-1}=2$$

函数 $f(x)$ 在 $x=1$ 处的右导数为

$$f'_+(1)=\lim_{x\to 1^+}\frac{f(x)-f(1)}{x-1}=\lim_{x\to 1^+}\frac{(3-x)-2}{x-1}=-1$$

因为

$$f'_-(1)\neq f'_+(1)$$

所以函数 $f(x)$ 在 $x=1$ 处不可导。

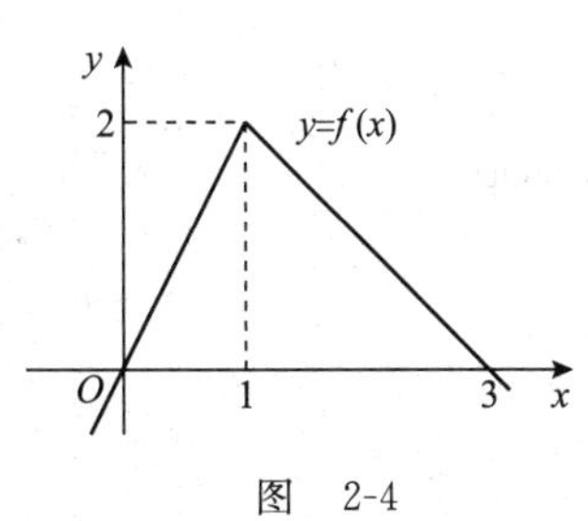

图　2-4

从图 2-4 可以看出，曲线 $f(x)$ 在 $x=1$ 处没有切线。

由以上讨论可知,函数在某点处连续是函数在该点处可导的必要条件,而不是充分条件。

【例 2-17】 设 $f(x)=\begin{cases} e^{2x}, & x\leqslant 0 \\ a+b\ln(1+2x), & x>0 \end{cases}$ 在点 $x=0$ 处可导,求 a,b 的值。

解 因为 $f(x)$在点 $x=0$ 处可导,所以 $f(x)$在点 $x=0$ 处连续,故

$$f(0^-)=f(0^+)=f(0)$$

而

$$f(0^-)=\lim_{x\to 0^-}f(x)=\lim_{x\to 0^-}e^{2x}=1=f(0)$$

$$f(0^+)=\lim_{x\to 0^+}f(x)=\lim_{x\to 0^+}[a+b\ln(1+2x)]=a$$

即

$$a=1$$

仍由 $f(x)$在点 $x=0$ 处可导,从而有 $f'_-(0)=f'_+(0)$,而

$$f'_-(0)=\lim_{x\to 0^-}\frac{f(x)-f(0)}{x-0}=\lim_{x\to 0^-}\frac{e^{2x}-1}{x-0}=2\lim_{x\to 0^-}\frac{e^{2x}-1}{2x}=2$$

$$f'_+(0)=\lim_{x\to 0^+}\frac{f(x)-f(0)}{x-0}=\lim_{x\to 0^+}\frac{1+b\ln(1+2x)-1}{x-0}=2b\lim_{x\to 0^+}\frac{\ln(1+2x)}{2x}=2b$$

于是

$$2b=2$$

即

$$b=1$$

习题 2.1

1. 设 $f(x)=x(x+1)(x+2)\cdots(x+n)$,求 $f'(0)$。

2. 设 $y=\sqrt{x}$,试利用定义求 $\left.\frac{dy}{dx}\right|_{x=1}$。

3. 设 $y=\sin 2x$,试利用定义求 $\frac{dy}{dx}$。

4. 设 $f'(x_0)=-3$,求下列各极限。

(1) $\lim\limits_{\Delta x\to 0}\frac{f(x_0+3\Delta x)-f(x_0)}{\Delta x}$;

(2) $\lim\limits_{\Delta x\to 0}\frac{f(x_0-3\Delta x)-f(x_0)}{\Delta x}$;

(3) $\lim\limits_{h\to 0}\frac{f(x_0+h)-f(x_0-h)}{h}$。

5. 曲线 $y=x^2+ax+b$ 与直线 $y=2x$ 相切于点(2,4),求 a,b 的值。

6. 求曲线 $y=x^3$ 在点(1,1)处的切线方程与法线方程。

7. 判断下列命题是否正确。

(1) 若 $f(x)$在点 x_0 处可导,则 $f(x)$在点 x_0 处必连续;

(2) 若 $f(x)$在点 x_0 处连续,则 $f(x)$在点 x_0 处必可导;

(3) 若 $f(x)$在点 x_0 处不可导，$f(x)$在点 x_0 处必不连续；

(4) 若 $f(x)$在点 x_0 处不连续，则 $f(x)$在点 x_0 处必不可导；

(5) 若 $f(x)$在点 x_0 处不可导，则 $f(x)$在点$(x_0,f(x_0))$处必无切线；

(6) 若 $f(x)$处处有切线，则 $f(x)$处处可导。

8. 试讨论下列函数在 $x=0$ 处的连续性与可导性：

(1) $f(x)=\begin{cases}\dfrac{x}{1+e^{\frac{1}{x}}}, & x\neq 0\\ 0, & x=0\end{cases}$；　　(2) $f(x)=\begin{cases}x^3\sin\dfrac{1}{x}, & x\neq 0\\ 0, & x=0\end{cases}$。

9. 已知 $f'(1)=-3$，求$\lim\limits_{x\to 0}\dfrac{x}{f(1-2x)-f(1-4x)}$。

10. 设函数 $f(x)=\begin{cases}2e^x+a, & x<0\\ x^2+bx+1, & x\geq 0\end{cases}$在点 $x=0$ 处可导，求 a,b 的值。

第二节　导数的运算法则

根据本章第一节所介绍的导数的定义，可以求出一部分较简单函数的导数，但多数函数利用导数定义来求其导数是很困难的。本节将介绍导数的计算方法，即导数的运算法则，借助这些运算法则和基本初等函数的导数公式，就能比较方便地求出常见的初等函数的导数。

定理 2-2　设函数 $f(x),g(x)$都在点 x 处可导，那么

(1) $f(x)\pm g(x)$也在点 x 处可导，且

$$[f(x)\pm g(x)]'=f'(x)\pm g'(x)$$

即两个可导函数的和(或差)的导数，等于这两个函数导数的和(或差)。

(2) $f(x)g(x)$也在点 x 处可导，且

$$[f(x)g(x)]'=f'(x)g(x)+f(x)g'(x)$$

即两个可导函数的积的导数，等于第一个函数的导数乘以第二个函数，加上第一个函数乘以第二个函数的导数。

(3) $\dfrac{f(x)}{g(x)}(g(x)\neq 0)$也在点 x 处可导，且

$$\left[\frac{f(x)}{g(x)}\right]'=\frac{f'(x)g(x)-f(x)g'(x)}{g^2(x)}$$

即两个可导函数的商的导数，等于分子的导数与分母的乘积，减去分子与分母的导数的乘积，再除以分母的平方。

证　(1) $$[f(x)\pm g(x)]'=\lim_{\Delta x\to 0}\frac{[f(x+\Delta x)\pm g(x+\Delta x)]-[f(x)\pm g(x)]}{\Delta x}$$

$$=\lim_{\Delta x\to 0}\frac{f(x+\Delta x)-f(x)}{\Delta x}\pm\lim_{\Delta x\to 0}\frac{g(x+\Delta x)-g(x)}{\Delta x}$$

$$=f'(x)\pm g'(x)$$

(2) $$[f(x)g(x)]'=\lim_{\Delta x\to 0}\frac{f(x+\Delta x)g(x+\Delta x)-f(x)g(x)}{\Delta x}$$

$$=\lim_{\Delta x\to 0}\frac{f(x+\Delta x)g(x+\Delta x)-f(x)g(x+\Delta x)+f(x)g(x+\Delta x)-f(x)g(x)}{\Delta x}$$

$$=\lim_{\Delta x\to 0}\left[\frac{f(x+\Delta x)-f(x)}{\Delta x}g(x+\Delta x)+f(x)\frac{g(x+\Delta x)-g(x)}{\Delta x}\right]$$

$$=\lim_{\Delta x\to 0}\frac{f(x+\Delta x)-f(x)}{\Delta x}\lim_{\Delta x\to 0}g(x+\Delta x)+\lim_{\Delta x\to 0}f(x)\lim_{\Delta x\to 0}\frac{g(x+\Delta x)-g(x)}{\Delta x}$$

$$=f'(x)g(x)+f(x)g'(x)$$

(3) $$\left[\frac{f(x)}{g(x)}\right]'=\lim_{\Delta x\to 0}\frac{\dfrac{f(x+\Delta x)}{g(x+\Delta x)}-\dfrac{f(x)}{g(x)}}{\Delta x}$$

$$=\lim_{\Delta x\to 0}\frac{f(x+\Delta x)g(x)-f(x)g(x+\Delta x)}{g(x+\Delta x)g(x)\Delta x}$$

$$=\lim_{\Delta x\to 0}\frac{f(x+\Delta x)g(x)-f(x)g(x)+f(x)g(x)-f(x)g(x+\Delta x)}{g(x+\Delta x)g(x)\Delta x}$$

$$=\lim_{\Delta x\to 0}\frac{[f(x+\Delta x)-f(x)]g(x)-f(x)[g(x+\Delta x)-g(x)]}{g(x+\Delta x)g(x)\Delta x}$$

$$=\lim_{\Delta x\to 0}\frac{\dfrac{f(x+\Delta x)-f(x)}{\Delta x}g(x)-f(x)\dfrac{g(x+\Delta x)-g(x)}{\Delta x}}{g(x+\Delta x)g(x)}$$

$$=\frac{f'(x)g(x)-f(x)g'(x)}{g^2(x)}$$

定理 2-2 中的法则(1)、(2)可推广到任意有限个可导函数的情况,即

$$[f_1(x)\pm f_2(x)\pm\cdots\pm f_n(x)]'=f_1'(x)\pm f_2'(x)\pm\cdots\pm f_n'(x)$$

$$[f_1(x)f_2(x)\cdots f_n(x)]'=f_1'(x)f_2(x)\cdots f_n(x)+f_1(x)f_2'(x)\cdots f_n(x)+\cdots f_1(x)f_2(x)\cdots f_n'(x)$$

在(2)中,若令 $g(x)=C$,则有以下推论。

推论 如果函数 $f(x)$ 在点 x 处可导,C 为常数,则函数 $Cf(x)$ 也在点 x 处可导,且 $[Cf(x)]'=Cf'(x)$。

【例 2-18】 $y=7x^3+2\sin x-3\ln x+6$,求 y'。

解

$$\begin{aligned}y'&=(7x^3+2\sin x-3\ln x+6)'\\&=(7x^3)'+(2\sin x)'-(3\ln x)'+(6)'\\&=7(x^3)'+2(\sin x)'-3(\ln x)'+(6)'\\&=7\cdot 3x^2+2\cos x-3\,\frac{1}{x}+0\\&=21x^2+2\cos x-\frac{3}{x}\end{aligned}$$

【例 2-19】 $y=x^3\sin x-x\ln x$,求 y'。

解

$$\begin{aligned}y'&=(x^3\sin x-x\ln x)'\\&=(x^3\sin x)'-(x\ln x)'\\&=(x^3)'\sin x+x^3(\sin x)'-[x'\ln x+x(\ln x)']\\&=3x^2\sin x+x^3\cos x-\ln x-1\end{aligned}$$

【例 2-20】 $y=\tan x$，求 y'。

解 $$y'=(\tan x)'=\left(\frac{\sin x}{\cos x}\right)'=\frac{(\sin x)'\cos x-\sin x(\cos x)'}{\cos^2 x}=\frac{\cos^2 x+\sin^2 x}{\cos^2 x}$$
$$=\frac{1}{\cos^2 x}=\sec^2 x$$

即
$$(\tan x)'=\sec^2 x$$
类似可证
$$(\cot x)'=-\csc^2 x$$

【例 2-21】 $y=\sec x$，求 y'。

解 $$y'=(\sec x)'=\left(\frac{1}{\cos x}\right)'=\frac{(1)'\cos x-1\cdot(\cos x)'}{\cos^2 x}=\frac{0-(-\sin x)}{\cos^2 x}=\sec x\tan x$$

即
$$(\sec x)'=\sec x\tan x$$
类似可证
$$(\csc x)'=-\csc x\cot x$$

习题 2.2 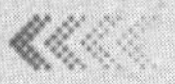

1. 求下列函数的导数。

(1) $y=\dfrac{1-x^2}{1+x+x^2}$；

(2) $y=2^x\cos x$；

(3) $y=2\sqrt{x}-\dfrac{1}{x}+4\sqrt{3}$；

(4) $y=\dfrac{1-x^3}{\sqrt{x}}$；

(5) $y=x^2(2x-1)$；

(6) $y=\dfrac{x^2\cdot\sqrt[3]{x^2}}{\sqrt{x^5}}$；

(7) $y=\dfrac{ax+b}{a+b}$；

(8) $y=\tan x\sec x$；

(9) $y=\dfrac{1}{1+\sqrt{x}}+\dfrac{1}{1-\sqrt{x}}$；

(10) $y=\sqrt{x\sqrt{x\sqrt{x}}}$；

(11) $y=3\log_3 x-2\sin x+\pi$；

(12) $y=e^x\ln x$；

(13) $y=x\tan x-2\sec x$；

(14) $y=(x-a)(x-b)(x-c)$。

2. 求下列函数在给定点处的导数。

(1) $f(x)=x(x+1)(x+2)(x+3)$，求 $f'(0)$；

(2) $f(x)=\cos x\sin x$，求 $f'\left(\dfrac{\pi}{6}\right)$和 $f'\left(\dfrac{\pi}{4}\right)$。

3. 证明。

(1) $(\cot x)'=-\csc^2 x$；

(2) $(\csc x)'=-\csc x\cot x$。

4. 问 a,b 取何值时，才能使函数

$$f(x)=\begin{cases}x^2, & x\leqslant x_0\\ ax+b, & x>x_0\end{cases}$$

在点 $x=x_0$ 处连续且可导。

5. 求曲线 $y=x\ln x$ 在点[1,0]处的切线方程和法线方程。

第三节　复合函数与反函数的求导法则

一、复合函数的求导法则

定理 2-3(复合函数求导法则)　如果 $u=\varphi(x)$在点 x 处可导,$y=f(u)$在对应点 $u=\varphi(x)$处可导,则复合函数 $y=f[\varphi(x)]$在点 x 处也可导,且

$$\frac{\mathrm{d}y}{\mathrm{d}x}=\frac{\mathrm{d}y}{\mathrm{d}u}\cdot\frac{\mathrm{d}u}{\mathrm{d}x}\quad 或\quad y'_x=y'_u u'_x$$

证　设当自变量 x 取得增量 Δx 时,u 取得增量 Δu,y 取得增量 Δy。因 $y=f(u)$可导,由函数极限与无穷小的关系,有

$$\frac{\Delta y}{\Delta u}=y'_u+\alpha$$

其中,α 是当 $\Delta u\to 0$ 时的无穷小,上式两端同时乘以 Δu,得

$$\Delta y=y'_u\Delta u+\alpha\Delta u$$

于是

$$\frac{\Delta y}{\Delta x}=y'_u\frac{\Delta u}{\Delta x}+\alpha\frac{\Delta u}{\Delta x}$$

因为 $u=\varphi(x)$在点 x 处可导,所以 $u=\varphi(x)$在点 x 处连续,即当 $\Delta x\to 0$ 时,$\Delta u\to 0$,因此

$$\lim_{\Delta x\to 0}\alpha=\lim_{\Delta u\to 0}\alpha=0$$

从而有

$$y'_x=\lim_{\Delta x\to 0}\frac{\Delta y}{\Delta x}=\lim_{\Delta x\to 0}\left[y'_u\frac{\Delta u}{\Delta x}+\alpha\frac{\Delta u}{\Delta x}\right]=y'_u\cdot u'_x$$

上述定理表明,求复合函数 $y=f[\varphi(x)]$对 x 的导数,可先分别求出 $y=f(u)$对 u 的导数和 $u=\varphi(x)$对 x 的导数,然后相乘即可。

对于多次复合的函数,其求导公式类似。以两个中间变量为例,设 $y=f(u)$,$u=\varphi(v)$,$v=\psi(x)$,则复合函数 $y=f\{\varphi[\psi(x)]\}$的导数为

$$\frac{\mathrm{d}y}{\mathrm{d}x}=\frac{\mathrm{d}y}{\mathrm{d}u}\cdot\frac{\mathrm{d}u}{\mathrm{d}v}\cdot\frac{\mathrm{d}v}{\mathrm{d}x}$$

或

$$y'(x)=f'(u)\cdot\varphi'(v)\cdot\psi'(x)$$

这里假定上式右端出现的导数在相应点处都存在。

这种复合函数的求导方法也被称为链导法。

由复合函数的求导法则可以看出：对复合函数求导时，关键是明确复合函数结构，即函数是由哪些简单函数复合而成，或者说所给函数能分解成哪些简单函数，然后由外向内逐层求导即可。

【例 2-22】 $y=\ln\cos x$，求$\dfrac{\mathrm{d}y}{\mathrm{d}x}$。

解 $y=\ln\cos x$ 可看作由 $y=\ln u$，$u=\cos x$ 复合而成，所以有

$$\frac{\mathrm{d}y}{\mathrm{d}x}=\frac{\mathrm{d}y}{\mathrm{d}u}\cdot\frac{\mathrm{d}u}{\mathrm{d}x}=\frac{1}{u}\cdot(-\sin x)=\frac{1}{\cos x}\cdot(-\sin x)=-\tan x$$

应注意，在利用复合函数求导法则时，要将引入的中间变量代回最终结果。

【例 2-23】 $y=\sin^2 x$，求$\dfrac{\mathrm{d}y}{\mathrm{d}x}$。

解 $y=\sin^2 x$ 可看作由 $y=u^2$，$u=\sin x$ 复合而成，所以有

$$\frac{\mathrm{d}y}{\mathrm{d}x}=\frac{\mathrm{d}y}{\mathrm{d}u}\cdot\frac{\mathrm{d}u}{\mathrm{d}x}=2u\cdot\cos x=2\sin x\cos x=\sin 2x$$

当对复合函数的分解比较熟悉时，可不必写出中间变量，直接按复合步骤求导即可。

【例 2-24】 $y=x^{\frac{1}{\mathrm{e}}}+\mathrm{e}^{\frac{1}{x}}$，求 y'。

解
$$y'=(x^{\frac{1}{\mathrm{e}}})'+(\mathrm{e}^{\frac{1}{x}})'=\frac{1}{\mathrm{e}}x^{\frac{1}{\mathrm{e}}-1}+\mathrm{e}^{\frac{1}{x}}\cdot\left(\frac{1}{x}\right)'=\frac{1}{\mathrm{e}}x^{\frac{1}{\mathrm{e}}-1}-\mathrm{e}^{\frac{1}{x}}\cdot\frac{1}{x^2}$$

【例 2-25】 $y=\mathrm{e}^{-\cos^2\frac{1}{x}}$，求 y'。

解
$$\begin{aligned}y'&=\mathrm{e}^{-\cos^2\frac{1}{x}}\cdot\left(-\cos^2\frac{1}{x}\right)'=-\mathrm{e}^{-\cos^2\frac{1}{x}}\cdot 2\cos\frac{1}{x}\cdot\left(\cos\frac{1}{x}\right)'\\&=\mathrm{e}^{-\cos^2\frac{1}{x}}\cdot 2\cos\frac{1}{x}\cdot\sin\frac{1}{x}\cdot\left(\frac{1}{x}\right)'=\mathrm{e}^{-\cos^2\frac{1}{x}}\cdot 2\cos\frac{1}{x}\cdot\sin\frac{1}{x}\cdot\left(-\frac{1}{x^2}\right)\\&=-\frac{1}{x^2}\sin\frac{2}{x}\mathrm{e}^{-\cos^2\frac{1}{x}}\end{aligned}$$

【例 2-26】 $y=\sec(1-x^3)$，求 y'。

解 $y'=\sec(1-x^3)\cdot\tan(1-x^3)\cdot(1-x^3)'=-3x^2\sec(1-x^3)\cdot\tan(1-x^3)$

【例 2-27】 $y=\sqrt{1-2x^3}$，求$\dfrac{\mathrm{d}y}{\mathrm{d}x}$。

解 $$\frac{\mathrm{d}y}{\mathrm{d}x}=(\sqrt{1-2x^3})'=\frac{1}{2\sqrt{1-2x^3}}\cdot(1-2x^3)'=\frac{1}{2\sqrt{1-2x^3}}\cdot(-6x^2)=-\frac{3x^2}{\sqrt{1-2x^3}}$$

【例 2-28】 $y=x^4\sin\dfrac{1}{x}$，求$\dfrac{\mathrm{d}y}{\mathrm{d}x}$。

解
$$\begin{aligned}\frac{\mathrm{d}y}{\mathrm{d}x}&=\left(x^4\sin\frac{1}{x}\right)'=(x^4)'\sin\frac{1}{x}+x^4\left(\sin\frac{1}{x}\right)'=4x^3\sin\frac{1}{x}+x^4\cos\frac{1}{x}\cdot\left(-\frac{1}{x^2}\right)\\&=4x^3\sin\frac{1}{x}-x^2\cos\frac{1}{x}\end{aligned}$$

【例 2-29】 $y=\ln\sqrt{\dfrac{1+x^2}{1-x^2}}$，求 y'。

解
$$y'=\left(\ln\sqrt{\frac{1+x^2}{1-x^2}}\right)'=\left[\frac{1}{2}\ln(1+x^2)-\frac{1}{2}\ln(1-x^2)\right]'$$
$$=\frac{1}{2}\left[\frac{1}{1+x^2}(1+x^2)'-\frac{1}{1-x^2}(1-x^2)'\right]$$
$$=\frac{1}{2}\left(\frac{2x}{1+x^2}-\frac{-2x}{1-x^2}\right)$$
$$=\frac{2x}{1-x^4}$$

【例 2-30】 $y=x^x(x>0)$,求 y'。

解 将函数改写成
$$y=x^x=e^{x\ln x}$$
则
$$y'=(e^{x\ln x})'=e^{x\ln x}\cdot(x\ln x)'=e^{x\ln x}\cdot\left(\ln x+x\cdot\frac{1}{x}\right)=x^x(\ln x+1)$$

【例 2-31】 设 f 可导,$y=f(e^x+x^e)$,求$\frac{dy}{dx}$。

解 $$\frac{dy}{dx}=f'(e^x+x^e)(e^x+x^e)'=f'(e^x+x^e)\cdot(e^x+ex^{e-1})$$

【例 2-32】 设 f 可导,$y=f\{f[f(x)]\}$,求$\frac{dy}{dx}$。

解 $$\frac{dy}{dx}=f'\{f[f(x)]\}\cdot\{f[f(x)]\}'=f'\{f[f(x)]\}\cdot f'[f(x)]\cdot f'(x)$$

【例 2-33】 $y=f(\sin^2x)+f(\cos^2x)$,其中 $f(u)$可导,求$\frac{dy}{dx}$。

解
$$\frac{dy}{dx}=f'(\sin^2x)\cdot(\sin^2x)'+f'(\cos^2x)\cdot(\cos^2x)'$$
$$=f'(\sin^2x)\cdot 2\sin x\cdot\cos x+f'(\cos^2x)\cdot 2\cos x\cdot(-\sin x)$$
$$=\sin 2x[f'(\sin^2x)-f'(\cos^2x)]$$

二、反函数的求导法则

定理 2-4(反函数的求导法则) 如果函数 $x=\varphi(y)$在某区间 I_y 内是单调的、可导的,且 $\varphi'(y)\neq 0$,那么它的反函数 $y=f(x)$在对应的区间 I_x 内也可导,且
$$f'(x)=\frac{1}{\varphi'(y)}$$

证 因为函数 $x=\varphi(y)$在区间 I_y 内单调且可导,所以它在区间 I_y 内一定单调且连续,于是,$x=\varphi(y)$的反函数 $y=f(x)$在对应的区间 I_x 内也是单调且连续的。

在区间 I_x 内任取一点 x,并且 x 取得增量 $\Delta x(\Delta x\neq 0,x+\Delta x\in I_x)$,由函数 $y=f(x)$的单调性知函数的增量 $\Delta y\neq 0$,于是有
$$\frac{\Delta y}{\Delta x}=\frac{1}{\frac{\Delta x}{\Delta y}}$$

因为 $y=f(x)$ 连续，所以当自变量的增量 $\Delta x\to 0$ 时，必有函数的增量 $\Delta y\to 0$。因此有

$$\lim_{\Delta x\to 0}\frac{\Delta y}{\Delta x}=\lim_{\Delta y\to 0}\frac{1}{\frac{\Delta x}{\Delta y}}=\frac{1}{\varphi'(y)}$$

即

$$f'(x)=\frac{1}{\varphi'(y)}$$

定理 2-4 可简述为：互为反函数的两个函数的导数互为倒数。下面将利用反函数的求导法则来求反三角函数及指数函数的导数。

【例 2-34】 $y=\arcsin x$，求$\frac{dy}{dx}$。

解　$y=\arcsin x$ 是 $x=\sin y$ 的反函数。因为函数 $x=\sin y$ 在区间$\left(-\frac{\pi}{2},\frac{\pi}{2}\right)$内单调、可导，且

$$(\sin y)'=\cos y>0$$

所以由反函数的求导法则，$x=\sin y$ 的反函数 $y=\arcsin x$ 在对应区间$[-1,1]$内有

$$(\arcsin x)'=\frac{1}{(\sin y)'}=\frac{1}{\cos y}=\frac{1}{\sqrt{1-\sin^2 y}}=\frac{1}{\sqrt{1-x^2}}$$

从而得反正弦函数的导数公式

$$(\arcsin x)'=\frac{1}{\sqrt{1-x^2}}$$

用类似的方法可得反余弦函数的导数公式

$$(\arccos x)'=-\frac{1}{\sqrt{1-x^2}}$$

【例 2-35】 $y=\arctan x$，求$\frac{dy}{dx}$。

解　$y=\arctan x$ 是 $x=\tan y$ 的反函数。因为函数 $x=\tan y$ 在区间$\left(-\frac{\pi}{2},\frac{\pi}{2}\right)$内单调、可导，且

$$(\tan y)'=\sec^2 y>0$$

所以由反函数的求导法则，$x=\tan y$ 的反函数 $y=\arctan x$ 在对应区间$(-\infty,+\infty)$内有

$$(\arctan x)'=\frac{1}{(\tan y)'}=\frac{1}{\sec^2 y}=\frac{1}{1+\tan^2 y}=\frac{1}{1+x^2}$$

从而得反正切函数的导数公式

$$(\arctan x)'=\frac{1}{1+x^2}$$

用类似的方法可得反余切函数的导数公式

$$(\text{arccot}\, x)'=-\frac{1}{1+x^2}$$

【例 2-36】 $y=a^x(a>0,a\neq 1)$，利用反函数的求导法则求$\frac{dy}{dx}$。

解　$y=a^x\ (a>0, a\neq 1)$是函数 $x=\log_a y$ 的反函数，因为函数 $x=\log_a y$ 在区间$(0,+\infty)$内单调、可导，且

$$(\log_a y)'=\frac{1}{y\ln a}\neq 0$$

所以由反函数的求导法则，$x=\log_a y$ 的反函数 $y=a^x$ 在对应区间$(-\infty,+\infty)$内有

$$(a^x)'=\frac{1}{(\log_a y)'}=\frac{1}{\dfrac{1}{y\ln a}}=y\ln a=a^x\ln a$$

从而得到例 2-9 中已求得的指数函数的导数公式

$$(a^x)'=a^x\ln a$$

特别地，当 $a=\mathrm{e}$ 时，有

$$(\mathrm{e}^x)'=\mathrm{e}^x$$

【例 2-37】　$y=\arcsin 7x^3$，求 y'。

解　$$y'=(\arcsin 7x^3)'=\frac{1}{\sqrt{1-(7x^3)^2}}\cdot 21x^2=\frac{21x^2}{\sqrt{1-49x^6}}$$

【例 2-38】　设 $\varphi(y)$是可导函数 $f(x)$的反函数，且 $f(1)=2$，$f'(1)=-\frac{\sqrt{3}}{3}$，求 $\varphi'(2)$。

解　由反函数的求导法则知

$$\varphi'(2)=\frac{1}{f'(1)}=\frac{1}{-\dfrac{\sqrt{3}}{3}}=-\sqrt{3}$$

三、基本求导法则与导数公式

为了方便在求函数的导数时进行查阅，现将我们所学过的导数公式和求导法则归纳如下。

1. 基本初等函数的导数公式

(1) $(C)'=0$(C 为常数)；

(2) $(x^\mu)'=\mu x^{\mu-1}$；

(3) $(\sin x)'=\cos x$；

(4) $(\cos x)'=-\sin x$；

(5) $(\tan x)'=\sec^2 x$；

(6) $(\cot x)'=-\csc^2 x$；

(7) $(\sec x)'=\sec x\cdot\tan x$；

(8) $(\csc x)'=-\csc x\cdot\cot x$；

(9) $(a^x)'=a^x\ln a\ (a>0, a\neq 1)$；

(10) $(\mathrm{e}^x)'=\mathrm{e}^x$；

(11) $(\log_a x)'=\frac{1}{x\ln a}\ (a>0, a\neq 1)$；

(12) $(\ln x)'=\dfrac{1}{x}$；

(13) $(\arcsin x)'=\dfrac{1}{\sqrt{1-x^2}}$；

(14) $(\arccos x)'=-\dfrac{1}{\sqrt{1-x^2}}$；

(15) $(\arctan x)'=\dfrac{1}{1+x^2}$；

(16) $(\text{arccot}\,x)'=-\dfrac{1}{1+x^2}$。

2. 函数的和、差、积、商的求导法则

设 $f(x)$，$g(x)$都可导，则

(1) $[f(x)\pm g(x)]'=f'(x)\pm g'(x)$；

(2) $[f(x)g(x)]'=f'(x)g(x)+f(x)g'(x)$；

(3) $[Cf(x)]'=Cf'(x)$（C 为常数）；

(4) $\left[\dfrac{f(x)}{g(x)}\right]'=\dfrac{f'(x)g(x)-f(x)g'(x)}{g^2(x)}\,(g(x)\neq 0)$。

3. 复合函数的求导法则

设 $y=f(u)$，$u=\varphi(x)$，且 $f(u)$，$\varphi(x)$都可导，则复合函数 $y=f[\varphi(x)]$的导数为

$$\frac{\mathrm{d}y}{\mathrm{d}x}=\frac{\mathrm{d}y}{\mathrm{d}u}\cdot\frac{\mathrm{d}u}{\mathrm{d}x}\quad 或\quad y'(x)=f'(u)\cdot\varphi'(x)$$

4. 反函数的求导法则

设函数 $x=\varphi(y)$在某区间 I_y 内单调、可导且 $\varphi'(y)\neq 0$，那么它的反函数 $y=f(x)$在对应的区间 I_x 内也可导，且

$$f'(x)=\frac{1}{\varphi'(y)}$$

或

$$\frac{\mathrm{d}y}{\mathrm{d}x}=\frac{1}{\dfrac{\mathrm{d}x}{\mathrm{d}y}}$$

习题 2.3

1. 求下列函数的导数。

(1) $y=(2x+1)^{10}$；

(2) $y=\tan^2 x$；

(3) $y=\arcsin\dfrac{x}{3}$；

(4) $y=\mathrm{e}^{\sin x}$；

(5) $y=\ln\tan\dfrac{x}{2}$；

(6) $y=\sec^2 3x$；

(7) $y=\sin[\sin(\sin x)]$；

(8) $y=2^{\cot\frac{1}{x^2}}$；

(9) $y=\ln(x+\sqrt{x^2+a^2})$；

(10) $y=\ln\sqrt{x}+\sqrt{\ln x}$；

(11) $y=\sin 2x+\sin x^2$；

(12) $y=\sqrt{1+\ln^2 x}$；

(13) $y=e^{-x}\ln(1-x)$；

(14) $y=x\arcsin(\ln x)$；

(15) $y=\frac{1}{4}\ln\frac{1+x}{1-x}-\frac{1}{2}\arctan x$；

(16) $y=\sin\sqrt{1+x^2}$；

(17) $y=\arctan\frac{2x}{1-x^2}$；

(18) $y=\frac{1}{\sqrt{3-x^2}}$。

2. 证明。

(1) 可导的偶函数的导数是奇函数；

(2) 可导的奇函数的导数是偶函数。

3. 证明。

(1) $(\arccos x)'=-\frac{1}{\sqrt{1-x^2}}$；

(2) $(\operatorname{arccot} x)'=-\frac{1}{1+x^2}$。

4. 求下列函数在指定点的导数。

(1) $y=\sin x-\cos x$，求$\left.\frac{dy}{dx}\right|_{x=\frac{\pi}{4}}$；

(2) $y=\frac{5}{3-x}+\frac{x^3}{2}$，求$\left.\frac{dy}{dx}\right|_{x=2}$。

5. 设 $f(x)$可导，$y=[xf(x^2)]^2$，求$\frac{dy}{dx}$。

6. 设 $y=g(x)$是 $f(x)=\ln x+\arctan x$ 的反函数，求 $g'\left(\frac{\pi}{4}\right)$。

第四节 高阶导数

在本章第一节中已经讲过变速直线运动的速度 v 是路程 s 对时间 t 的导数，即

$$v=\frac{ds}{dt}$$

或

$$v=s'(t)$$

如果在一段时间 Δt 内，速度 $v(t)$的变化为 $\Delta v=v(t+\Delta t)-v(t)$，那么在这段时间内，速度的平均变化率为$\frac{\Delta v}{\Delta t}=\frac{v(t+\Delta x)-v(t)}{\Delta t}$，这就是在 Δt 这段时间内的平均加速度，当 $\Delta t\to 0$ 时，极限$\lim\limits_{\Delta t\to 0}\frac{\Delta v}{\Delta t}$就是速度在 t 时刻的变化率，也就是加速度，即

$$a(t)=\lim_{\Delta t\to 0}\frac{\Delta v}{\Delta t}=v'(t)$$

综上可知

$$a(t)=v'(t)=[s'(t)]'$$

加速度是路程 $s(t)$对时间 t 的导数 $s'(t)$的导数。也就是说，加速度是路程 $s(t)$对时间 t 的二阶导数，记为

$$a(t)=v'(t)=[s'(t)]'$$

或

$$a(t)=s''(t)$$

这就是二阶导数的物理意义。

可以得到如下的高阶导数的定义。

定义 2-2　如果函数 $y=f(x)$的导函数 $y'=f'(x)$仍然可导，则称函数 $y=f(x)$为二阶可导，并称函数 $y'=f'(x)$的导数为函数 $y=f(x)$的二阶导数，记作

$$y'',\quad f''(x),\quad \frac{\mathrm{d}^2 y}{\mathrm{d}x^2}\quad 或\quad \frac{\mathrm{d}^2 f}{\mathrm{d}x^2}$$

即

$$y''=(y')',\quad f''(x)=[f'(x)]',\quad \frac{\mathrm{d}^2 y}{\mathrm{d}x^2}=\frac{\mathrm{d}}{\mathrm{d}x}\left(\frac{\mathrm{d}y}{\mathrm{d}x}\right),\quad \frac{\mathrm{d}^2 f}{\mathrm{d}x^2}=\frac{\mathrm{d}}{\mathrm{d}x}\left(\frac{\mathrm{d}f}{\mathrm{d}x}\right)$$

类似地，把二阶导数 y''的导数称作函数 $y=f(x)$的三阶导数，三阶导数的导数称作四阶导数……一般地，$(n-1)$阶导数的导数称作 n 阶导数，分别记作

$$y''',y^{(4)},\cdots,y^{(n)}$$

或

$$f'''(x),f^{(4)}(x),\cdots,f^{(n)}(x)$$

或

$$\frac{\mathrm{d}^3 y}{\mathrm{d}x^3},\frac{\mathrm{d}^4 y}{\mathrm{d}x^4},\cdots,\frac{\mathrm{d}^n y}{\mathrm{d}x^n}$$

或

$$\frac{\mathrm{d}^3 f}{\mathrm{d}x^3},\frac{\mathrm{d}^4 f}{\mathrm{d}x^4},\cdots,\frac{\mathrm{d}^n f}{\mathrm{d}x^n}$$

二阶及二阶以上的导数统称为高阶导数。相应于高阶导数，把 $y'=f'(x)$称为函数 $y=f(x)$的一阶导数。

由高阶导数的定义可知，求某函数的高阶导数，可将此函数逐次求导，并在逐次求导过程中寻找规律，或将函数的一阶导数、二阶导数进行恒等变形，以期求出 n 阶导数的通项公式。

【例 2-39】　$y=2x^2-3$，求 y''。

解
$$y'=4x,\quad y''=4$$

【例 2-40】　求下列函数的二阶导数。

(1) $y=(\arcsin x)^2$；　　(2) $y=x\mathrm{e}^{-x^2}$；　　(3) $y=\dfrac{1-x}{1+x}$。

解　(1)
$$y'=2\arcsin x\cdot\frac{1}{\sqrt{1-x^2}}$$

$$\begin{aligned}y''&=\frac{2}{1-x^2}+2\arcsin x\cdot\left[-\frac{1}{2}(1-x^2)^{-\frac{3}{2}}\cdot(-2x)\right]\\&=\frac{2}{1-x^2}+\frac{2x\arcsin x}{\sqrt{(1-x^2)^3}}\end{aligned}$$

(2)
$$y'=e^{-x^2}+xe^{-x^2}(-2x)=e^{-x^2}(1-2x^2)$$
$$y''=[e^{-x^2}(1-2x^2)]'=e^{-x^2}(-2x)(1-2x^2)+e^{-x^2}(-4x)$$
$$=2xe^{-x^2}(2x^2-3)$$

(3) 方法一
$$y'=\frac{-(1+x)-(1-x)\cdot 1}{(1+x)^2}=\frac{-2}{(1+x)^2}$$
$$y''=-2\cdot(-2)(1+x)^{-3}=\frac{4}{(1+x)^3}$$

方法二　将函数改写成
$$y=\frac{1+x-2x}{1+x}=1-\frac{2x}{1+x}$$
$$y'=-\frac{2(1+x)-2x\cdot 1}{(1+x)^2}=\frac{-2}{(1+x)^2}$$
$$y''=-2\cdot\left[-\frac{1}{(1+x)^4}\right]\cdot 2(1+x)\cdot 1=\frac{4}{(1+x)^3}$$

【例 2-41】 求下列函数在指定点处的二阶导数。

(1) $y=\ln\ln x, x=e^2$；　　(2) $y=\arctan 2x, x=0$。

解 (1)
$$y'=\frac{1}{\ln x}\cdot\frac{1}{x}=\frac{1}{x\ln x}, y''=\frac{-\left(\ln x+x\cdot\frac{1}{x}\right)}{(x\ln x)^2}=\frac{-(\ln x+1)}{(x\ln x)^2}$$

于是
$$y''\Big|_{x=e^2}=\frac{-(2+1)}{(e^2\cdot 2)^2}=-\frac{3}{4e^4}$$

(2)
$$y'=\frac{1}{1+(2x)^2}\cdot 2=\frac{2}{1+4x^2}, y''=\frac{-2(8x)}{(1+4x^2)^2}=\frac{-16x}{(1+4x^2)^2}$$

于是
$$y''\Big|_{x=0}=0$$

【例 2-42】 设 $f(x)$二阶可导，求下列函数的二阶导数。

(1) $y=f(\ln x)$；　　(2) $y=\arctan[f(x)]$；　　(3) $y=f^2(x)$。

解 (1)
$$y'=f'(\ln x)\cdot\frac{1}{x}$$
$$y''=f''(\ln x)\cdot\frac{1}{x^2}+f'(\ln x)\left(-\frac{1}{x^2}\right)=\frac{f''(\ln x)-f'(\ln x)}{x^2}$$

(2)
$$y'=\frac{1}{1+f^2(x)}\cdot f'(x)=\frac{f'(x)}{1+f^2(x)}$$
$$y''=\frac{f''(x)[1+f^2(x)]-f'(x)\cdot 2f(x)\cdot f'(x)}{[1+f^2(x)]^2}$$
$$=\frac{f''(x)[1+f^2(x)]-2f(x)\cdot[f'(x)]^2}{[1+f^2(x)]^2}$$

(3)
$$y'=2f(x)\cdot f'(x)$$
$$y''=2\{[f'(x)]^2+f(x)f''(x)\}$$

【例 2-43】 $y=\sin x$，求 $y^{(n)}$。

解

$$y'=\cos x=\sin\left(x+\frac{\pi}{2}\right)$$

$$y''=-\sin x=\sin\left(x+\frac{2\pi}{2}\right)$$

$$y'''=-\cos x=\sin\left(x+\frac{3\pi}{2}\right)$$

$$\vdots$$

$$y^{(n)}=\sin\left(x+\frac{n\pi}{2}\right)$$

即

$$(\sin x)^{(n)}=\sin\left(x+\frac{n\pi}{2}\right)$$

用类似方法，可得

$$(\cos x)^{(n)}=\cos\left(x+\frac{n\pi}{2}\right)$$

【例 2-44】 $y=e^x$，求 $y^{(n)}$。

解

$$y'=e^x, y''=e^x, y'''=e^x, \cdots, y^{(n)}=e^x$$

即

$$(e^x)^{(n)}=e^x$$

【例 2-45】 求 n 次多项式 $y=a_0+a_1x+a_2x^2+a_3x^3+\cdots+a_{n-1}x^{n-1}+a_nx^n$ 的各阶导数。

解

$$y'=a_1+2a_2x+3a_3x^2+\cdots+(n-1)a_{n-1}x^{n-2}+na_nx^{n-1}$$

$$y''=2a_2+3\cdot 2a_3x+\cdots+(n-1)(n-2)a_{n-1}x^{n-3}+n(n-1)a_nx^{n-2}$$

可见，每求一次导数，多项式的次数就降一次，继续求导下去，易知

$$y^{(n)}=n!a_n$$

是一个常数，由此可得

$$y^{(n+1)}=y^{(n+2)}=\cdots=0$$

即 n 次多项式的一切高于 n 阶的导数都为零。

【例 2-46】 设 $y=x^{\mu}$（μ 为任意常数），求 $y^{(n)}$。

解

$$y'=\mu x^{\mu-1}$$

$$y''=\mu(\mu-1)x^{\mu-2}$$

$$y'''=\mu(\mu-1)(\mu-2)x^{\mu-3}$$

以此类推，可得

$$y^{(n)}=\mu(\mu-1)(\mu-2)\cdots(\mu-n+1)x^{\mu-n}$$

当 $\mu=n$ 时，有

$$(x^n)^{(n)}=n(n-1)(n-2)\cdots\cdot 3\cdot 2\cdot 1=n!$$

而

$$(x^n)^{(n+k)}=0 \quad (k=1,2,\cdots)$$

【例 2-47】 设 $y=\ln(1+x)$，求 $y^{(n)}$。

解
$$y'=\frac{1}{1+x}=(1+x)^{-1}$$
$$y''=(-1)(1+x)^{-1-1}\cdot 1=-(1+x)^{-2}$$
$$y'''=-(-2)(1+x)^{-2-1}\cdot 1=1\cdot 2\,(1+x)^{-3}$$
$$y^{(4)}=1\cdot 2\cdot(-3)(1+x)^{-3-1}\cdot 1=-1\cdot 2\cdot 3\,(1+x)^{-4}$$

以此类推,可得

$$y^{(n)}=(-1)^{n-1}(n-1)!(1+x)^{-n}=(-1)^{n-1}\frac{(n-1)!}{(1+x)^n}$$

即

$$[\ln(1+x)]^{(n)}=(-1)^{n-1}\frac{(n-1)!}{(1+x)^n}$$

通常规定 $0!=1$,所以这个公式当 $n=1$ 时也成立。

如果 u,v 都是 x 的函数,且 u,v 都在点 x 处具有 n 阶导数,那么 $u\pm v$ 也在点 x 处具有 n 阶导数,且

$$(u\pm v)^{(n)}=u^{(n)}\pm v^{(n)}$$

但 $u\cdot v$ 的 n 阶导数却不这样简单,可以借助二项式定理展开写为

$$(u+v)^n=u^nv^0+nu^{n-1}v^1+\frac{n(n-1)}{2!}u^{n-2}v^2+\cdots+$$
$$\frac{n(n-1)\cdots(n-k+1)}{k!}u^{n-k}v^k+\cdots+u^0v^n$$

即

$$(u+v)^n=\sum_{k=0}^{n}C_n^k u^{n-k}v^k$$

将展式中的 k 次幂换成 k 阶导数(零阶导数理解为函数本身),再把 $u+v$ 换成 uv,这样就有

$$(uv)^{(n)}=u^{(n)}v+nu^{(n-1)}v'+\frac{n(n-1)}{2!}u^{(n-2)}v''+\cdots+$$
$$\frac{n(n-1)\cdots(n-k+1)}{k!}u^{(n-k)}v^{(k)}+\cdots+uv^{(n)}$$

即

$$(uv)^{(n)}=\sum_{k=0}^{n}C_n^k u^{(n-k)}v^{(k)}$$

上式称为莱布尼茨(Leibniz)公式。

【例 2-48】 $y=x^2\sin x$,求 $y^{(20)}$。

解 由

$$(\sin x)^{(n)}=\sin\left(x+\frac{n\pi}{2}\right)$$

及莱布尼茨公式得

$$(x^2\sin x)^{(20)}=(\sin x\cdot x^2)^{(20)}=(\sin x)^{(20)}\cdot x^2+20\cdot(\sin x)^{(19)}\cdot(x^2)'+$$
$$\frac{20\cdot 19}{2!}(\sin x)^{(18)}\cdot(x^2)''+\cdots+\sin x\cdot(x^2)^{(20)}$$

$$=x^2\sin\left(x+\frac{20\pi}{2}\right)+40x\sin\left(x+\frac{19\pi}{2}\right)+\frac{20\cdot 19}{2}\sin\left(x+\frac{18\pi}{2}\right)\cdot 2$$
$$=x^2\sin x-40x\cos x-380\sin x$$

由本节例 2-43～例 2-47，将常用的高阶导数公式归纳如下：

(1) $(e^x)^{(n)}=e^x$；

(2) $(\sin x)^{(n)}=\sin\left(x+\frac{n\pi}{2}\right)$；

(3) $(\cos x)^{(n)}=\cos\left(x+\frac{n\pi}{2}\right)$；

(4) $[\ln(1+x)]^{(n)}=(-1)^{n-1}\frac{(n-1)!}{(1+x)^n}$；

(5) $(x^\mu)^{(n)}=\mu(\mu-1)\cdots(\mu-n+1)x^{\mu-n}$；

(6) $(uv)^{(n)}=\sum_{k=0}^{n}C_n^k u^{(n-k)}v^{(k)}$，其中，$C_n^k=\frac{n!}{k!(n-k)!}$，$u(x)$，$v(x)$具有 n 阶导数。

习题 2.4

1. 验证函数 $y=C_1\sin\omega x+C_2\cos\omega x$（$C_1$，$C_2$ 及 ω 均为常数）满足方程 $y''+\omega^2y=0$。

2. 求下列函数的二阶导数。

(1) $y=\sin 2x$；　(2) $y=e^{-3x}$；

(3) $y=\ln\sin x$；　(4) $y=x\cos x$；

(5) $y=3x^2+\ln x$；　(6) $y=\sqrt{1+x}$；

(7) $y=x\ln x$；　(8) $y=(1+x^2)\arctan x$

(9) $y=\ln(1-x^2)$；　(10) $y=xe^{x^2}$。

3. 设 $y=\ln(1+2x)$，求 $y'''(0)$。

4. 设 $y=\arctan x$，求 $y''(0)$，$y'''(0)$。

5. 设一质点作简谐运动，其运动规律为 $s=A\sin\omega t$（A，ω 是常数），求该质点在时刻 t 的速度和加速度。

6. 求下列函数的 n 阶导数。

(1) $y=x\ln x$；　(2) $y=xe^x$；

(3) $y=2^x$；　(4) $y=\ln(1-x)$。

第五节　隐函数的导数及由参数方程所确定的函数的导数

一、隐函数的导数

前面我们遇到的函数，y 都可由自变量 x 的解析式 $y=f(x)$来表示，这种函数称为显函

数。但有时我们也会遇到函数关系不是用显函数形式来表示的情形,例如,单位圆方程

$$x^2+y^2=1$$

又例如

$$e^y=xy$$

这两个方程所表示的函数关系不是由显函数的形式给出的。我们把这类由方程 $F(x,y)=0$ 表示的因变量 y 与自变量 x 的函数关系称为隐函数。把一个隐函数化为显函数,称为隐函数的显化。这里需注意,不是所有的隐函数都可以显化。例如,由方程 $y^5+2y-x-5x^7=0$ 所确定的隐函数就不能显化。因此,我们希望能找到一种切实可行的方法,不管隐函数能否显化,都能直接由方程求出它所确定的隐函数的导数,下面就来介绍求隐函数导数的方法。

可以直接从确定隐函数关系的方程中对各项求导数,而不需要把隐函数显化,就可求出隐函数的导数,下面举例说明。

【例 2-49】 设方程 $\ln y-\cos xy+1=0$ 确定了隐函数 $y=f(x)$,求 y'。

解 方程两边分别对 x 求导,可得

$$\frac{1}{y}\cdot y'-[-\sin(xy)]\cdot(y+xy')=0$$

从而有

$$y'=-\frac{y^2\sin(xy)}{1+xy\sin(xy)}$$

【例 2-50】 求由方程 $xy-e^x+e^y=0$ 所确定的隐函数的导数,并求 $y'\Big|_{x=0}$。

解 方程两边分别对 x 求导,e^y 可看作是以 y 为中间变量的复合函数,于是由复合函数求导法则得

$$y+xy'-e^x+e^y y'=0$$

从而有

$$y'=\frac{e^x-y}{x+e^y}$$

为求 $y'\Big|_{x=0}$,先把 $x=0$ 代入方程 $xy-e^x+e^y=0$ 中,得

$$y(0)=0$$

所以有

$$y'\Big|_{x=0}=\left(\frac{e^x-y}{x+e^y}\right)\Bigg|_{\substack{x=0\\y=0}}=1$$

【例 2-51】 求由方程 $x^2+xy+y^2=4$ 所确定的曲线上点(0,2)处的切线方程和法线方程。

解 方程两边分别对 x 求导,由复合函数的求导法则得

$$2x+y+xy'+2yy'=0$$

从而有

$$y'=-\frac{2x+y}{x+2y}$$

于是曲线在点(0,2)处切线的斜率为

$$k_1=y'\Big|_{\substack{x=0\\y=2}}=\left(-\frac{2x+y}{x+2y}\right)\Big|_{\substack{x=0\\y=2}}=-\frac{1}{2}$$

根据直线的点斜式方程,可得所求的切线方程为

$$y-2=-\frac{1}{2}(x-0)$$

即

$$x+2y-4=0$$

法线斜率为 $k_2=-\frac{1}{k_1}=2$,于是法线方程为

$$y-2=2(x-0)$$

即

$$2x-y+2=0$$

【例 2-52】 求由方程 $y=\tan(x+y)$ 所确定的隐函数 $y=f(x)$ 的二阶导数 $\frac{\mathrm{d}^2y}{\mathrm{d}x^2}$。

解 方程两边分别对 x 求导,得

$$\frac{\mathrm{d}y}{\mathrm{d}x}=\sec^2(x+y)\cdot\left(1+\frac{\mathrm{d}y}{\mathrm{d}x}\right)$$

从而有

$$\frac{\mathrm{d}y}{\mathrm{d}x}=\frac{-\sec^2(x+y)}{\sec^2(x+y)-1}=-\frac{\sec^2(x+y)}{\tan^2(x+y)}=-\csc^2(x+y)$$

上式两边再对 x 求导,得

$$\frac{\mathrm{d}^2y}{\mathrm{d}x^2}=-2\csc(x+y)\cdot[-\csc(x+y)\cdot\cot(x+y)]\cdot\left(1+\frac{\mathrm{d}y}{\mathrm{d}x}\right)$$

即

$$\frac{\mathrm{d}^2y}{\mathrm{d}x^2}=-2\csc^2(x+y)\cot^3(x+y)$$

【例 2-53】 求由方程 $x^2+y^2=1$ 所确定的隐函数的二阶导数 y''。

解 方法一　方程两边分别对 x 求导,在方程的左边求导时需注意,把 y^2 看作是以 y 为中间变量的复合函数,此处出现的 y 是 x 的函数 $y=y(x)$。于是由复合函数求导法则得

$$2x+2yy'=0$$

从而有

$$y'=-\frac{x}{y}$$

上式两边再对 x 求导,得

$$y''=-\frac{y-xy'}{y^2}=-\frac{x^2+y^2}{y^3}$$

方法二　对 $x^2+y^2=1$ 连续求两次导数,得

$$2+2(y'^2+yy'')=0$$

从而有

$$y''=\frac{-1-y'^2}{y}$$

即

$$y''=\frac{-1-y'^2}{y}=-\frac{x^2+y^2}{y^3}$$

【例 2-54】 求由方程 $x-y+\frac{1}{2}\sin y=0$ 所确定的隐函数 $y=f(x)$ 的二阶导数$\frac{\mathrm{d}^2 y}{\mathrm{d}x^2}$。

解 方法一 方程两边分别对 x 求导,得

$$1-\frac{\mathrm{d}y}{\mathrm{d}x}+\frac{1}{2}\cos y\cdot\frac{\mathrm{d}y}{\mathrm{d}x}=0$$

从而有

$$\frac{\mathrm{d}y}{\mathrm{d}x}=\frac{2}{2-\cos y}$$

将上式两边再对 x 求导,得

$$\frac{\mathrm{d}^2 y}{\mathrm{d}x^2}=\frac{\mathrm{d}}{\mathrm{d}x}\left(\frac{2}{2-\cos y}\right)=\frac{\mathrm{d}}{\mathrm{d}y}\left(\frac{2}{2-\cos y}\right)\cdot\frac{\mathrm{d}y}{\mathrm{d}x}=\frac{-2\sin y\cdot\frac{\mathrm{d}y}{\mathrm{d}x}}{(2-\cos y)^2}=\frac{-4\sin y}{(2-\cos y)^3}$$

方法二 对 $x-y+\frac{1}{2}\sin y=0$ 两边连续求两次导数,得

$$-\frac{\mathrm{d}^2 y}{\mathrm{d}x^2}+\frac{1}{2}\left[-\sin y\cdot\left(\frac{\mathrm{d}y}{\mathrm{d}x}\right)^2+\cos y\cdot\frac{\mathrm{d}^2 y}{\mathrm{d}x^2}\right]=0$$

从而有

$$\frac{\mathrm{d}^2 y}{\mathrm{d}x^2}=\frac{\sin y}{\cos y-2}\cdot\left(\frac{\mathrm{d}y}{\mathrm{d}x}\right)^2$$

即

$$\frac{\mathrm{d}^2 y}{\mathrm{d}x^2}=\frac{\sin y}{\cos y-2}\cdot\left(\frac{2}{2-\cos y}\right)^2=\frac{-4\sin y}{(2-\cos y)^3}$$

从隐函数的求导过程可以看出:隐函数的求导法则实质上是复合函数求导的应用。

二、对数求导法

对幂指函数或由多次乘除、乘方和开方等复杂运算得到的函数求导时,往往采用对数求导法。对数求导法是先将函数的两边取自然对数,然后利用隐函数求导法求出$\frac{\mathrm{d}y}{\mathrm{d}x}$。下面通过具体的例子来说明此方法的使用。

【例 2-55】 求下列函数的导数。

(1) $y=x^x(x>0)$; (2) $y=\left(\frac{x}{1+x}\right)^{\ln x}$; (3) $y=(\tan x)^{\sin x}$。

解 (1) 这个函数是幂指函数,采用对数求导法求其导数。在等式两边取自然对数,得

$$\ln y = x\ln x$$

上式两边分别对 x 求导，得

$$\frac{1}{y}\cdot y' = \ln x + x\cdot\frac{1}{x}$$

于是有

$$y' = y(\ln x+1) = x^x(\ln x+1)$$

(2) 方法一　利用对数求导法在等式两边取自然对数，得

$$\ln y = \ln x\cdot[\ln x - \ln(1+x)]$$

上式两边分别对 x 求导，得

$$\frac{1}{y}\cdot y' = \frac{1}{x}[\ln x - \ln(1+x)] + \ln x\cdot\left(\frac{1}{x}-\frac{1}{1+x}\right)$$

于是有

$$\begin{aligned} y' &= y\cdot\left\{\frac{1}{x}[\ln x-\ln(1+x)]+\ln x\cdot\left(\frac{1}{x}-\frac{1}{1+x}\right)\right\} \\ &= \left(\frac{x}{1+x}\right)^{\ln x}\cdot\left[\frac{1}{x}\ln\frac{x}{1+x}+\frac{\ln x}{x(1+x)}\right] \end{aligned}$$

方法二　利用对数恒等式及复合函数求导法则

$$y = \left(\frac{x}{1+x}\right)^{\ln x} = e^{\ln x\cdot\ln\frac{x}{1+x}}$$

于是

$$\begin{aligned} y' &= e^{\ln x\cdot\ln\frac{x}{1+x}}\cdot\left(\ln x\cdot\ln\frac{x}{1+x}\right)' = e^{\ln x\cdot\ln\frac{x}{1+x}}\cdot\left[\frac{1}{x}\ln\frac{x}{1+x}+\ln x\cdot\frac{1+x}{x}\cdot\frac{1+x-x\cdot 1}{(1+x)^2}\right] \\ &= \left(\frac{x}{1+x}\right)^{\ln x}\cdot\left[\frac{1}{x}\ln\frac{x}{1+x}+\frac{\ln x}{x(1+x)}\right] \end{aligned}$$

(3) 方法一　利用对数求导法，在等式两边取自然对数，有

$$\ln y = \sin x\cdot\ln(\tan x)$$

上式两边分别对 x 求导，得

$$\frac{1}{y}\cdot y' = \cos x\cdot\ln(\tan x) + \sin x\cdot\frac{1}{\tan x}\sec^2 x$$

于是有

$$\begin{aligned} y' &= y\cdot\left[\cos x\cdot\ln(\tan x)+\sin x\cdot\frac{1}{\tan x}\sec^2 x\right] \\ &= (\tan x)^{\sin x}\cdot[\cos x\cdot\ln(\tan x)+\sec x] \end{aligned}$$

方法二　利用对数恒等式及复合函数求导法则

$$y = e^{\sin x\cdot\ln(\tan x)}$$

于是

$$\begin{aligned} y' &= e^{\sin x\cdot\ln(\tan x)}\cdot[\sin x\cdot\ln(\tan x)]' \\ &= e^{\sin x\cdot\ln(\tan x)}\cdot\left[\cos x\cdot\ln(\tan x)+\sin x\cdot\frac{1}{\tan x}\cdot\sec^2 x\right] \\ &= (\tan x)^{\sin x}\cdot[\cos x\cdot\ln(\tan x)+\sec x] \end{aligned}$$

【例 2-56】 求下列函数的导数。

(1) $y=\sqrt[3]{\dfrac{x^2}{x-1}}$； (2) $y=\sqrt{x^2+1}\cdot 3^x\cdot\cos x$； (3) $y=\sqrt[5]{\dfrac{x-3}{\sqrt[4]{x^2+1}}}\ (x>3)$。

解 (1) 等式两边取自然对数,得

$$\ln y=\ln\sqrt[3]{\frac{x^2}{x-1}}=\frac{1}{3}\ln\frac{x^2}{x-1}$$

$$=\frac{1}{3}[2\ln x-\ln(x-1)]$$

上式两边分别对 x 求导,得

$$\frac{1}{y}\cdot y'=\frac{1}{3}\left(\frac{2}{x}-\frac{1}{x-1}\right)=\frac{x-2}{3x(x-1)}$$

于是有

$$y'=y\cdot\frac{x-2}{3x(x-1)}=\frac{x-2}{3x(x-1)}\cdot\sqrt[3]{\frac{x^2}{x-1}}$$

(2) 等式两边取自然对数,得

$$\ln y=\frac{1}{2}\ln(x^2+1)+x\ln 3+\ln\cos x$$

上式两边分别对 x 求导,得

$$\frac{1}{y}\cdot y'=\frac{x}{x^2+1}+\ln 3+\frac{-\sin x}{\cos x}$$

于是有

$$y'=\sqrt{x^2+1}\cdot 3^x\cdot\cos x\left(\frac{x}{x^2+1}+\ln 3-\tan x\right)$$

(3) 将等式两边同时取自然对数,有

$$\ln y=\frac{1}{5}\left[\ln(x-3)-\frac{1}{4}\ln(x^2+1)\right]$$

上式两边分别对 x 求导,得

$$\frac{1}{y}\cdot y'=\frac{1}{5}\left(\frac{1}{x-3}-\frac{1}{4}\cdot\frac{2x}{x^2+1}\right)$$

于是有

$$y'=y\cdot\frac{1}{5}\left(\frac{1}{x-3}-\frac{1}{4}\cdot\frac{2x}{x^2+1}\right)$$

$$y'=\sqrt[5]{\frac{x-3}{\sqrt[4]{x^2+1}}}\cdot\left[\frac{1}{5(x-3)}-\frac{x}{10(x^2+1)}\right]$$

三、由参数方程所确定的函数的导数

在某些情况下,函数 y 与自变量 x 是通过另一参变量 t,由形如

$$\begin{cases}x=\varphi(t)\\y=\psi(t)\end{cases}$$

的方程给出的。例如

$$\begin{cases} x=r\cos\theta \\ y=r\sin\theta \end{cases}$$

表示以原点为圆心，r 为半径的圆的参数式方程。

又如

$$\begin{cases} x=a\cos t \\ y=b\sin t \end{cases}$$

表示以原点为中心的椭圆的参数式方程。

一般地，由参数方程确定 x 与 y 的函数关系，则称此函数关系所表达的函数为由参数方程所确定的函数。有的参数方程可以在消去参数后再求导。但在实际问题中，计算由参数方程所确定的函数的导数时，消去参数 t 有时会很困难，于是我们应该找到一种方法，能够直接由参数方程来计算它所确定的函数的导数。

设 $x=\varphi(t)$ 具有单调连续的反函数 $t=\varphi^{-1}(x)$，则由参数方程所确定的函数 y 可看作是由函数 $y=\psi(t)$，$t=\varphi^{-1}(x)$ 复合而成的复合函数

$$y=\psi[\varphi^{-1}(x)]$$

设 $\varphi'(t)$ 与 $\psi'(t)$ 都存在，且 $\varphi'(t)\neq 0$，则根据复合函数和反函数的求导法则，有

$$\frac{\mathrm{d}y}{\mathrm{d}x}=\frac{\mathrm{d}y}{\mathrm{d}t}\cdot\frac{\mathrm{d}t}{\mathrm{d}x}=\frac{\mathrm{d}y}{\mathrm{d}t}\cdot\frac{1}{\frac{\mathrm{d}x}{\mathrm{d}t}}=\frac{\psi'(t)}{\varphi'(t)}$$

即

$$\frac{\mathrm{d}y}{\mathrm{d}x}=\frac{\psi'(t)}{\varphi'(t)}$$

上式也可写成

$$\frac{\mathrm{d}y}{\mathrm{d}x}=\frac{\frac{\mathrm{d}y}{\mathrm{d}t}}{\frac{\mathrm{d}x}{\mathrm{d}t}}$$

即由参数方程所确定的 x 的函数的导数公式。如果 $x=\varphi(t)$，$y=\psi(t)$ 二阶可导，那么又可得到函数的二阶导数公式

$$\begin{aligned}\frac{\mathrm{d}^2y}{\mathrm{d}x^2}&=\frac{\mathrm{d}}{\mathrm{d}x}\left(\frac{\mathrm{d}y}{\mathrm{d}x}\right)=\frac{\mathrm{d}}{\mathrm{d}t}\left(\frac{\mathrm{d}y}{\mathrm{d}x}\right)\cdot\frac{\mathrm{d}t}{\mathrm{d}x}\\&=\frac{\mathrm{d}}{\mathrm{d}t}\left(\frac{\mathrm{d}y}{\mathrm{d}x}\right)\cdot\frac{1}{\frac{\mathrm{d}x}{\mathrm{d}t}}\\&=\frac{\frac{\mathrm{d}}{\mathrm{d}t}\left(\frac{\mathrm{d}y}{\mathrm{d}x}\right)}{\frac{\mathrm{d}x}{\mathrm{d}t}}\end{aligned}$$

【例 2-57】 已知曲线的参数方程为 $\begin{cases} x=2\mathrm{e}^t \\ y=\mathrm{e}^{-t} \end{cases}$，求曲线在 $t=0$ 处的切线方程和法线方程。

解 当 $t=0$ 时,曲线上的相应点的坐标是

$$x_0=2e^0=2$$

$$y_0=e^0=1$$

曲线在点(2,1)处的切线斜率为

$$k_1=\frac{dy}{dx}\bigg|_{t=0}=\frac{(e^{-t})'}{(2e^t)'}\bigg|_{t=0}=\frac{-e^{-t}}{2e^t}\bigg|_{t=0}=-\frac{1}{2}$$

代入点斜式方程,即得曲线在点(2,1)处的切线方程

$$y-1=-\frac{1}{2}(x-2)$$

即

$$x+2y-4=0$$

又因为曲线在点(2,1)处的法线斜率为

$$k_2=-\frac{1}{k_1}=2$$

于是曲线在点(2,1)处的法线方程为

$$y-1=2(x-2)$$

即

$$2x-y-3=0$$

【例 2-58】 求参数方程 $\begin{cases}x=a\cos t\\ y=b\sin t\end{cases}$ 所确定的函数的二阶导数 $\frac{d^2y}{dx^2}$。

解 $$\frac{dy}{dx}=\frac{\frac{dy}{dt}}{\frac{dx}{dt}}=\frac{(b\sin t)'}{(a\cos t)'}=\frac{b\cos t}{-a\sin t}=-\frac{b}{a}\cot t$$

$$\frac{d^2y}{dx^2}=\frac{d}{dx}\left(\frac{dy}{dx}\right)=\frac{d}{dt}\left(\frac{dy}{dx}\right)\cdot\frac{dt}{dx}=\frac{d}{dt}\left(\frac{dy}{dx}\right)\cdot\frac{1}{\frac{dx}{dt}}=-\frac{b}{a}(-\csc^2 t)\cdot\frac{1}{-a\sin t}$$

$$=-\frac{b}{a^2}\csc^3 t$$

习题 2.5

1. 求由下列方程所确定的隐函数的导数 $\frac{dy}{dx}$。

(1) $y=x+\ln y$; (2) $y^3-3y+2ax=0$;

(3) $e^y+xy=\pi$; (4) $x\ln y-y\ln x=0$;

(5) $x+\sqrt{xy+y}=4$ (6) $\arctan\frac{y}{x}=\ln\sqrt{x^2+y^2}$。

2. 设 y 是由方程 $x^y=y^x$ 所确定的隐函数,求:

(1) $y\Big|_{x=1}$;

(2) $\dfrac{dy}{dx}$；

(3) $\left.\dfrac{dy}{dx}\right|_{x=1}$。

3. 求曲线 $\cos y=\ln(2x+y)$ 在点 $\left(\dfrac{e}{2},0\right)$ 处的切线方程和法线方程。

4. 设 y 是由方程 $y^3-x^2y=2$ 所确定的隐函数，求 $\dfrac{d^2y}{dx^2}$。

5. 用对数求导法求下列函数的导数。

(1) $y=x^{\tan x}\left(x>0,x\neq k\pi+\dfrac{\pi}{2},k\text{ 为整数，且 }k\geqslant 0\right)$；

(2) $y=\sqrt[5]{\dfrac{x-5}{\sqrt[5]{x^2+2}}}$；

(3) $y=x+x^x\ (x>0)$。

6. 求下列参数方程所确定的函数的一阶导数 $\dfrac{dy}{dx}$ 和二阶导数 $\dfrac{d^2y}{dx^2}$。

(1) $\begin{cases}x=\ln t+1\\y=t^2+1\end{cases}$；　　(2) $\begin{cases}x=\ln(1+t^2)\\y=t-\arctan t\end{cases}$。

7. 求曲线 $\begin{cases}x=2\sin t\\y=\cos 2t\end{cases}$，在 $t=\dfrac{\pi}{4}$ 处的切线方程和法线方程。

第六节　微　　分

一、微分的概念

通过前面的学习可以知道，导数所描述的是函数在点 x 处相对于自变量变化的快慢程度。但在许多实际问题中，有时还需要了解当自变量在某一点取得微小改变时，函数取得的相应改变量的大小。所以要寻找一种便于计算函数增量的近似公式，使计算既简便，又符合误差要求。在对这种问题研究的过程中，人们逐渐概括出了另一个重要的基本概念——微分。

先看一个例子。半径为 x 的圆面积 y 为

$$y=\pi x^2$$

当半径 x 的增量 Δx 很小时，我们求圆面积 y 的增量 Δy。实际上，Δy 就是内半径为 x、外半径为 $x+\Delta x$ 的圆环的面积（见图 2-5），即

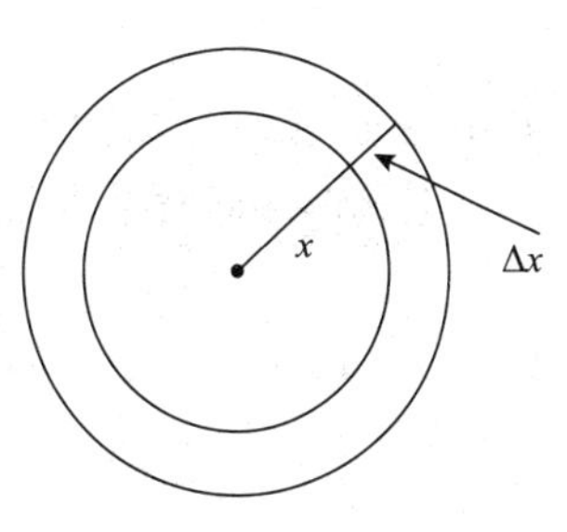

图　2-5

$$\Delta y=\pi(x+\Delta x)^2-\pi x^2=2\pi x\Delta x+\pi(\Delta x)^2$$

可以看出，Δy 包含了两部分：第一部分 $2\pi x\Delta x$ 是关于 Δx 的线性函数；第二部分 $\pi(\Delta x)^2$，当 $\Delta x\to 0$ 时是比 Δx 高阶的无穷小，

即 $\pi(\Delta x)^2=o(\Delta x)$。显然，$2\pi x\Delta x$ 是容易计算的，它是半径 x 有增量 Δx 时，圆面积的增量 Δy 的主要部分，故当 Δx 很小时，Δy 可以近似地用 $2\pi x\Delta x$ 来代替，相差的仅是一个比 Δx 高阶的无穷小。

根据上面的讨论，Δy 可以表示为

$$\Delta y=A\Delta x+o(\Delta x)$$

其中的第一项 $2\pi x\Delta x$ 就叫做函数 $y=\pi x^2$ 的微分。

定义 2-3　*设函数 $y=f(x)$ 在点 x_0 的某邻域内有定义，当自变量 x 在点 x_0 处取得增量 Δx（$x+\Delta x$ 在此邻域内）时，如果函数 $y=f(x)$ 的相应的增量 Δy 可以写成*

$$\Delta y=A\Delta x+o(\Delta x)(\Delta x\to 0)$$

其中，A 不依赖于 Δx，则称函数 $y=f(x)$ 在点 x_0 处可微，并称 $A\Delta x$ 为函数 $y=f(x)$ 在点 x_0 处的微分，记作 $\mathrm{d}y$，即

$$\mathrm{d}y=A\Delta x$$

在微分的定义中，我们可以看出，$\mathrm{d}y$ 是 Δy 的主要部分，而且又是 Δx 的线性函数，所以在 $f'(x)\neq 0$ 时，称 $\mathrm{d}y$ 是 Δy 的线性主部。

函数 $y=f(x)$ 在任意点 x 的微分称为函数的微分，记作 $\mathrm{d}y$ 或 $\mathrm{d}f(x)$。

定理 2-5　*函数 $y=f(x)$ 在点 x 处可微的充分必要条件是函数 $y=f(x)$ 在点 x 处可导。*

证　先证必要性。函数 $y=f(x)$ 在点 x 处可微，由微分的定义有

$$\Delta y=A\Delta x+o(\Delta x)(\Delta x\to 0)$$

成立，其中 A 不依赖于 Δx。

在上式两端同时除以 Δx，得

$$\frac{\Delta y}{\Delta x}=A+\frac{o(\Delta x)}{\Delta x}$$

于是有

$$\lim_{\Delta x\to 0}\frac{\Delta y}{\Delta x}=\lim_{\Delta x\to 0}\left[A+\frac{o(\Delta x)}{\Delta x}\right]=\lim_{\Delta x\to 0}A+\lim_{\Delta x\to 0}\frac{o(\Delta x)}{\Delta x}=A$$

即函数 $y=f(x)$ 在点 x 处可导，且 $A=f'(x)$。

再证充分性。函数 $y=f(x)$ 在点 x 处可导，由导数定义有

$$\lim_{\Delta x\to 0}\frac{\Delta y}{\Delta x}=f'(x)$$

由极限和无穷小的关系定理有

$$\frac{\Delta y}{\Delta x}=f'(x)+\alpha$$

其中，α 是 $\Delta x\to 0$ 时的无穷小。

上式两端同时乘以 Δx，得

$$\Delta y=f'(x)\Delta x+\alpha\Delta x$$

此时 $f'(x)$ 不依赖于 Δx，又因当 $\Delta x\to 0$ 时，α 是无穷小，所以有

$$\lim_{\Delta x\to 0}\frac{\alpha\Delta x}{\Delta x}=\lim_{\Delta x\to 0}\alpha=0$$

即

$$\alpha\Delta x=o(\Delta x)(\Delta x\to 0)$$

由微分定义知函数 $y=f(x)$ 在点 x 处可微。

从定理的证明可以看出，函数的微分 $\mathrm{d}y=f'(x)\Delta x$，显然函数的微分值与 x 和 Δx 都有关。

通常把自变量的增量 Δx 称为自变量的微分。这是因为当 $y=x$ 时，有

$$\mathrm{d}y=\mathrm{d}x=x'\Delta x=\Delta x$$

因此，函数的微分又可作

$$\mathrm{d}y=f'(x)\mathrm{d}x$$

于是又有

$$\frac{\mathrm{d}y}{\mathrm{d}x}=f'(x)$$

过去将 $\frac{\mathrm{d}y}{\mathrm{d}x}$ 看作一个记号，表示函数 y 的导数，学习微分的概念之后，可以把它看作一个比值，即函数的导数就是函数的微分 $\mathrm{d}y$ 与自变量的微分 $\mathrm{d}x$ 之商，所以导数又称微商。

【例 2-59】 已知 $y=(x-1)^2$，求函数当 $x=0,\Delta x=0.05$ 时函数的改变量 Δy 与微分 $\mathrm{d}y$。

解 依题意，$y(0)=1,y(0.05)=0.9025$，所以

$$\Delta y=y(0.05)-y(0)=-0.0975$$

因为

$$\mathrm{d}y=2(x-1)\mathrm{d}x$$

所以

$$\mathrm{d}y\Big|_{\substack{x=0\\ \Delta x=0.05}}=-2\times 0.05=-0.1$$

【例 2-60】 求下列函数的微分。

(1) $y=\frac{1}{x}+5\sqrt{x}$；　(2) $y=2^{\ln\cos x}$；　(3) $y=\mathrm{e}^{-x}\cos(2+x)$。

解 (1) $$\mathrm{d}y=\left(\frac{1}{x}+5\sqrt{x}\right)'\mathrm{d}x=\left(-\frac{1}{x^2}+5\frac{1}{2\sqrt{x}}\right)\mathrm{d}x=\left(-\frac{1}{x^2}+\frac{5}{2\sqrt{x}}\right)\mathrm{d}x$$

(2) $$\begin{aligned}\mathrm{d}y&=(2^{\ln\cos x})'\mathrm{d}x=2^{\ln\cos x}\cdot\ln 2\cdot(\ln\cos x)'\mathrm{d}x\\&=2^{\ln\cos x}\cdot\ln 2\cdot\frac{1}{\cos x}(-\sin x)\mathrm{d}x=-\ln 2\cdot 2^{\ln\cos x}\cdot\tan x\,\mathrm{d}x\end{aligned}$$

(3) 因为

$$y'=-\mathrm{e}^{-x}\cos(2+x)-\mathrm{e}^{-x}\sin(2+x)=-\mathrm{e}^{-x}[\sin(2+x)+\cos(2+x)]$$

所以

$$\mathrm{d}y=-\mathrm{e}^{-x}[\sin(2+x)+\cos(2+x)]\mathrm{d}x$$

【例 2-61】 设下列方程确定了隐函数 $y=f(x)$，求 $\mathrm{d}y$。

(1) $y=1+x\mathrm{e}^y$；　(2) $y=\sin(x+y)$；　(3) $xy=\mathrm{e}^{x+y}$；　(4) $y=\cos(xy)-x$。

解 (1) 方程两边分别对 x 求导，有

$$y'=\mathrm{e}^y+x\mathrm{e}^y\cdot y'$$

则

$$y'=\frac{e^y}{1-xe^y}$$

于是

$$dy=\frac{e^y}{1-xe^y}dx$$

(2) 方程两边分别对 x 求导,有

$$y'=\cos(x+y)\cdot(x+y)'=\cos(x+y)\cdot(1+y')$$

则

$$y'=\frac{\cos(x+y)}{1-\cos(x+y)}$$

于是

$$dy=\frac{\cos(x+y)}{1-\cos(x+y)}dx$$

(3) 方程两边分别对 x 求导,有

$$y+xy'=e^{x+y}\cdot(1+y')$$

则

$$y'=\frac{e^{x+y}-y}{x-e^{x+y}}$$

于是

$$dy=\frac{e^{x+y}-y}{x-e^{x+y}}dx$$

(4) 方程两边分别对 x 求导,有

$$y'=-\sin(xy)\cdot(y+xy')-1$$

则

$$y'=-\frac{1+y\sin(xy)}{1+x\sin(xy)}$$

于是

$$dy=-\frac{1+y\sin(xy)}{1+x\sin(xy)}dx$$

二、微分的几何意义

设函数 $y=f(x)$ 在点 x_0 处可导,过点 $M(x_0,f(x_0))$ 作曲线 $y=f(x)$ 的切线 MT,它和 x 轴的夹角为 α,从图 2-6 可以看出:

$$QP=\tan\alpha\cdot MQ=f'(x_0)\Delta x$$

即

$$dy=QP$$

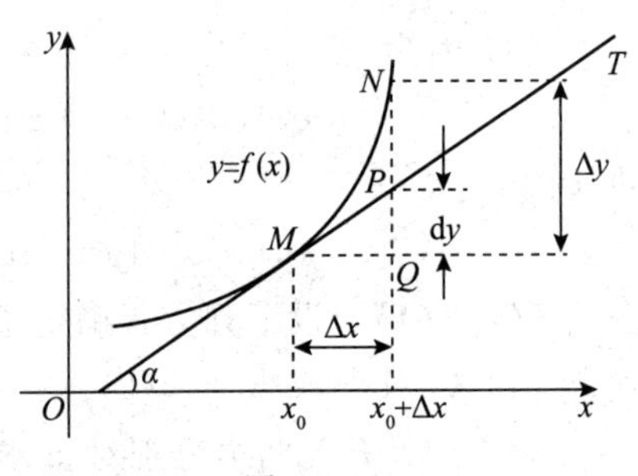

图 2-6

由此可见,函数 $y=f(x)$ 在点 x_0 处的微分 dy,就

是当横坐标由 x_0 变到 $x_0+\Delta x$ 时，曲线 $y=f(x)$ 在点 $M(x_0, f(x_0))$ 处的切线上的点的纵坐标的相应增量。

从图 2-6 中还可以看出：

$$QN=QP+PN$$

这个等式与微分定义中的式子完全相当。因此，$PN=o(\Delta x)$。这表明，在曲线 $y=f(x)$ 上点 M 的邻近曲线与切线非常接近；当 $|\Delta x|$ 很小时，我们用 $\mathrm{d}y$ 近似代替 Δy，就是在点 M 的邻近用切线段近似代替曲线段。

三、微分基本公式与微分运算法则

从函数微分的表达式

$$\mathrm{d}y=f'(x)\mathrm{d}x$$

可以看出，要计算函数的微分，只需计算函数的导数，再乘以自变量的微分。因此，可以由基本导数公式得到如下的基本微分公式和微分运算法则。

1. 微分基本公式

(1) $\mathrm{d}C=0$（C 为常数）；

(2) $\mathrm{d}(x^{\mu})=\mu x^{\mu-1}\mathrm{d}x$；

(3) $\mathrm{d}(\sin x)=\cos x\,\mathrm{d}x$；

(4) $\mathrm{d}(\cos x)=-\sin x\,\mathrm{d}x$；

(5) $\mathrm{d}(\tan x)=\sec^2 x\,\mathrm{d}x$；

(6) $\mathrm{d}(\cot x)=-\csc^2 x\,\mathrm{d}x$；

(7) $\mathrm{d}(\sec x)=\sec x\tan x\,\mathrm{d}x$；

(8) $\mathrm{d}(\csc x)=-\csc x\cot x\,\mathrm{d}x$；

(9) $\mathrm{d}(a^x)=a^x\ln a\,\mathrm{d}x\,(a>0, a\neq 1)$；

(10) $\mathrm{d}(\mathrm{e}^x)=\mathrm{e}^x\mathrm{d}x$；

(11) $\mathrm{d}(\log_a x)=\dfrac{1}{x\ln a}\mathrm{d}x\,(a>0, a\neq 1)$；

(12) $\mathrm{d}(\ln x)=\dfrac{1}{x}\mathrm{d}x$；

(13) $\mathrm{d}(\arcsin x)=\dfrac{1}{\sqrt{1-x^2}}\mathrm{d}x$；

(14) $\mathrm{d}(\arccos x)=-\dfrac{1}{\sqrt{1-x^2}}\mathrm{d}x$；

(15) $\mathrm{d}(\arctan x)=\dfrac{1}{1+x^2}\mathrm{d}x$；

(16) $\mathrm{d}(\mathrm{arccot}\, x)=-\dfrac{1}{1+x^2}\mathrm{d}x$。

2. 微分的四则运算法则

设 $f(x)$，$g(x)$ 都是可导函数，则

(1) $\mathrm{d}[f(x)\pm g(x)]=\mathrm{d}f(x)\pm \mathrm{d}g(x)$；

(2) $\mathrm{d}[Cf(x)]=C\mathrm{d}f(x)$（$C$ 为常数）；

(3) $\mathrm{d}[f(x)g(x)]=g(x)\mathrm{d}f(x)+f(x)\mathrm{d}g(x)$；

(4) $\mathrm{d}\left[\dfrac{f(x)}{g(x)}\right]=\dfrac{g(x)\mathrm{d}f(x)-f(x)\mathrm{d}g(x)}{g^2(x)}$。

证　只证乘积的微分法则，其他法则可以用类似的方法证明。

将 $f(x)$、$g(x)$ 简记为 f、g，根据微分的计算公式，有

$$\mathrm{d}(fg)=(fg)'\mathrm{d}x=(f'g+fg')\mathrm{d}x=f'g\mathrm{d}x+fg'\mathrm{d}x=g\mathrm{d}f+f\mathrm{d}g$$

3. 复合函数的微分法则

对于可导函数 $y=f(u)$，当 u 为自变量时，其微分形式为

$$\mathrm{d}y=f'(u)\mathrm{d}u$$

设 $y=f(u)$ 及 $u=\varphi(x)$ 都可导,则复合函数 $y=f[\varphi(x)]$ 的微分为

$$dy=\{f[\varphi(x)]\}'dx=f'(u)\varphi'(x)dx$$

因 $\varphi'(x)dx=d\varphi(x)=du$,所以复合函数 $y=f[\varphi(x)]$ 的微分也可以写为

$$dy=f'(u)du$$

由此可见,函数 $y=f(u)$ 无论 u 是自变量还是中间变量,它的微分形式都是

$$dy=f'(u)du$$

这一性质称为一阶微分形式不变性。

由于有微分形式不变性,计算复合函数的微分变得更加方便。

【例 2-62】 若 $y=\ln\sin x$,求 dy。

解 方法一

$$dy=(\ln\sin x)'dx=\frac{1}{\sin x}\cdot(\sin x)'dx$$

$$=\frac{1}{\sin x}\cdot\cos x\,dx=\cot x\,dx$$

方法二 函数 $y=\ln\sin x$ 是由 $y=\ln u$,$u=\sin x$ 复合而成的,由一阶微分形式不变性有

$$dy=f'(u)du=(\ln u)'du=\frac{1}{u}du$$

而

$$du=(\sin x)'dx=\cos x\,dx$$

故有

$$dy=\frac{1}{u}du=\frac{1}{u}\cos x\,dx=\frac{1}{\sin x}\cos x\,dx=\cot x\,dx$$

【例 2-63】 若 $y=e^{-x}\sin 3x$,求 dy。

解 方法一

$$dy=(e^{-x}\sin 3x)'dx=(-e^{-x}\sin 3x+3e^{-x}\cos 3x)dx$$

方法二 应用乘积的微分法则,得

$$\begin{aligned}dy&=\sin 3x\,d(e^{-x})+e^{-x}d(\sin 3x)\\&=\sin 3x(e^{-x})'dx+e^{-x}(\sin 3x)'dx\\&=-e^{-x}\sin 3x\,dx+3e^{-x}\cos 3x\,dx\\&=(-e^{-x}\sin 3x+3e^{-x}\cos 3x)dx\end{aligned}$$

四、微分在近似计算中的应用

前面已经说过,如果函数 $y=f(x)$ 在点 x_0 处的导数 $f'(x_0)\neq 0$,并且当 $|\Delta x|$ 很小(即 $|\Delta x|\to 0$)时,有

$$\Delta y=f(x_0+\Delta x)-f(x_0)\approx f'(x_0)\Delta x$$

或

$$f(x_0+\Delta x)\approx f(x_0)+f'(x_0)\Delta x$$

在上式中,若令 $x=x_0+\Delta x$,则有

$$f(x)\approx f(x_0)+f'(x_0)(x-x_0)$$

上面两个公式可用来计算函数 $y=f(x)$ 的增量的近似值和函数 $f(x)$ 的近似值。

注意：在求函数 $f(x)$ 的近似值时，要选取适当的 x_0，使 $f(x_0)$ 和 $f'(x_0)$ 容易计算，且 $|x-x_0|$ 较小。

【例 2-64】 求 $\sqrt{0.97}$ 的近似值。

解 取 $f(x)=\sqrt{x}$，则

$$f'(x)=\frac{1}{2\sqrt{x}}$$

且

$$f(x_0+\Delta x)\approx f(x_0)+f'(x_0)\Delta x$$

又 $0.97=1-0.03$，取 $x_0=1$，$\Delta x=-0.03$，且

$$f(x_0)=f(1)=\sqrt{1}=1,\quad f'(x_0)=f'(1)=\frac{1}{2\sqrt{1}}=\frac{1}{2}$$

于是

$$\sqrt{0.97}\approx 1+\frac{1}{2}\cdot(-0.03)=0.985$$

【例 2-65】 利用微分计算 $\cos 61°$ 的近似值。

解 设 $f(x)=\cos x$，则

$$f'(x)=-\sin x$$

把 $61°$ 化为弧度，得

$$61°=\frac{\pi}{3}+\frac{\pi}{180}$$

取 $x_0=\frac{\pi}{3}$，则

$$f(x_0)=f\left(\frac{\pi}{3}\right)=\cos\frac{\pi}{3}=\frac{1}{2}$$

$$f'(x_0)=f'\left(\frac{\pi}{3}\right)=-\sin\frac{\pi}{3}=\frac{-\sqrt{3}}{2}$$

且 $\Delta x=\frac{\pi}{180}$ 比较小，则

$$\cos 61°=\cos\left(\frac{\pi}{3}+\frac{\pi}{180}\right)\approx\cos\frac{\pi}{3}+\left[-\sin\frac{\pi}{3}\right]\cdot\frac{\pi}{180}$$

$$=\frac{1}{2}-\frac{\sqrt{3}}{2}\cdot\frac{\pi}{180}\approx 0.485$$

【例 2-66】 某球体的体积从 $972\pi\text{cm}^3$ 增加到 $973\pi\text{cm}^3$，试求其半径改变量的近似值。

解 设球的半径为 r，则体积为

$$V=\frac{4}{3}\pi r^3$$

于是有

$$r=\sqrt[3]{\frac{3V}{4\pi}}$$

且 $r'=\frac{1}{\sqrt[3]{36\pi}}\cdot V^{-\frac{2}{3}}$,取 $V_0=972\pi\text{cm}^3$,则

$$\Delta V=973\pi-972\pi=\pi(\text{cm}^3)$$

所以

$$\Delta r\approx\frac{1}{\sqrt[3]{36\pi}}\cdot V_0^{-\frac{2}{3}}\cdot\Delta V=\frac{1}{\sqrt[3]{36\pi}}\cdot(972\pi)^{-\frac{2}{3}}\cdot\pi\approx\frac{1}{\sqrt[3]{36\cdot 972^2}}\approx 0.003(\text{cm})$$

即半径约增加了 0.003cm。

取 $x_0=0$,且当 $|x|$ 较小时,有

$$f(x)\approx f(0)+f'(0)x$$

应用上式可以推导以下几个常用的近似公式(假定 $|x|$ 较小)。

(1) $\sin x\approx x$(x 用弧度作单位);

(2) $\tan x\approx x$(x 用弧度作单位);

(3) $e^x\approx 1+x$;

(4) $\ln(1+x)\approx x$;

(5) $\sqrt[n]{1+x}\approx 1+\frac{1}{n}x$。

证 (1) 取 $f(x)=\sin x$,则

$$f(0)=\sin 0=0,\quad f'(0)=\cos x\Big|_{x=0}=\cos 0=1$$

故

$$\sin x\approx x$$

(2) 取 $f(x)=\tan x$,则

$$f(0)=\tan 0=0,\quad f'(0)=\sec^2 x\Big|_{x=0}=1$$

故

$$\tan x\approx x$$

(3) 取 $f(x)=e^x$,则

$$f(0)=e^0=1,\quad f'(0)=e^x\Big|_{x=0}=1$$

故

$$e^x\approx 1+x$$

(4) 取 $f(x)=\ln(1+x)$,则

$$f(0)=\ln(1+0)=0,\quad f'(0)=\frac{1}{1+x}\Big|_{x=0}=1$$

故

$$\ln(1+x)\approx x$$

(5) 取 $f(x)=\sqrt[n]{1+x}$,则

$$f(0)=\sqrt[n]{1+0}=1,\quad f'(0)=\frac{1}{n}(1+x)^{\frac{1}{n}-1}\bigg|_{x=0}=\frac{1}{n}$$

故

$$\sqrt[n]{1+x}\approx 1+\frac{1}{n}x$$

【例 2-67】 计算$\sqrt[6]{65}$的近似值。

解　因为

$$\sqrt[6]{65}=\sqrt[6]{64+1}=2\cdot\sqrt[6]{1+\frac{1}{64}}$$

取 $x=\frac{1}{64}$,且$|x|=\frac{1}{64}$较小,所以

$$\sqrt[6]{65}=2\left(1+\frac{1}{6}\cdot\frac{1}{64}\right)\approx 2.005$$

习题 2.6

1. 函数 $y=f(x)$在点 x 处有增量 $\Delta x=0.2$,对应的函数增量的主部等于 0.8,试求函数 $y=f(x)$在点 x 处的导数。

2. 求下列函数的微分。

(1) $y=5x^2+3x+3$;　　(2) $y=\sqrt{1-x^2}$;

(3) $y=\frac{1}{x}+2\sqrt{x}$;　　(4) $y=\ln^2(1-x)$;

(5) $y=\sqrt{1+\sin^2 x}$;　　(6) $y=5^{\arctan x}$;

(7) $y=x\sin 3x$;　　(8) $y=\tan^2(1+x^2)$。

3. 将正确的函数填入括号内,使等式成立。

(1) d(　　)$=3\mathrm{d}x$;　　(2) d(　　)$=2x\mathrm{d}x$;

(3) d(　　)$=\frac{1}{x^2}\mathrm{d}x$;　　(4) d(　　)$=\sin t\,\mathrm{d}t$;

(5) d(　　)$=\cos 5x\,\mathrm{d}x$;　　(6) d(　　)$=\frac{1}{1+x^2}\mathrm{d}x$;

(7) d(　　)$=\mathrm{e}^{-5x}\mathrm{d}x$;　　(8) d(　　)$=\frac{3}{1-x}\mathrm{d}x$。

4. 利用微分求下列函数值的近似值。

(1) ln1.03;　　(2) $\sin 30°30'$。

5. 设扇形的圆心角 $\alpha=60°$,半径 $R=100\text{cm}$,如果 R 不变,α 减少 $30'$,问扇形面积大约改变了多少?又如果 α 不变,R 增加 1cm,问扇形面积大约改变了多少?

6. 设有一直径为 10cm 的钢球,现要在其表面镀上一层厚度为 0.005cm 的铜,求所用铜的体积的近似值。

知识结构图、本章小结与学习指导

知识结构图

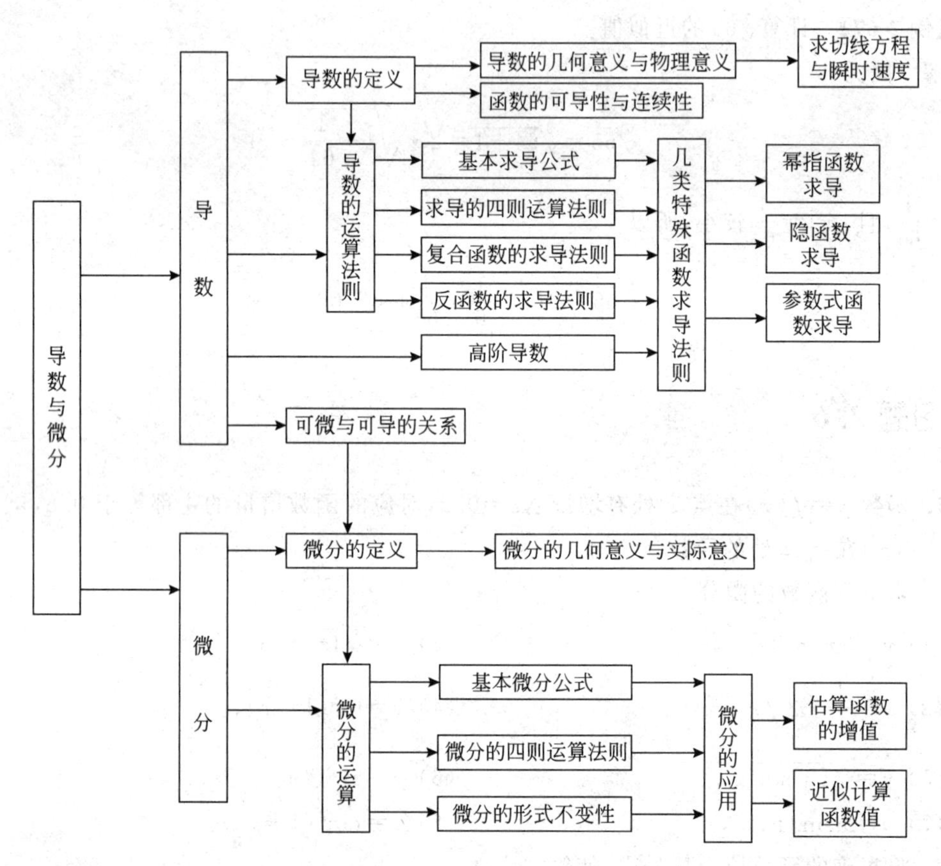

本章小结

本章在函数与极限两个概念的基础上，进一步学习了一元函数的导数与微分，建立了一整套公式与法则，为系统地解决初等函数的求导问题奠定了基础。

1. 导数

(1) 导数是函数的一种特殊形式的极限。导数作为变化率的概念，在自然科学与工程技术中有着十分广泛的应用。例如，速度是位移对时间的变化率，电流是电量对时间的变化率等。上面的例子也说明了导数概念是物质世界中各种关系的反映。导数的几何意义是曲线切线的斜率，因此与曲线的切线斜率、法线等有关的问题都与导数有关。

(2) 由于可导函数一定连续，而连续函数不一定可导，因此可导函数一定是连续函数。这从导数的定义也是容易看出的。

连续函数不一定可导。在下这一结论时，我们用了一个简单的例子 $y=|x|$。这个例子告诉我们，要否定一个结论，只需举出一个与结论不符的例子就可以了，即举反例。虽然用的反例 $y=|x|$ 很简单，但它却足以说明问题，这就足够了。

函数的连续性只是可导性的必要条件而不是充分条件。函数 $f(x)$在 x_0 处可导的充分必要条件是左、右导数 $f'_-(x_0)$与 $f'_+(x_0)$存在且相等,即

$$f'(x_0)=f'_-(x_0)=f'_+(x_0)$$

因此,要判定一个函数在某点处的可导性,可先判断函数在该点处是否连续,若不连续,则一定不可导;如果连续,再用下面的方法去判定:①用定义;②求其左、右导数,看它们是否存在且相等。当然,也可先不去判断连续性,直接用上面所说的方法去判定,但当函数不可导时,若先判断连续性,则更方便。

关于计算导数的问题,由于在自然科学与工程技术中所使用的函数大多是初等函数,因此重点放在初等函数的求导上。我们根据导数的定义先求出了几个基本初等函数的导数,又通过导数的运算法则、复合函数的求导法则与反函数的求导法则求出了其余基本初等函数的导数。至此,初等函数的求导问题已经完全解决。

求导数的根本方法就是用定义来求。导数定义本身为我们提供了求导的三步法。基本导数表以及其他求导法则,使得求初等函数的导数摆脱了求导三步法中最困难的第三步——求极限,可利用基本导数表与求导法则来运算,这是初等函数求导独具的特点。

初等函数在它的定义区间上一般是可导的,但在个别点上可能例外。例如,$y=|x|$在 $x=0$ 处不可导。还需进一步指出的是关于分段函数在分界点处的求导问题,需利用导数定义求分界点的左导数及右导数,再根据左导数及右导数的情况来判断函数在该点的导数是否存在。

2. 微分

(1) 微分概念的产生主要是由于实际需要。计算函数的增量是自然科学技术中经常遇到的问题。有时由于函数比较复杂,计算增量常常感到困难,总希望能有一个比较简便的计算方法。对可导函数我们得出了一个近似计算的方法,这就是用微分 $\mathrm{d}y$ 去近似替代 Δy。

根据定义知,可导函数 $y=f(x)$在 x 关于 Δx 的微分是

$$\mathrm{d}y=f'(x)\Delta x$$

它是函数增量 $\Delta y=f'(x)\Delta x+\alpha\Delta x$ 的线性主部。关于 $\mathrm{d}y$ 有以下两个性质。

① $\mathrm{d}y$ 是 Δx 的线性函数。

② $\Delta y-\mathrm{d}y$ 是 Δx 的高阶无穷小($\Delta x\to 0$)。

当$|\Delta x|$很小时,用 $\mathrm{d}y$ 近似代替 Δy,计算方便,近似程度也较好。

函数的导数与微分是两个不同的概念,但它们是密切相关的。可导函数一定可微,可微函数也一定可导。

(2) 一阶微分形式不变性是微分的一个重要性质,即无论 u 是自变量还是中间变量,$\mathrm{d}y=f'(u)\mathrm{d}u$ 都成立。这个性质是导数所不具备的。

学习指导

1. 本章要求

(1) 理解导数和微分的概念,了解它们的几何意义,掌握利用导数求曲线的切线方程和法线方程的方法。

(2) 理解函数的可导性与连续性的关系,能用导数描述一些物理量。

(3) 熟练掌握导数和微分的运算法则(包括微分形式不变性)和导数的基本公式。

(4) 理解高阶导数概念。

(5) 掌握隐函数的求导法、对数求导法和由参数式所确定的函数的求导法。

2. 学习重点

(1) 导数的定义及其几何意义、微分的定义。

(2) 函数求导的运算法则、复合函数的求导法则。

(3) 初等函数的求导问题。

3. 学习难点

复合函数的求导法则。

4. 学习建议

(1) 透彻理解导数与微分两个概念及它们的联系与区别,牢固掌握它们的性质。

(2) 求导的基本法则,包括四则运算法则、复合函数的求导法则、反函数的求导法则、隐函数的求导法则(包括对数求导法)、参数方程所确定函数的求导法则等,要求熟练掌握并能灵活运用。

(3) 熟记基本初等函数的导数公式、常见初等函数的导数公式及微分近似公式等。

(4) 导数与微分运算是高等数学中非常重要的内容,计算时既要准确又要迅速,这就要求多做习题。

扩展阅读

微积分的历史

微积分学是微分学和积分学的统称,它是研究函数的导数与积分的性质和应用的一门数学分支学科。微积分的出现具有划时代意义,时至今日,它不仅是学习高等数学各个分支必不可少的基础,而且是学习近代任何一门自然科学和工程技术的必备工具。在微积分历史中,牛顿和莱布尼茨分别进行了创造性的工作。

17 世纪上半叶,随着函数观念的建立和对机械运动的规律的探求,许多实际问题摆到了数学家们的面前。这些问题主要分为四类:第一类是已知物体移动的距离表示为时间的函数,求物体在任意时刻的速度和加速度,反之是已知一个物体的加速度表示为时间的函数,求速度和距离;第二类是求曲线的切线;第三类是求函数的最大值和最小值;第四类是求曲线的弧长、曲线围成的面积、曲面围成的体积、物体的重心以及一个体积相当大的物体(如行星)作用于另一物体上的引力等。几乎所有的科学大师都把自己的注意力集中到解决这些难题的新的数学工具上来。在解决问题的过程中,逐步形成了"无限细分,无限求和"的微积分基本思想和基本方法。第一个真正值得注意的先驱工作是费尔马 1629 年陈述的概念。1669 年,巴罗对微分理论做出了重要的贡献,他用了微分三角形,很接近现代微分法。他是充分地认识到微分法为积分法的逆运算的第一人。

牛顿早在 1665 年就创造了流数法(微分学),并发展到能求曲线上任意一点的切线和曲率半径。牛顿考虑了两种类型的问题,等价于现在的微分和解微分方程。他定义了流数(导数)、极大值、极小值、曲线的切线、曲率、拐点、凸性和凹性,并把他的理论应用于许多求积问题和曲线的求长问题。牛顿创立的微积分原理是同他的力学研究分不开的,他借此发现并研究了力学三大定律和万有引力定律，1687 年出版了名著《自然哲学的数学原理》。这本书是研究天体力学的，包括了微积分的一些基本概念和原理。

在 1673—1676 年，莱布尼茨从几何学观点上独立发现微积分的。1676 年，他第一次用长写字母“$\int$”表示积分符号，像今天这样写微分和微商。1684—1686 年，他发表了一系列微积分著作，力图找到普遍的方法来解决问题。今天课本中的许多微分的基本原则就是他推导出来的，如求两个函数乘积的 n 阶导数的法则，现在仍称作莱布尼茨法则。莱布尼茨的另一最大功绩是创造了反映事物本质的数字符号、数学分析中的基本概念的记号，例如微分“$\mathrm{d}x$”，积分“$\int y\mathrm{d}x$”，导数“$\frac{\mathrm{d}y}{\mathrm{d}x}$”等都是他提出来的，并且沿用至今，非常方便。

牛顿与莱布尼茨的创造性工作有很大的不同。主要差别是牛顿把 x 和 y 的无穷小增量作为求导数的手段，当增量越来越小的时候，导数实际上就是增量比的极限，而莱布尼茨却直接用 x 和 y 的无穷小增量（就是微分）求出它们之间的关系。这个差别反映了他们研究方向的不同，在牛顿的物理学方向中，速度是中心概念；而在莱布尼茨的几何学方向中，却着眼于面积、体积的计算。其他差别是，牛顿自由地用级数表示函数，采用经验的、具体的和谨慎的工作方式，认为用什么记号无关紧要；而莱布尼茨则宁愿用有限的形式来表示函数，采用富于想象的、喜欢推广的、大胆的工作方式，花费很多时间来选择富有提示性的符号。

欧拉于 1748 年出版了《无穷小分析引论》，这部巨著与他随后发表的《微分学》《积分学》标志着微积分历史上的一个转折：以往的数学家们都以曲线作为微积分的主要研究对象，而欧拉则第一次把函数放到了中心的地位，并且是建立在函数的微分的基础之上。函数概念本身正是由于欧拉等人的研究而大大丰富了。

总复习题二

1. 判断题。

(1) 若 $f(x)$ 在点 x_0 处可导，$g(x)$ 在 x_0 处不可导，则 $f(x)+g(x)$ 在 x_0 处必不可导。（　　）

(2) 若 $f(x)$ 在点 x_0 处可导，$g(x)$ 在 x_0 处不可导，则 $f(x)g(x)$ 在 x_0 处必不可导。（　　）

(3) 若 $f(x)+g(x)$ 在 x_0 处可导，则 $f(x)$ 和 $g(x)$ 在点 x_0 处必都可导。（　　）

(4) 若 $f(u)$ 在点 u_0 处可导，$u=g(x)$ 在点 x_0 处不可导，且 $u_0=g(x_0)$，则 $f[g(x)]$ 在点 x_0 处必不可导。（　　）

(5) 若 $f(x)$ 为 $(-l,l)$ 内可导的偶（奇）函数，则 $f'(x)$ 必为 $(-l,l)$ 内的奇（偶）函数。（　　）

(6) $f'(x_0)=[f(x_0)]'$（　　）

(7) 周期函数的导数仍为周期函数。（　　）

(8) 若 $f(x)=\begin{cases}x^2, & x>1\\ \dfrac{2}{3}x^3, & x\leqslant 1\end{cases}$,则 $f(x)=\begin{cases}2x, & x>1\\ 2x^2, & x\leqslant 1\end{cases}$。 ( )

2. 填空题。

(1) 设 $f(x)$在点 x_0 处可导,且 $f'(x_0)=2$,则当 $\Delta x\to 0$ 时,该函数在 x_0 处微分 $\mathrm{d}y$ 是关于 Δx 的________无穷小。

(2) 已知 $f(x)$具有任意阶导数,且 $f'(x)=f^2(x)$,则当 $n>2$(n 为正整数)时,$f^{(n)}(x)=$________。

3. 讨论下列函数在 $x=0$ 处的连续性与可导性。

(1) $y=|\sin x|$;

(2) $y=\begin{cases}x\sin\dfrac{1}{x}, & x\neq 0\\ 0, & x=0\end{cases}$。

4. 设函数 $\begin{cases}x^3, & x\leqslant 1\\ ax+b, & x>1\end{cases}$,$a,b$ 应取何值,函数 $f(x)$在 $x=1$ 处连续且可导?

5. 已知 $f(x)=\begin{cases}\sin x, & x<0\\ x^2, & x\geqslant 0\end{cases}$,求 $f'(x)$。

6. 求下列函数的导数。

(1) $y=\mathrm{e}^{-\frac{x}{2}}\cos 3x$;

(2) $y=\ln\tan\dfrac{x^2}{3}$;

(3) $y=\dfrac{x}{2}\sqrt{a^2-x^2}+\dfrac{a^2}{2}\arcsin\dfrac{x}{a}\ (a>0)$;

(4) $y=\mathrm{e}^{\sqrt{1+x}}$;

(5) $y=\sqrt{1+\ln^2 x}$;

(6) $y=x\sin x\ln x$;

(7) $y=\left(\arcsin\dfrac{x}{2}\right)^2$;

(8) $y=(\tan 2x)^{\cot\frac{x}{2}}$;

(9) $y=\left(\dfrac{x}{1+x}\right)^x$;

(10) $y=\dfrac{\sqrt{x+2}(3-x)^4}{(x+1)^5}$。

7. 求下列方程所确定的隐函数的导数。

(1) $\mathrm{e}^{xy}+y^3-5x=0$;

(2) $\sin y=\ln(x+y)$。

8. 设函数 $y=y(x)$由 $x^3-y^3-6x-3y=0$ 确定,求$\dfrac{\mathrm{d}^2y}{\mathrm{d}x^2}$。

9. 设函数 $y=y(x)$由方程 $\mathrm{e}^y+xy=\mathrm{e}$ 确定,求 $y''(0)$。

10. 已知$\sqrt[y]{x}=\sqrt[x]{y}$,求$\left.\dfrac{\mathrm{d}^2y}{\mathrm{d}x^2}\right|_{\substack{x=1\\ y=1}}$。

11. 求下列由参数方程所确定的函数的导数。

(1) $\begin{cases}x=f(t)-\pi\\ y=f(\mathrm{e}^{2t}-1)\end{cases}$,其中,$f(x)$可导且 $f'(0)\neq 0$,求$\left.\dfrac{\mathrm{d}y}{\mathrm{d}x}\right|_{t=0}$;

(2) $\begin{cases}x=t-\ln(1+t^2)\\ y=\arctan t\end{cases}$,求$\dfrac{\mathrm{d}y}{\mathrm{d}x}$及$\dfrac{\mathrm{d}^2y}{\mathrm{d}x^2}$。

12. 求曲线$\begin{cases}x+t(1-t)=0\\ te^y+y+1=0\end{cases}$，在 $t=0$ 处的切线方程与法线方程。

13. 求下列函数的微分。

(1) $y=\sec^3(\ln x)$；　　(2) $y=\arcsin\sqrt{x}$。

14. 求近似值。

(1) $\sqrt[3]{7.95}$；　　(2) $\cos 29°$；　　(3) $\sqrt[3]{1.03}$。

15. 已知 $y=f(1-2x)+\sin f(x)$，其中，$f(x)$可微，求 $\mathrm{d}y$。

16. 边长为 20cm 的正方形金属薄片加热后，边长伸长了 0.05cm，求面积大约增加了多少？

17. 注水到深 8m、上顶直径 8m 的倒圆锥形容器中，其速率为 $4\mathrm{m}^3/\mathrm{min}$。当水深为 5m 时，其表面上升的速率为多少？

考研真题

1. 填空题。

(1) 设 $y=(1+\sin x)^x$，则 $\mathrm{d}y\Big|_{x=\pi}=$________。

(2) 设函数 $y=y(x)$由方程 $y=1-xe^y$ 确定，则$\dfrac{\mathrm{d}y}{\mathrm{d}x}\Big|_{x=0}=$________。

(3) 设函数 $f(x)$在 $x=2$ 的某邻域内可导，且 $f'(x)=e^{f(x)}$，$f(2)=1$，则 $f'''(2)$________。

(4) 设方程 $e^{xy}+y^2=\cos x$ 确定 y 为 x 的函数，则$\dfrac{\mathrm{d}y}{\mathrm{d}x}$________。

(5) 设函数 $f(x)=\arctan x-\dfrac{x}{1+ax^2}$，且 $f'''(0)=1$，则 $a=$________。

(6) 设函数 $y=f(x)$由方程 $y-x=e^{x(1-y)}$确定，则$\lim\limits_{n\to\infty}n\left[\dfrac{1}{f(n)}-1\right]=$________。

2. 选择题。

(1) 设函数 $y=y(x)$由参数方程$\begin{cases}x=t^2+2t\\ y=\ln(1+t)\end{cases}$确定，则曲线 $y=y(x)$在 $x=3$ 处的法线与 x 轴交点的横坐标是(　　)。

A. $\dfrac{1}{8}\ln 2+3$　　B. $-\dfrac{1}{8}\ln 2+3$　　C. $-8\ln 2+3$　　D. $8\ln 2+3$

(2) 设函数 $f(x)$在 $x=0$ 处连续，且$\lim\limits_{h\to 0}\dfrac{f(h^2)}{h^2}=1$，则(　　)。

A. $f(0)=0$ 且 $f'_-(0)$存在　　B. $f(0)=1$ 且 $f'_-(0)$存在

C. $f(0)=0$ 且 $f'_+(0)$存在　　D. $f(0)=1$ 且 $f'_+(0)$存在

(3) 设函数 $g(x)$可微，$h(x)=e^{1+g(x)}$，$h'(1)=1$，$g'(1)=2$，则 $g(1)$等于(　　)。

A. $\ln 3-1$　　B. $-\ln 3-1$　　C. $-\ln 2-1$　　D. $\ln 2-1$

(4) 设周期函数 $f(x)$在$(-\infty,+\infty)$内可导,周期为 4,又$\lim\limits_{x\to 0}\dfrac{f(1)-f(1-x)}{2x}=-1$,则曲线 $y=f(x)$在$(5,f(5))$处切线的斜率为(　　)。

A. $\dfrac{1}{2}$　　B. 0　　C. -1　　D. -2

(5) 设 $f(x)$,$g(x)$是恒大于零的可导函数,且 $f'(x)g(x)-f(x)g'(x)<0$,则当 $a<x<b$ 时,有(　　)。

A. $f(x)g(b)>f(b)g(x)$　　B. $f(x)g(a)>f(a)g(x)$

C. $f(x)g(x)>f(b)g(b)$　　D. $f(x)g(x)>f(a)g(a)$

(6) 已知函数 $f(x)=\begin{cases}x, & x\leqslant 0\\ \dfrac{1}{n}, & \dfrac{1}{n}<x\leqslant\dfrac{1}{n+1},n=1,2,\cdots\end{cases}$,则(　　)。

A. $x=0$ 是 $f(x)$的第一类间断点　　B. $x=0$ 是 $f(x)$的第二类间断点

C. $f(x)$在 $x=0$ 处连续但不可导　　D. $f(x)$在 $x=0$ 处可导

3. 设 $f(t)=\lim\limits_{x\to\infty}t\left(\dfrac{x+t}{x-t}\right)^{x}$,求 $f'(t)$。

4. 曲线 $y=\dfrac{1}{\sqrt{x}}$的切线与 x 轴和 y 轴围成一个图形,记切点的横坐标为 a。试求切线方程和这个图形的面积;当切线沿曲线趋于无穷远时,该面积的变化趋势如何?

第三章 微分中值定理与导数的应用

第二章从分析实际问题入手，引出了导数的概念，并讨论了导数的计算方法及微分。本章的主要内容是由导数的已知性质来推断函数所应具有的性质，并利用这些知识解决一些实际问题。为此，先要介绍微分学的基本定理，包括罗尔定理、拉格朗日中值定理、柯西中值定理、泰勒定理，它们是导数应用的理论基础，也是微分学的基础。

第一节 微分中值定理

一、罗尔定理

如图 3-1 所示，函数 $y=f(x)(x\in[a,b])$ 的图形是连续曲线弧 $\overset{\frown}{AB}$，此图形的两个端点纵坐标相等，即 $f(a)=f(b)$，且除端点外处处具有不垂直于 x 轴的切线。可以发现，在曲线弧的最高点 C 处或最低点 D 处，曲线有水平的切线。如果记 C 点的横坐标为 ξ，那么就有 $f'(\xi)=0$。

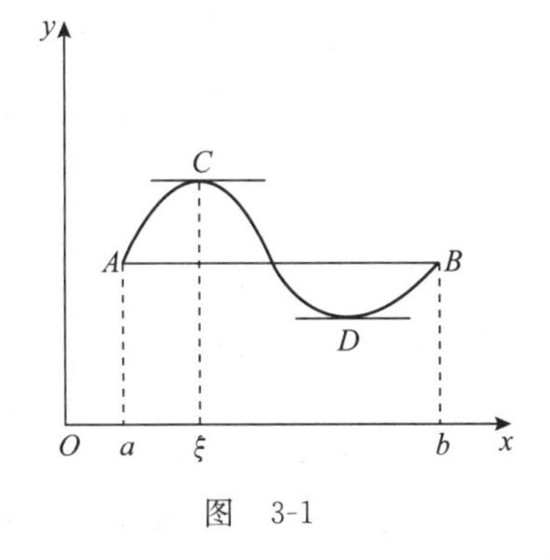

图 3-1

如果把这个几何现象描述出来，就可得到下面的罗尔定理。为方便讨论，先介绍费马定理。

定理 3-1（费马定理） 设函数 $f(x)$ 在 x_0 的某邻域 $U(x_0)$ 内有定义，并且在 x_0 处可导，若对任意 $x\in U(x_0)$，恒有

$$f(x)\leqslant f(x_0) \quad 或 \quad f(x)\geqslant f(x_0)$$

那么 $f'(x_0)=0$（见图 3-2）。

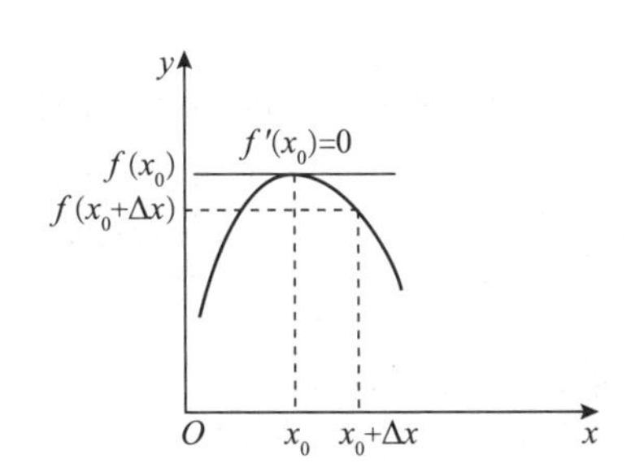

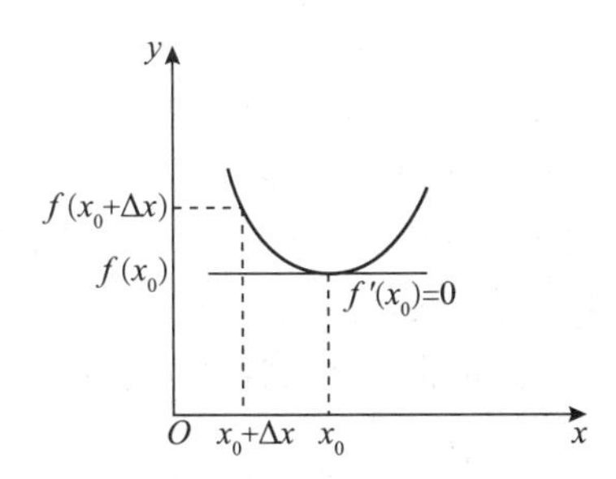

图 3-2

*证　不妨设 $x\in U(x_0)$ 时，$f(x)\leqslant f(x_0)$。于是，对于 $x+\Delta x\in U(x_0)$，有

$$f(x_0+\Delta x)-f(x_0)\leqslant 0$$

当 $\Delta x>0$ 时，

$$\frac{f(x_0+\Delta x)-f(x_0)}{\Delta x}\leqslant 0$$

当 $\Delta x<0$ 时，

$$\frac{f(x_0+\Delta x)-f(x_0)}{\Delta x}\geqslant 0$$

根据函数 $f(x)$ 在 x_0 处可导的条件及极限的保号性，有

$$f'(x_0)=f'_+(x_0)=\lim_{\Delta x\to 0^+}\frac{f(x_0+\Delta x)-f(x_0)}{\Delta x}\leqslant 0$$

$$f'(x_0)=f'_-(x_0)=\lim_{\Delta x\to 0^-}\frac{f(x_0+\Delta x)-f(x_0)}{\Delta x}\geqslant 0$$

所以得 $f'(x_0)=0$。

注意：如果 $f(x)\geqslant f(x_0)$，可以完全类似地证明定理结论成立。

通常称导数为零的点为函数的驻点(或稳定点、临界点)。

定理 3-2(罗尔定理)　如果函数 $f(x)$ 满足下列条件：

(1) 在闭区间 $[a,b]$ 上连续；

(2) 在开区间 (a,b) 内可导；

(3) 在区间端点处的函数值相等，即 $f(a)=f(b)$，则在 (a,b) 内至少存在一点 $\xi(a<\xi<b)$，使得

$$f'(\xi)=0$$

证　因为函数 $f(x)$ 在闭区间 $[a,b]$ 上连续，由闭区间上连续函数的最大值最小值定理可知，函数 $f(x)$ 在闭区间 $[a,b]$ 上必定取得最大值 M 和最小值 m。下面分两种情况进行证明。

(1) 当 $M=m$ 时，易知，在闭区间 $[a,b]$ 上 $f(x)\equiv C$，此处 $C=M=m$，即 $f(x)$ 为在闭区间 $[a,b]$ 上的常数函数，于是有 $f'(x_0)=0$，因此开区间 (a,b) 内任意一点均可作为 ξ，并且有 $f'(\xi)=0$。

(2) 当 $M>m$ 时，由于区间端点处的函数值相等，即 $f(a)=f(b)$，因此 M 和 m 中至少有一个不等于端点处的函数值，不妨设 $m\neq f(a)$，则在开区间 (a,b) 内至少存在一点 ξ，使 $f(\xi)=m$。因此，对闭区间 $[a,b]$ 内的任意一点 x 都有 $f(\xi)\leqslant f(x)$，由费马定理可知 $f'(\xi)=0$。

罗尔定理指出，在满足定理的条件下，方程 $f'(x_0)=0$ 在 (a,b) 内必有根，因此罗尔定理又是方程根的存在定理。

罗尔定理的几何意义：在满足定理三个条件的曲线 $y=f(x)$ 上，至少存在一点 C，使曲线在该点处具有水平的切线。

但应注意，定理的三个条件缺少任意一个，结论将不一定成立。

例如，$f(x)=\begin{cases}\dfrac{1}{2}x+1, & 0\leqslant x<1\\ 1, & x=1\end{cases}$；$g(x)=|x|(-1\leqslant x\leqslant 1)$；$h(x)=x(0\leqslant x\leqslant 1)$。

如图 3-3(a)、(b)、(c)所示，这三个函数分别在区间[0,1]，[-1,1]和[0,1]上不满足罗尔定理的条件(1)、(2)、(3)，由图 3-3 可知，它们都没有罗尔定理结论中的水平切线。

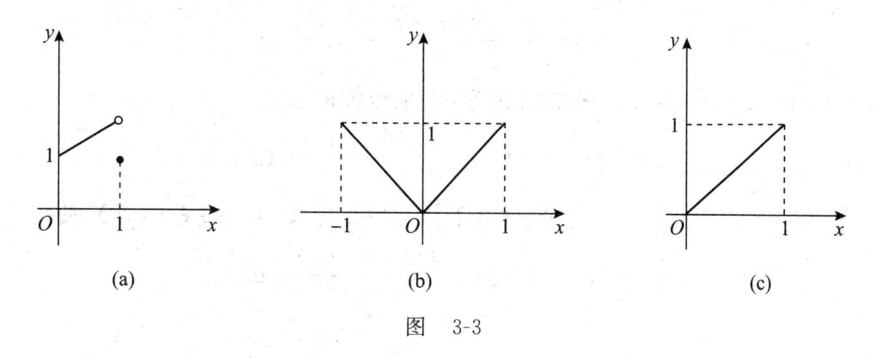

图　3-3

【例 3-1】　验证罗尔定理对函数 $f(x)=x^2-5x+4$ 在区间[1,4]上的正确性。

证　显然函数 $f(x)$ 在闭区间[1,4]上连续，在开区间(1,4)内可导，且 $f'(x)=2x-5$，又 $f(1)=f(4)=0$，即函数 $f(x)$ 满足罗尔定理的三个条件。在区间[1,4]内存在 $\xi=\frac{5}{2}$，使 $f'(\xi)=0$，罗尔定理的结论成立。

【例 3-2】　证明 $f(x)=x^4+4x+a$ 在[0,1]上不可能有两个零点。

证(反证法)　$f(x)$ 在[0,1]上有两个零点 x_1,x_2，不妨设 $x_1<x_2$，即

$$f(x_1)=f(x_2)=0$$

因此，$f(x)$ 在[0,1]上满足罗尔定理的三个条件，故存在 $\xi\in(x_1,x_2)$，使得

$$f'(\xi)=0$$

由于 $\xi\in(x_1,x_2)\subset[0,1]$，故 $f'(\xi)=4\xi^3+4>0$，矛盾。从而 $f(x)$ 在[0,1]上不可能有两个零点。

二、拉格朗日中值定理

如果函数满足罗尔定理的条件，它的几何意义也可以这样说：如果连续曲线弧 $\overset{\frown}{AB}$ 在两个端点处的纵坐标相等，且除端点外处处具有不垂直于 x 轴的切线，那么在这段弧上至少存在一点 C，使曲线在该点处具有平行于弦 AB 的切线。罗尔定理的条件(3)，很多函数不能满足，这个条件使它的应用受到了一定的限制，如果把此条件去掉，保留其余两个条件，那么由图 3-4 可以看到，当 $f(a)\neq f(b)$ 时，弦 AB 不再是水平直线，那么在 (a,b) 内是否存在切线平行于弦 AB 的点呢？下面的拉格朗日中值定理给出了结论。

定理 3-3(拉格朗日中值定理)　如果函数 $f(x)$ 满足条件：

(1) 在闭区间 $[a,b]$ 上连续；

(2) 在开区间 (a,b) 内可导，

则在区间 (a,b) 内至少存在一点 $\xi(a<\xi<b)$，使得

$$f'(\xi)=\frac{f(b)-f(a)}{b-a} \tag{3-1}$$

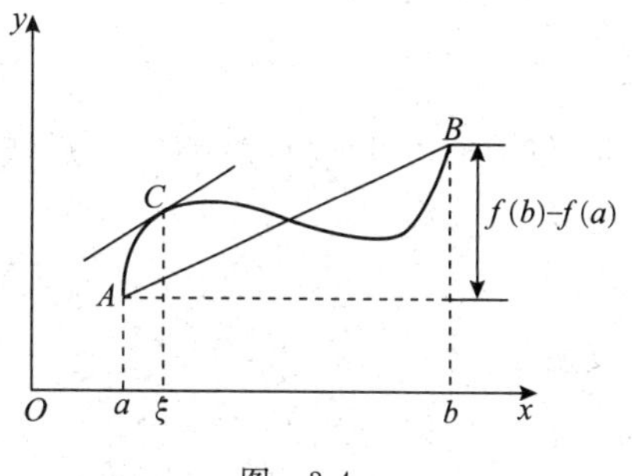

图　3-4

证　从 $f(x)$ 出发作辅助函数，使它满足罗尔定理的条件。由图 3-4 可以看出，弦 AB 所在的直线方程为

$$y=f(a)+\frac{f(b)-f(a)}{b-a}(x-a)$$

将 $x=a$，$x=b$ 代入某函数，要使函数值相等，于是作辅助函数

$$\varphi(x)=f(x)-f(a)-\frac{f(b)-f(a)}{b-a}(x-a)$$

显然，函数 $\varphi(x)$ 满足罗尔定理的条件，于是由罗尔定理，存在 $\xi\in(a,b)$，使得

$$\varphi'(\xi)=f'(\xi)-\frac{f(b)-f(a)}{b-a}=0$$

从而有

$$f'(\xi)=\frac{f(b)-f(a)}{b-a}$$

从图 3-4 可以看出，弦 AB 的斜率为 $\frac{f(b)-f(a)}{b-a}$，恰好等于点 $C(\xi,f(\xi))$ 处切线的斜率 $f'(\xi)$，这也说明了点 $C(\xi,f(\xi))$ 处的切线恰好平行于弦 AB，这样的点可能不止一个。显然，当两个端点处的纵坐标相等时，拉格朗日中值定理就变为罗尔定理。可见，罗尔定理是拉格朗日中值定理的特殊情形。

拉格朗日中值定理的几何意义：在满足定理条件的曲线 $y=f(x)$ 上至少存在一点 C，曲线在该点处的切线平行于曲线两端点的连线 AB（见图 3-4）。

定理的结论称为拉格朗日公式，即公式(3-1)。

拉格朗日公式还有下面几种等价形式，供读者在不同场合选用。

$$f(b)-f(a)=f'(\xi)(b-a),\quad a<\xi<b \tag{3-2}$$

$$f(b)-f(a)=f'[a+\theta(b-a)](b-a),\quad 0<\theta<1 \tag{3-3}$$

$$f(a+h)-f(a)=f'(a+\theta h)h,\quad 0<\theta<1 \tag{3-4}$$

需要注意的是，拉格朗日中值定理无论对 $a<b$ 还是 $b<a$ 都成立，而 ξ 则是介于 a 与 b 之间的某一定式，而公式(3-3)、公式(3-4)的特点在于把中值点 ξ 表示成了 $a+\theta(b-a)$，使得不论 a,b 为何值，θ 总可为小于 1 的某一正数。

【例 3-3】　证明当 $x>0$ 时，$\frac{x}{1+x}<\ln(1+x)<x$。

证　设 $f(t)=\ln(1+t)$，则 $f(t)$ 在闭区间 $[0,x]$ 上连续，在开区间 $(0,x)$ 内可导，且 $f'(t)=\frac{1}{1+t}$，由拉格朗日中值定理，在 $(0,x)$ 内至少存在一点 ξ，使得

$$f(x)-f(0)=f'(\xi)(x-0)$$

将 $f(t)=\ln(1+t)$，$f(0)=0$，$f'(\xi)=\frac{1}{1+\xi}$ 代入上式，有

$$\ln(1+x)=\frac{x}{1+\xi}$$

又由 $0<\xi<x$，有

$$\frac{x}{1+x}<\frac{x}{1+\xi}<x$$

即

$$\frac{x}{1+x}<\ln(1+x)<x,\quad x>0$$

拉格朗日中值定理有下面两个重要推论。

推论 1　如果函数 $f(x)$ 在区间 I 上的导数恒为零，则 $f(x)$ 在区间 I 上是一个常数。

证　任取 $x_1,x_2\in I$，则函数 $f(x)$ 在以 x_1 和 x_2 为端点的区间上满足拉格朗日中值定理的条件，故由公式(3-1)，得

$$f(x_2)-f(x_1)=f'(\xi)(x_2-x_1)$$

其中，ξ 介于 x_1 与 x_2 之间。由假设知 $f'(\xi)=0$，于是有 $f(x_2)-f(x_1)=0$，即

$$f(x_1)=f(x_2)$$

由 x_1 和 x_2 是 I 上任意两点，函数 $f(x)$ 在区间 I 上为常数。

推论 2　如果函数 $f(x)$ 和 $g(x)$ 在区间 I 上任一点的导数都相等，即 $f'(x)\equiv g'(x)$，则 $f(x)$ 和 $g(x)$ 在区间 I 上只相差一个常数，即 $f(x)=g(x)+C$，其中，C 为常数。

证　由假设知，任取 $x\in I$，都有 $f'(x)\equiv g'(x)$，即 $f'(x)-g'(x)=0$，进一步可写成

$$[f(x)-g(x)]'=0$$

由推论 1 可得

$$f(x)-g(x)=C$$

或

$$f(x)=g(x)+C$$

其中，C 为常数。

【例 3-4】　证明 $\arcsin x+\arccos x=\frac{\pi}{2},x\in(-1,1)$。

证　任取 $x\in(-1,1)$，有

$$(\arcsin x+\arccos x)'=\frac{1}{\sqrt{1-x^2}}-\frac{1}{\sqrt{1-x^2}}=0$$

由推论 1，有

$$\arcsin x+\arccos x=C$$

其中，C 为常数。

在 $(-1,1)$ 内任取一点，例如，取 $x=0$，有

$$\arcsin 0+\arccos 0=\frac{\pi}{2}=C$$

于是有

$$\arcsin x+\arccos x=\frac{\pi}{2},\quad x\in(-1,1)$$

三、柯西中值定理

如果拉格朗日中值定理中，连续曲线弧 $\overset{\frown}{AB}$ 是由参数方程

$$\begin{cases}x=\varphi(t)\\ y=\psi(t)\end{cases},\quad a\leqslant t\leqslant b$$

表示,其中 t 为参数,则曲线上点 C 处的切线的斜率为

$$\frac{\mathrm{d}y}{\mathrm{d}x}=\frac{\psi'(t)}{\varphi'(t)}$$

弦 AB 的斜率为

$$\frac{\psi(b)-\psi(a)}{\varphi(b)-\varphi(a)}$$

假定点 C 对应于参数 $t=\xi$,那么曲线上点 C 处的切线平行于弦 AB,可表示为

$$\frac{\psi'(\xi)}{\varphi'(\xi)}=\frac{\psi(b)-\psi(a)}{\varphi(b)-\varphi(a)}$$

这是拉格朗日中值定理中函数在参数方程形式下的表达形式,即一个形式更一般化的微分中值定理,内容如下。

定理 3-4(柯西中值定理) 如果函数 $f(x)$,$g(x)$满足

(1) 在闭区间$[a,b]$上连续;

(2) 在开区间(a,b)内可导;

(3) 在开区间(a,b)内 $g'(x)\neq 0$,

则在区间(a,b)内至少存在一点 $\xi(a<\xi<b)$,使得

$$\frac{f(b)-f(a)}{g(b)-g(a)}=\frac{f'(\xi)}{g'(\xi)}$$

***证** 首先证明 $g(b)-g(a)\neq 0$。反证,假设 $g(b)-g(a)=0$,即 $g(b)=g(a)$,由罗尔定理,在(a,b)内至少存在一点 η,使得 $g'(\eta)=0$,与已知条件矛盾。

作辅助函数

$$h(x)=f(x)-f(a)-\frac{f(b)-f(a)}{g(b)-g(a)}[g(x)-g(a)]$$

易知,$h(x)$在$[a,b]$上连续,在(a,b)内可导,且

$$h'(x)=f'(x)-\frac{f(b)-f(a)}{g(b)-g(a)}\cdot g'(x)$$

又 $h(a)=h(b)=0$,即 $h(x)$在$[a,b]$满足罗尔定理的条件,于是由罗尔定理,在(a,b)内至少存在一点 ξ,使得 $h'(\xi)=0$,于是有

$$h'(\xi)=f'(\xi)-\frac{f(b)-f(a)}{g(b)-g(a)}\cdot g'(\xi)=0$$

即

$$\frac{f(b)-f(a)}{g(b)-g(a)}=\frac{f'(\xi)}{g'(\xi)}$$

在柯西中值定理中,如果令 $g(x)=x$,那么柯西中值定理就变为拉格朗日中值定理,也就是说,柯西中值定理是拉格朗日中值定理的推广形式。

习题 3.1

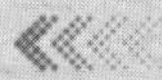

1. 验证 $f(x)=x^2-4x+3$ 在区间$[1,3]$上满足罗尔定理条件,并求出定理结论中的 ξ。

2. 验证拉格朗日中值定理对函数 $f(x)=\cos x$ 在$\left[0,\frac{\pi}{2}\right]$上的正确性。

3. 证明下列不等式。

(1) 当 $x>1$ 时，$e^x>e\cdot x$；　　(2) $|\sin x-\sin y|\leqslant|x-y|$；

(3) 当 $a>b>0,n>1$ 时，$nb^{n-1}(a-b)<a^n-b^n<na^{n-1}(a-b)$。

4. 证明。

(1) $\arctan x+\operatorname{arccot} x=\dfrac{\pi}{2},x\in(-\infty,+\infty)$；

(2) $\arcsin x=\arctan\dfrac{x}{\sqrt{1-x^2}},x\in(-1,1)$。

5. 试证方程 $x^3-3x^2+C=0$(C 为常数)在区间(0,1)内不可能有两个不同的实根。

6. 已知 $c_0+\dfrac{c_1}{2}+\cdots+\dfrac{c_n}{n+1}=0$，证明：$p(x)=c_0+c_1x+c_2x^2+\cdots+c_nx^n=0$ 至少有一个正实根。

第二节　泰勒中值定理

多项式函数是各类函数中最简单的一种，用多项式逼近函数是近似计算和理论分析的一个重要内容。

在学习导数和微分概念时已经知道，当 $f(x)$ 在 x_0 的某邻域可导时，有

$$f(x)=f(x_0)+f'(x_0)(x-x_0)+o(x-x_0)$$

即在 x_0 附近，用一次多项式 $p_1(x)=f(x_0)+f'(x_0)(x-x_0)$ 逼近函数 $f(x)$ 时，其误差为 $o(x-x_0)$。然而，在很多场合，取一次多项式逼近是不够的，往往需要用二次或高于二次的多项式去逼近，并要求误差为 $o[(x-x_0)^n]$，其中，n 为多项式次数。为此，有如下的 n 次多项式：

$$p_n(x)=a_0+a_1(x-x_0)+\cdots+a_n(x-x_0)^n$$

为使 $p_n(x)=a_0+a_1(x-x_0)+\cdots+a_n(x-x_0)^n$ 与 $f(x)$ 在点 x_0 处具有相同的各阶导数值，显然：

$$a_0=p_n(x_0),a_1=\frac{p_n'(x_0)}{1!},a_2=\frac{p_n''(x_0)}{2!},\cdots,a_n=\frac{p_n^{(n)}(x_0)}{n!}$$

这个多项式的系数由其各阶导数在 x_0 处的取值唯一确定。

定理 3-5(泰勒中值定理 1)　设函数 $f(x)$ 在含有 x_0 的某个开区间 (a,b) 内具有直到 $n+1$ 阶导数，则对开区间 (a,b) 内的任意一点 x，都有等式

$$f(x)=f(x_0)+f'(x_0)(x-x_0)+\frac{f''(x_0)}{2!}(x-x_0)^2+\cdots+\frac{f^{(n)}(x_0)}{n!}(x-x_0)^n+R_n(x) \tag{3-5}$$

其中，$R_n(x)=\dfrac{f^{(n+1)}(\xi)}{(n+1)!}(x-x_0)^{n+1}$($\xi$ 介于 x_0 与 x 之间)称为拉格朗日余项。

$p_n(x)=f(x_0)+f'(x_0)(x-x_0)+\dfrac{f''(x_0)}{2!}(x-x_0)^2+\cdots+\dfrac{f^{(n)}(x_0)}{n!}(x-x_0)^n$ 为 $f(x)$ 在 x_0 处的 n 次泰勒多项式。

公式(3-5)称为带有拉格朗日余项的泰勒公式。

由 $R_n(x)=\dfrac{f^{(n+1)}(\xi)}{(n+1)!}(x-x_0)^{n+1}$($\xi$ 介于 x_0 与 x 之间)可知,$R_n(x)=o[(x-x_0)^n]$,于是又得到如下定理。

定理 3-6(泰勒中值定理 2)　设函数 $f(x)$ 在点 x_0 处具有直到 n 阶导数,则有等式

$$f(x)=f(x_0)+f'(x_0)(x-x_0)+\frac{f''(x_0)}{2!}(x-x_0)^2+\cdots+\frac{f^{(n)}(x_0)}{n!}(x-x_0)^n+o[(x-x_0)^n] \tag{3-6}$$

其中,$R_n(x)=o[(x-x_0)^n]$称为皮亚诺余项,公式(3-6)称为带有皮亚诺余项的泰勒公式。

在公式(3-5)中,令 $n=0$,则有

$$f(x)=f(x_0)+f'(\xi)(x-x_0),\quad \xi\text{ 介于 }x_0\text{ 与 }x\text{ 之间}$$

这就是拉格朗日中值定理。以后用得较多的是公式(3-5)、公式(3-6)在 $x_0=0$ 时的特殊形式。

在泰勒公式(3-5)中,当 $x_0=0$ 时,有

$$f(x)=f(0)+f'(0)x+\frac{f''(0)}{2!}x^2+\cdots+\frac{f^{(n)}(0)}{n!}x^n+\frac{f^{(n+1)}(\theta x)}{(n+1)!}x^{n+1},0<\theta<1 \tag{3-7}$$

称为带有拉格朗日余项的麦克劳林公式。

在泰勒公式(3-6)中,当 $x_0=0$ 时,有

$$f(x)=f(0)+f'(0)x+\frac{f''(0)}{2!}x^2+\cdots+\frac{f^{(n)}(0)}{n!}x^n+o(x^n) \tag{3-8}$$

称为带有皮亚诺余项的麦克劳林公式。

数学中,泰勒公式是一个用函数在某点的信息描述其附近取值的公式。如果函数足够光滑,在已知函数某一点的各阶导数值的情况之下,泰勒公式可以用这些导数值的相应倍数作为系数,构建一个多项式来近似函数在这一点的邻域中的值。带拉格朗日余项的泰勒公式还给出了这个多项式和实际的函数值之间的偏差。

【例 3-5】　验证下列函数的麦克劳林公式。

(1) $e^x=1+x+\dfrac{x^2}{2!}+\cdots+\dfrac{x^n}{n!}+o(x^n)$;

(2) $\sin x=x-\dfrac{x^3}{3!}+\dfrac{x^5}{5!}+\cdots+(-1)^{m-1}\dfrac{x^{2m-1}}{(2m-1)!}+o(x^{2m})$;

(3) $\cos x=1-\dfrac{x^2}{2!}+\dfrac{x^4}{4!}+\cdots+(-1)^m\dfrac{x^{2m}}{(2m)!}+o(x^{2m+1})$;

(4) $\ln(1+x)=x-\dfrac{x^2}{2}+\dfrac{x^3}{3}+\cdots+(-1)^{n-1}\dfrac{x^n}{n}+o(x^n)$;

(5) $(1+x)^\alpha=1+\alpha x+\dfrac{\alpha(\alpha-1)x^2}{2!}+\cdots+\dfrac{\alpha(\alpha-1)\cdots(\alpha-n+1)x^n}{n!}+o(x^n)$;

(6) $\dfrac{1}{1-x}=1+x+x^2+\cdots+x^n+o(x^n)$。

证　这里只验证其中两个公式,其余请读者自行证明。

(1) 设 $f(x)=e^x$,由于 $f(x)=f'(x)=f''(x)=\cdots=f^{(n)}(x)=e^x$,

$$f(0)=f'(0)=f''(0)=\cdots=f^{(n)}(0)=e^0=1$$

代入公式(3-8),有

$$e^x=1+x+\frac{x^2}{2!}+\cdots+\frac{x^n}{n!}+o(x^n)$$

(2) 设 $f(x)=\sin x$,由于 $f^{(n)}(x)=\sin\left(x+\frac{n\pi}{2}\right)(n=1,2,\cdots)$。$f(0)=0$,

$$f^{(k)}(0)=\sin\frac{k\pi}{2}=\begin{cases}0, & k=2m\\(-1)^{m-1}, & k=2m-1\end{cases}\quad(m=1,2,\cdots)$$

代入公式(3-8),有

$$\sin x=x-\frac{x^3}{3!}+\frac{x^5}{5!}+\cdots+(-1)^{m-1}\cdot\frac{x^{2m-1}}{(2m-1)!}+o(x^{2m})$$

利用上述麦克劳林公式,可间接求得其他一些函数的麦克劳林公式或泰勒公式,还可用来求某种类型的极限。

【例 3-6】 求极限$\lim\limits_{x\to 0}\frac{e^x+e^{-x}-2}{x^2}(a>0)$。

解　由例 3-5 得 $e^x=1+x+\frac{x^2}{2!}+o(x^2)$;$e^{-x}=1-x+\frac{x^2}{2!}+o(x^2)$,所以 $e^x+e^{-x}-2=x^2+o(x^2)$,则有$\lim\limits_{x\to 0}\frac{e^x+e^{-x}-2}{x^2}=\lim\limits_{x\to 0}\frac{x^2+o(x^2)}{x^2}=1$。

【例 3-7】 把例 3-5 中的六个麦克劳林公式改写成带有拉格朗日余项的形式。

解　(1) $f(x)=e^x$,由 $f^{(n+1)}(x)=e^x$,得到

$$e^x=1+x+\frac{x^2}{2!}+\cdots+\frac{x^n}{n!}+\frac{e^{\theta x}x^{n+1}}{(n+1)!},\quad 0<\theta<1,x\in(-\infty,+\infty)$$

(2) $f(x)=\sin x$,由 $f^{(2m+1)}(x)=\sin\left(x+\frac{2m+1}{2}\pi\right)=(-1)^m\cos x$,得到

$$\sin x=x-\frac{x^3}{3!}+\frac{x^5}{5!}+\cdots+(-1)^{m-1}\frac{x^{2m-1}}{(2m-1)!}+(-1)^m\frac{\cos\theta x}{(2m+1)!}x^{2m+1},0<\theta<1,$$

$x\in(-\infty,+\infty)$

(3) 类似 $\sin x$,可得

$$\cos x=1-\frac{x^2}{2!}+\frac{x^4}{4!}+\cdots+(-1)^m\frac{x^{2m}}{(2m)!}+(-1)^{m+1}\frac{\cos\theta x}{(2m+2)!}x^{2m+2},\quad x\in\mathbf{R},\theta\in(0,1)$$

(4) $f(x)=\ln(1+x)$,由 $f^{(n+1)}(x)=(-1)^n n!$,得到

$$\ln(1+x)=x-\frac{x^2}{2}+\frac{x^3}{3}+\cdots+(-1)^{n-1}\frac{x^n}{n}+(-1)^n\frac{x^{n+1}}{(n+1)(1+\theta x)^{n+1}},x>-1,$$

$\theta\in(0,1)$

(5) $f(x)=(1+x)^\alpha$,由 $f^{(n+1)}(x)=\alpha(\alpha-1)\cdots(\alpha-n)(1+x)^{\alpha-n-1}$,得到

$$(1+x)^\alpha=1+\alpha x+\frac{\alpha(\alpha-1)x^2}{2!}+\cdots+\frac{\alpha(\alpha-1)\cdots(\alpha-n+1)x^n}{n!}+$$
$$\frac{\alpha(\alpha-1)\cdots(\alpha-n)}{(n+1)!}(1+\theta x)^{\alpha-n-1}x^{n+1},\quad x>-1,\quad \theta\in(0,1)$$

(6) $f(x)=\frac{1}{1-x}$,由 $f^{(n+1)}(x)=\frac{(n+1)!}{(1-x)^{n+2}}$,得到

$$\frac{1}{1-x}=1+x+x^2+\cdots+x^n+\frac{x^{n+1}}{(1-\theta x)^{n+2}},\quad x<1,\theta\in(0,1)$$

【例 3-8】 求 e 精确到 0.0000001 的近似值。

解

$$e=1+1+\frac{1}{2!}+\frac{1}{3!}+\cdots+\frac{1}{n!}+\frac{e^{\xi}}{(n+1)!},\quad 0<\xi<1$$

注意到 $0<\xi<1$，则 $0<e^{\xi}<e<3$ 有 $|R_n(1)|\leqslant\frac{3}{(n+1)!}$。为使 $\frac{3}{(n+1)!}<0.0000001$，只要取 $n\geqslant 9$。现取 $n=9$，即得数 e 的精确到 0.0000001 的近似值为

$$e\approx 1+1+\frac{1}{2!}+\frac{1}{3!}+\cdots+\frac{1}{9!}\approx 2.718281$$

习题 3.2

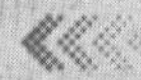

1. 将函数 $f(x)=x^3+3x^2+2x+4$ 展开为 $x+1$ 的多项式。
2. 写出函数 $f(x)=\cos x$ 的 n 阶麦克劳林公式。
3. 写出函数 $f(x)=\ln(1+x)$ 的 n 阶麦克劳林公式。
4. 应用三次泰勒多项式计算 $\sqrt{e}$ 的近似值，并估计误差。
5. 用泰勒展开式求极限 $\lim\limits_{x\to 0}\frac{\cos x-e^{\frac{x^2}{2}}}{x^4}$。

第三节　洛必达法则

在第一章学习无穷小的比较时，遇到过两个无穷小(大)之比的极限。这种极限值可能存在，也可能不存在。因此，把两个无穷小或两个无穷大之比的极限统称为未定式，分别记为 $\frac{0}{0}$ 型未定式或 $\frac{\infty}{\infty}$ 型未定式。除这两种未定式外，其他形式的未定式还有 $0\cdot\infty$、$\infty-\infty$、0^0、1^{∞}、∞^0。下面以导数为工具研究未定式的极限问题，这个方法通常称为洛必达法则。

一、$\frac{0}{0}$ 型未定式

关于 $x\to x_0$ 时的 $\frac{0}{0}$ 型未定式有如下定理。

定理 3-7 设

(1) 当 $x\to x_0$ 时，函数 $f(x)$ 与 $F(x)$ 都趋于零；

(2) 在点 x_0 的某去心邻域内，$f'(x)$ 与 $F'(x)$ 都存在，且 $F'(x)\neq 0$；

(3) $\lim\limits_{x\to x_0}\frac{f'(x)}{F'(x)}=A$(或 ∞)，

那么

$$\lim_{x\to x_0}\frac{f(x)}{F(x)}=\lim_{x\to x_0}\frac{f'(x)}{F'(x)}$$

定理 3-7 所给的解决$\frac{0}{0}$型未定式极限问题的方法称为洛必达法则。

*证　由于$\lim\limits_{x\to x_0}\frac{f(x)}{F(x)}$与 $f(x_0)$及 $F(x_0)$无关，而定理的条件中并没有说明 $f(x)$与 $F(x)$在点 x_0 的情况，可以对其补充或改变定义，令 $f(x_0)=F(x_0)=0$，这样做不会影响 $\lim\limits_{x\to x_0}\frac{f(x)}{F(x)}$。由条件(1)、(2) 可知，$f(x)$与 $F(x)$在点 x_0 的某邻域内连续。在该邻域内任取一点 x，则 $f(x)$与 $F(x)$在以 x_0 及 x 为端点的区间上满足柯西中值定理的条件，于是由柯西中值定理有

$$\frac{f(x)-f(x_0)}{F(x)-F(x_0)}=\frac{f'(\xi)}{F'(\xi)},\quad \xi\text{ 介于 }x_0\text{ 与 }x\text{ 之间}$$

将 $f(x_0)=F(x_0)=0$ 代入上式有

$$\frac{f(x)}{F(x)}=\frac{f'(\xi)}{F'(\xi)}$$

于是有

$$\lim_{x\to x_0}\frac{f(x)}{F(x)}=\lim_{x\to x_0}\frac{f'(\xi)}{F'(\xi)}=\lim_{\xi\to x_0}\frac{f'(\xi)}{F'(\xi)}$$

即

$$\lim_{x\to x_0}\frac{f(x)}{F(x)}=\lim_{x\to x_0}\frac{f'(x)}{F'(x)}$$

【例 3-9】　求$\lim\limits_{x\to 0}\frac{e^x-1}{\sin x}$。

解　所求极限为$\frac{0}{0}$型，由洛必达法则有$\lim\limits_{x\to 0}\frac{e^x-1}{\sin x}=\lim\limits_{x\to 0}\frac{e^x-0}{\cos x}=1$。

如果$\lim\limits_{x\to x_0}\frac{f'(x)}{F'(x)}$仍属于 $x\to x_0$ 时的$\frac{0}{0}$型极限，且 $f'(x)$、$F'(x)$满足定理 3-7 的条件，则可对其应用洛必达法则，有

$$\lim_{x\to x_0}\frac{f(x)}{F(x)}=\lim_{x\to x_0}\frac{f'(x)}{F'(x)}=\lim_{x\to x_0}\frac{f''(x)}{F''(x)}$$

以此类推，可得

$$\lim_{x\to x_0}\frac{f(x)}{F(x)}=\lim_{x\to x_0}\frac{f'(x)}{F'(x)}=\lim_{x\to x_0}\frac{f''(x)}{F''(x)}=\lim_{x\to x_0}\frac{f'''(x)}{F'''(x)}=\cdots$$

需要注意的是，每次应用洛必达法则时，都需验证其是否满足定理 3-7 的条件。

【例 3-10】　求$\lim\limits_{x\to 0}\frac{x-\sin x}{x^2}$。

解

$$\lim_{x\to 0}\frac{x-\sin x}{x^2}=\lim_{x\to 0}\frac{1-\cos x}{2x}=\lim_{x\to 0}\frac{\sin x}{2}=0$$

【例 3-11】　求$\lim\limits_{x\to 1}\frac{x^4-6x^2+8x-3}{x^3-3x^2+3x-1}$。

解

$$\lim_{x\to 1}\frac{x^4-6x^2+8x-3}{x^3-3x^2+3x-1}=\lim_{x\to 1}\frac{4x^3-12x+8}{3x^2-6x+3}=\lim_{x\to 1}\frac{12x^2-12}{6x-6}=\lim_{x\to 1}\frac{24x}{6}=4$$

【例 3-12】 求$\lim\limits_{x\to 0}\dfrac{1-\dfrac{\sin x}{x}}{1-\cos x}$。

解
$$\lim_{x\to 0}\frac{1-\dfrac{\sin x}{x}}{1-\cos x}=\lim_{x\to 0}\frac{x-\sin x}{x(1-\cos x)}$$

由于当 $x\to 0$ 时,$1-\cos x\sim\dfrac{x^2}{2}$,因此

$$\lim_{x\to 0}\frac{x-\sin x}{x(1-\cos x)}=\lim_{x\to 0}\frac{x-\sin x}{\dfrac{x^3}{2}}=2\lim_{x\to 0}\frac{1-\cos x}{3x^2}=2\lim_{x\to 0}\frac{\dfrac{x^2}{2}}{3x^2}=\frac{1}{3}$$

【例 3-13】 求$\lim\limits_{x\to 0}\dfrac{\tan x-x}{x^3}$。

解 方法一

$$\lim_{x\to 0}\frac{\tan x-x}{x^3}=\lim_{x\to 0}\frac{\sec^2 x-1}{3x^2}=\lim_{x\to 0}\frac{2\sec^2 x\tan x}{6x}$$
$$=\lim_{x\to 0}\frac{4\sec^2 x\tan^2 x+2\sec^4 x}{6}=\frac{1}{3}$$

方法二

$$\lim_{x\to 0}\frac{\tan x-x}{x^3}=\lim_{x\to 0}\frac{\sec^2 x-1}{3x^2}=\lim_{x\to 0}\frac{\sec x-1}{3x^2}\cdot\lim_{x\to 0}(\sec x+1)$$
$$=\lim_{x\to 0}\frac{1-\cos x}{3x^2\cos x}\cdot 2=2\lim_{x\to 0}\frac{\dfrac{1}{2}x^2}{3x^2\cos x}=\frac{1}{3}$$

使用洛必达法则前先整理求极限的函数,可以简化求导运算。如利用无穷小等价代换、进行代数运算等方法,都可以有效地简化求导运算。

对于自变量 x 的其他变化趋势的$\dfrac{0}{0}$型未定式,也有相应的洛必达法则。下面仅对于$x\to\infty$时的$\dfrac{0}{0}$型给出推论。

推论 设

(1) 当 $x\to\infty$时,函数 $f(x)$与 $F(x)$都趋于零;

(2) $\exists M>0$,当$|x|>M$ 时,$f'(x)$与 $F'(x)$都存在,且 $F'(x)\neq 0$;

(3) $\lim\limits_{x\to\infty}\dfrac{f'(x)}{F'(x)}=A$(或$\infty$),

那么

$$\lim_{x\to\infty}\frac{f(x)}{F(x)}=\lim_{x\to\infty}\frac{f'(x)}{F'(x)}$$

【例 3-14】 求$\lim\limits_{x\to-\infty}\dfrac{\dfrac{\pi}{2}+\arctan x}{\dfrac{1}{x}}$。

解
$$\lim_{x\to-\infty}\frac{\frac{\pi}{2}+\arctan x}{\frac{1}{x}}=\lim_{x\to-\infty}\frac{\frac{1}{1+x^2}}{-\frac{1}{x^2}}=\lim_{x\to-\infty}\frac{-x^2}{1+x^2}=-1$$

二、$\frac{\infty}{\infty}$型未定式

对于 $x\to x_0$ 时的$\frac{\infty}{\infty}$型未定式，有以下定理。

定理 3-8　设

(1) 当 $x\to x_0$ 时，函数 $f(x)$与 $F(x)$都趋于无穷大；

(2) 在点 x_0 的某去心邻域内，$f'(x)$与 $F'(x)$都存在，且 $F'(x)\neq 0$；

(3) $\lim\limits_{x\to x_0}\frac{f'(x)}{F'(x)}=A$(或$\infty$)，

那么

$$\lim_{x\to x_0}\frac{f(x)}{F(x)}=\lim_{x\to x_0}\frac{f'(x)}{F'(x)}$$

【例 3-15】　求$\lim\limits_{x\to\frac{\pi}{2}}\frac{\tan x}{\tan 3x}$。

解
$$\lim_{x\to\frac{\pi}{2}}\frac{\tan x}{\tan 3x}=\lim_{x\to\frac{\pi}{2}}\frac{\sec^2 x}{3\sec^2 3x}=\frac{1}{3}\lim_{x\to\frac{\pi}{2}}\frac{\cos^2 3x}{\cos^2 x}$$
$$=\frac{1}{3}\lim_{x\to\frac{\pi}{2}}\frac{-6\cos 3x\sin 3x}{-2\cos x\sin x}=\lim_{x\to\frac{\pi}{2}}\frac{\sin 6x}{\sin 2x}=\lim_{x\to\frac{\pi}{2}}\frac{6\cos 6x}{2\cos 2x}=3$$

推论　设

(1) 当 $x\to\infty$时，函数 $f(x)$与 $F(x)$都趋于无穷大；

(2) $\exists M>0$，当 $|x|>M$ 时，$f'(x)$与 $F'(x)$都存在，且 $F'(x)\neq 0$；

(3) $\lim\limits_{x\to\infty}\frac{f'(x)}{F'(x)}=A$(或$\infty$)，

那么

$$\lim_{x\to\infty}\frac{f(x)}{F(x)}=\lim_{x\to\infty}\frac{f'(x)}{F'(x)}$$

【例 3-16】　求 $\lim\limits_{x\to+\infty}\frac{\ln x}{x^\alpha}(\alpha>0)$。

解　所求极限为$\frac{\infty}{\infty}$型，由洛必达法则有

$$\lim_{x\to+\infty}\frac{\ln x}{x^\alpha}=\lim_{x\to+\infty}\frac{\frac{1}{x}}{\alpha x^{\alpha-1}}=\lim_{x\to+\infty}\frac{1}{\alpha x^\alpha}=0$$

在用洛必达法则求未定型时，应注意以下几点。

(1) 在$\frac{0}{0}$型或$\frac{\infty}{\infty}$型未定型中，$\lim\frac{f'(x)}{F'(x)}$不存在，不能断言 $\lim\frac{f(x)}{F(x)}$不存在。例如，$\lim\limits_{x\to\infty}\frac{\sin x-x}{x}=-1$，但若用洛必达法则，$\lim\limits_{x\to\infty}\frac{(\sin x-x)'}{x'}=\lim\limits_{x\to\infty}\frac{\cos x-1}{1}$，极限不存在。

(2) 连续多次使用洛比达法则时，每次都要检查是否满足定理条件。只有未定型才能用洛必达法则，否定会得到荒谬的结果。例如

$$\lim_{x\to\infty}\frac{x-\sin x}{x+\sin x}=\lim_{x\to\infty}\frac{1-\cos x}{1+\cos x}=\lim_{x\to\infty}\left(-\frac{\sin x}{\sin x}\right)=-1$$

事实上

$$\lim_{x\to\infty}\frac{x-\sin x}{x+\sin x}=\lim_{x\to\infty}\frac{1-\frac{\sin x}{x}}{1+\frac{\sin x}{x}}=1$$

(3) 谁放分子，谁放分母是有讲究的，例如

$$\lim_{x\to+\infty}x\mathrm{e}^{-x}=\lim_{x\to+\infty}\frac{\mathrm{e}^{-x}}{\frac{1}{x}}=\lim_{x\to+\infty}\frac{-\mathrm{e}^{-x}}{-\frac{1}{x^2}}=\cdots$$

就不能得到任何结果。

(4) 极限存在的因子可先分离出来。

(5) 运用洛必达法则常结合等价无穷小代换。

三、其他类型的未定式

除$\frac{0}{0}$型和$\frac{\infty}{\infty}$型未定式以外的其他形式的未定式，均可化为这两种形式再进行计算，下面我们看几个例子。

【例 3-17】 求$\lim\limits_{x\to0^+}x\ln x$。(未定式 $0\cdot\infty$)

解
$$\lim_{x\to0^+}x\ln x=\lim_{x\to0^+}\frac{\ln x}{\frac{1}{x}}=\lim_{x\to0^+}\frac{\frac{1}{x}}{-\frac{1}{x^2}}=\lim_{x\to0^+}(-x)=0$$

【例 3-18】 求$\lim\limits_{x\to0}\left(\frac{1}{x}-\frac{1}{\sin x}\right)$。(未定式$\infty-\infty$)

解 $\lim\limits_{x\to0}\left(\frac{1}{x}-\frac{1}{\sin x}\right)=\lim\limits_{x\to0}\frac{\sin x-x}{x\sin x}=\lim\limits_{x\to0}\frac{\sin x-x}{x^2}=\lim\limits_{x\to0}\frac{\cos x-1}{2x}=\lim\limits_{x\to0}\frac{-\sin x}{2}=0$

【例 3-19】 求$\lim\limits_{x\to0^+}x^x$。(未定式 0^0)

解 应用例 3-17 的结果可知

$$\lim_{x\to0^+}x\ln x=0$$

于是有

$$\lim_{x\to0^+}x^x=\lim_{x\to0^+}\mathrm{e}^{\ln x^x}=\lim_{x\to0^+}\mathrm{e}^{x\ln x}=\mathrm{e}^{\lim\limits_{x\to0^+}x\ln x}=\mathrm{e}^0=1$$

【例 3-20】 求$\lim\limits_{x\to 1}x^{\frac{1}{x-1}}$。(未定式 1^{∞})

解
$$\lim_{x\to 1}x^{\frac{1}{x-1}}=\lim_{x\to 1}e^{\frac{\ln x}{x-1}}=e^{\lim\limits_{x\to 1}\frac{\ln x}{x-1}}=e^{\lim\limits_{x\to 1}\frac{1}{x}}=e$$

【例 3-21】 求$\lim\limits_{x\to 0^+}\left(\ln\dfrac{1}{x}\right)^x$。(未定式$\infty^0$)

解
$$\lim_{x\to 0^+}\left(\ln\frac{1}{x}\right)^x=\lim_{x\to 0^+}e^{x\ln\left(\ln\frac{1}{x}\right)}=e^{\lim\limits_{x\to 0^+}\frac{\ln\left(\ln\frac{1}{x}\right)}{\frac{1}{x}}}=e^{\lim\limits_{x\to 0^+}\frac{\frac{x}{\ln\frac{1}{x}}\left(-\frac{1}{x^2}\right)}{-\frac{1}{x^2}}}=e^{\lim\limits_{x\to 0^+}\frac{x}{-\ln x}}=e^0=1$$

注意:当$\dfrac{f'(x)}{F'(x)}$的极限不存在且不为无穷大时,$\dfrac{f(x)}{F(x)}$的极限可能存在,这种情况不能使用洛必达法则,而需选取其他方法求解问题。

【例 3-22】 求$\lim\limits_{x\to 0}\dfrac{x^2\sin\frac{1}{x}}{\sin x}$。

解 如果应用洛必达法则,则有$\lim\limits_{x\to 0}\dfrac{\left(x^2\sin\frac{1}{x}\right)'}{(\sin x)'}=\lim\limits_{x\to 0}\dfrac{2x\sin\frac{1}{x}-\cos\frac{1}{x}}{\cos x}$,此时极限不存在,故不能用洛比达法则,但可以用以下方法计算

$$\lim_{x\to 0}\frac{x^2\sin\frac{1}{x}}{\sin x}=\lim_{x\to 0}\left(\frac{x}{\sin x}\cdot x\sin\frac{1}{x}\right)=\lim_{x\to 0}\frac{x}{\sin x}\cdot\lim_{x\to 0}x\sin\frac{1}{x}=1\cdot 0=0$$

则所求极限存在且为 0。

习题 3.3

1. 利用洛必达法则求下列极限。

(1) $\lim\limits_{x\to 0}\dfrac{\sin 2x}{\sin 3x}$;　　(2) $\lim\limits_{x\to 0}\dfrac{e^x-e^{-x}}{x}$;

(3) $\lim\limits_{x\to 1}\dfrac{\sqrt{x}-1}{x-1}$;　　(4) $\lim\limits_{x\to 0}\dfrac{1-\cos x}{x^2}$;

(5) $\lim\limits_{x\to a}\dfrac{\sin x-\sin a}{x-a}$;　　(6) $\lim\limits_{x\to +\infty}\dfrac{\ln x}{\sqrt{x}}$

(7) $\lim\limits_{x\to 0^+}\dfrac{\ln\sin x}{\ln x}$;　　(8) $\lim\limits_{x\to 1}(1-x)\tan\dfrac{\pi x}{2}$;

(9) $\lim\limits_{x\to 0}\left(\dfrac{1}{x}-\dfrac{1}{e^x-1}\right)$;　　(10) $\lim\limits_{x\to 1}\left(\dfrac{2}{x^2-1}-\dfrac{1}{x-1}\right)$;

(11) $\lim\limits_{x\to 0^+}(\sin x)^x$;　　(12) $\lim\limits_{x\to 0}(\cos x)^{\frac{1}{x^2}}$。

2. 验证极限$\lim\limits_{x\to +\infty}\dfrac{e^x-e^{-x}}{e^x+e^{-x}}$存在,但不能用洛必达法则求出。

第四节　函数的单调性和极值

一、函数的单调性

第一章中给出了函数的单调性(单调增加、单调减少)的定义,本节将介绍利用导数判定函数单调性的方法。

如图 3-5(a),当曲线上各点处切线与 x 轴正方向的夹角都是锐角,即当斜率 $\tan\alpha=f'(x)>0$ 时,曲线是上升的,即函数是单调增加的;如图 3-5(b),当曲线上各点处切线与 x 轴正方向的夹角都是钝角,即当斜率 $\tan\alpha=f'(x)<0$ 时,曲线是下降的,即函数是单调减少的,于是得到下面的函数单调性的判定定理。

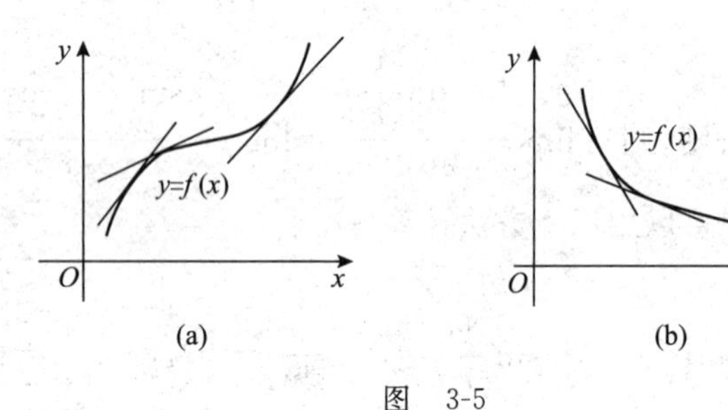

图　3-5

定理 3-9(函数单调性的判定法)　设函数 $y=f(x)$ 在闭区间 $[a,b]$ 上连续,在 (a,b) 内可导。

(1) 若在 (a,b) 内 $f'(x)>0$,那么函数 $y=f(x)$ 在闭区间 $[a,b]$ 上单调增加;

(2) 若在 (a,b) 内 $f'(x)<0$,那么函数 $y=f(x)$ 在闭区间 $[a,b]$ 上单调减少。

证　任取 $x_1,x_2\in(a,b)$,且 $x_1<x_2$。由假设知函数 $y=f(x)$ 在 $[x_1,x_2]$ 上满足拉格朗日中值定理的条件,于是有

$$f(x_2)-f(x_1)=f'(\xi)(x_2-x_1)\quad(x_1<\xi<x_2)$$

(1) 由假设知,$f'(\xi)>0$,故有

$$f(x_2)-f(x_1)=f'(\xi)(x_2-x_1)>0$$

即

$$f(x_2)>f(x_1)$$

由 x_1,x_2 的任意性和函数单调性的定义知,函数 $y=f(x)$ 在闭区间 $[a,b]$ 上单调增加。

(2) 由假设知,$f'(\xi)<0$,故有

$$f(x_2)-f(x_1)=f'(\xi)(x_2-x_1)<0$$

即

$$f(x_2)<f(x_1)$$

由 x_1,x_2 的任意性和函数单调性的定义知,函数 $y=f(x)$ 在闭区间 $[a,b]$ 上单调减少。

如果把定理 3-9 中的闭区间换成其他区间,定理 3-9 中的结论仍成立。

【例 3-23】 讨论函数 $y=x^3-3x$ 的单调性。

解　函数 $y=x^3-3x$ 在定义域$(-\infty,+\infty)$内连续、可导，且

$$y'=3x^2-3$$

又因为当$|x|>1$，即 $x\in(-\infty,-1)\cup(1,+\infty)$时，$y'>0$，所以函数 $y=x^3-3x$ 在$(-\infty,-1]\cup[1,+\infty)$上单调增加；当$|x|<1$，即 $x\in(-1,1)$时，$y'<0$，所以函数 $y=x^3-3x$ 在$[-1,1]$上单调减少。

把使函数单调增加(或单调减少)的区间叫做函数的单调区间。在例 3-23 中，$(-\infty,-1]$，$[1,+\infty)$和$[-1,1]$都是函数 $y=x^3-3x$ 的单调区间。

【例 3-24】 讨论函数 $y=x^3$ 的单调性。

解　函数 $y=x^3$ 在定义域$(-\infty,+\infty)$内连续、可导，且

$$y'=3x^2$$

当 $x\neq0$ 时，$y'=3x^2>0$，所以函数 $y=x^3$ 在$(-\infty,0]$和$[0,+\infty)$内都是单调增加的，则在整个定义域$(-\infty,+\infty)$内都单调增加(见图 3-6)。

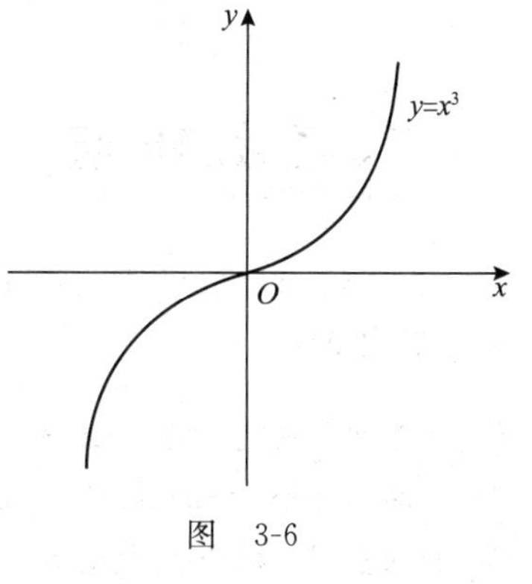

图　3-6

如果函数 $y=f(x)$在(a,b)内仅在有限点处导数为零，而在其余点处导数均为正或均为负时，那么函数 $y=f(x)$在区间$[a,b]$上仍然是单调增加或单调减少的。

如果函数 $f(x)$在定义域或所给的定义区间上连续，并且除有限个导数不存在的点外，导数均存在且连续，那么只要用 $f'(x)=0$ 的点和 $f'(x)$不存在的点将定义域或定义区间进行划分，就能保证函数 $f(x)$在每个部分区间上单调。

【例 3-25】 确定函数 $y=(x-1)x^{\frac{1}{3}}$ 的单调区间。

解　函数 $y=(x-1)x^{\frac{1}{3}}$ 在定义域$(-\infty,+\infty)$内连续，且

$$y'=\frac{4x-1}{3\sqrt[3]{x^2}},\quad x\neq0$$

由 $y'=0$，解得 $x_1=\dfrac{1}{4}$，且当 $x_2=0$ 时，$f'(x)$不存在。用 x_1，x_2 将$(-\infty,+\infty)$分成三个部分区间，列表如下。

x	$(-\infty,0)$	0	$\left(0,\frac{1}{4}\right)$	$\frac{1}{4}$	$\left(\frac{1}{4},+\infty\right)$
y'	$-$	不存在	$-$	0	$+$
y	↘		↘		↗

所以函数 $y=(x-1)x^{\frac{1}{3}}$ 在$\left(-\infty,\dfrac{1}{4}\right]$内单调减少，在$\left[\dfrac{1}{4},+\infty\right)$内单调增加。

利用函数的单调性，可以证明不等式，请看下面的例子。

【例 3-26】 证明 $e^x\geqslant1+x$。

证　令 $f(x)=e^x-x-1$，则问题就变成了证明 $f(x)\geqslant0$。显然函数 $f(x)$在

$(-\infty,+\infty)$上连续、可导，且 $f(0)=0$，又

$$f'(x)=\mathrm{e}^x-1$$

当 $x\geqslant 0$ 时，$f'(x)\geqslant 0$，则 $f(x)$在$[0,+\infty)$内单调递增，因此

$$f(x)\geqslant f(0)=0$$

当 $x<0$ 时，$f'(x)<0$，则 $f(x)$在$(-\infty,0)$内单调递减，因此

$$f(x)>f(0)=0$$

综上可知，$\forall x\in\mathbf{R}$，恒有 $f(x)\geqslant 0$，即

$$\mathrm{e}^x\geqslant 1+x$$

二、函数的极值

首先给出函数极值的定义。

定义 3-1　设函数 $f(x)$在区域 D 内有定义，如果在 D 内存在点 x_0 的某个邻域 $U(x_0)\subset D$，使得对于任意 $x\in\mathring{U}(x_0)$，都有 $f(x)<f(x_0)$（或 $f(x)>f(x_0)$），则称 $f(x_0)$是函数 $f(x)$的一个极大值(或极小值)，称 x_0 为极大值点(或极小值点)。极大值、极小值统称为极值，极大值点、极小值点统称为极值点。

由极值的定义可知，极值是一个局部性的概念，在整个定义域上，极大值不一定是最大值，极小值也不一定是最小值，并且极大值不一定大于极小值。

在图 3-7 中，函数 $y=f(x)$有四个极值，其中包括两个极大值 $f(x_1)$和 $f(x_3)$，两个极小值 $f(x_2)$和 $f(x_4)$。其中，极大值 $f(x_1)$比极小值 $f(x_4)$还小。从图 3-7 中还可以看出，两个极大值都不是最大值。极值点处的切线均是水平切线，但要注意，反之不一定成立，如函数$y=x^3$(见图 3-6)在 $x=0$ 处具有水平切线，但 $x=0$ 所对应的点却不是极值点。

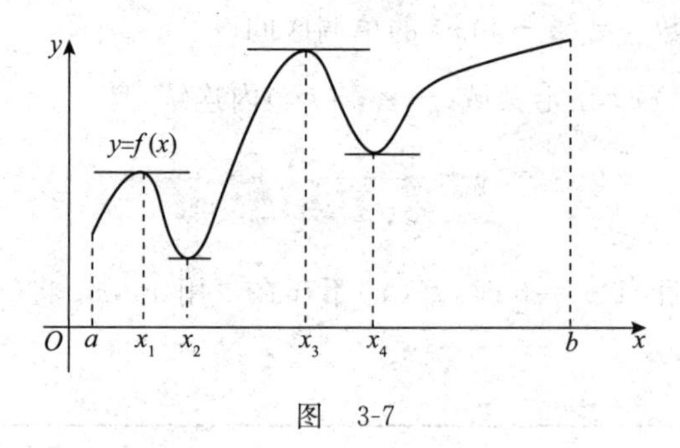

图　3-7

定理 3-10(极值存在的必要条件)　如果函数 $y=f(x)$在点 x_0 处可导，且在 x_0 处取得极值，则 $f'(x_0)=0$。

证　不妨设 $f(x_0)$是极大值，则由极值定义可知，对于 x_0 的某个邻域内异于 x_0 的任意点 x，都有 $f(x)<f(x_0)$。因此，当 $x>x_0$ 时，有

$$\frac{f(x)-f(x_0)}{x-x_0}<0$$

由第一章第三节定理推论，有

$$\lim_{x \to x_0^+} \frac{f(x)-f(x_0)}{x-x_0} \leqslant 0$$

当 $x<x_0$ 时，有

$$\frac{f(x)-f(x_0)}{x-x_0}>0$$

由第一章第三节定理推论，有

$$\lim_{x \to x_0^-} \frac{f(x)-f(x_0)}{x-x_0} \geqslant 0$$

因为函数 $y=f(x)$ 在点 x_0 处可导，所以有

$$f'(x_0)=0$$

注意：$f'(x_0)=0$ 是可导点 x_0 为极值点的必要条件，而非充分条件。因此，定理 3-10 就是说，可导函数的极值点一定是它的驻点，但反之未必成立。例如，函数 $y=x^3$（见图 3-6），$x=0$ 是它的驻点，却不是它的极值点。另外，导数不存在的点也可能是极值点，如绝对值函数 $y=|x|$ 在 $x=0$ 处导数不存在，但 $x=0$ 却是它的极值点。

由以上分析可知，函数的极值点若存在，一定是函数的驻点或导数不存在的点，但驻点和导数不存在的点却不一定是函数的极值点。下面研究函数极值的充分条件。

定理 3-11(第一充分条件)　设函数 $f(x)$ 在点 x_0 的某邻域 $U(x_0,\delta)$ 内可导，且 $f'(x_0)=0$。

(1) 若 $x\in(x_0-\delta,x_0)$ 时，$f'(x)>0$，而 $x\in(x_0,x_0+\delta)$ 时，$f'(x)<0$，则函数 $f(x)$ 在 x_0 处取得极大值。

(2) 若 $x\in(x_0-\delta,x_0)$ 时，$f'(x)<0$，而 $x\in(x_0,x_0+\delta)$ 时，$f'(x)>0$，则函数 $f(x)$ 在 x_0 处取得极小值。

(3) 若对任意 $x\in U(x_0,\delta)$，$f'(x)$ 的符号保持不变，则函数 $f(x)$ 在 x_0 处没有极值。

证　只证(1)，同理可证(2)和(3)。

因当 $x\in(x_0-\delta,x_0)$ 时，$f'(x)>0$，故在 x_0 左侧，函数 $f(x)$ 是单调增加的；而 $x\in(x_0,x_0+\delta)$ 时，$f'(x)<0$，故在 x_0 右侧，函数 $f(x)$ 是单调减少的，这就证明了 $f(x_0)$ 是函数 $f(x)$ 的极大值。

【例 3-27】　求函数 $f(x)=x^3-6x^2+9x-3$ 的极值。

解　函数 $f(x)$ 的定义域为 $(-\infty,+\infty)$。

$$f'(x)=3x^2-12x+9=3(x-1)(x-3)$$

令 $f'(x)=0$，得驻点 $x=1$，$x=3$。

列表：

x	$(-\infty,1)$	1	$(1,3)$	3	$(3,+\infty)$
$f'(x)$	+	0	−	0	+
$f(x)$	↗	极大值	↘	极小值	↗

由上表可知，在 $x=1$ 处函数 $f(x)$ 有极大值 $f(1)=1$，在 $x=3$ 处有极小值 $f(3)=-3$。事实上，导数不存在的点也可能是函数的极值点，并且仍可用定理 3-11 进行判别，请看下例。

【例 3-28】 求函数 $f(x)=(x-1)x^{\frac{2}{3}}$ 的极值。

解　函数 $f(x)$ 的定义域为 $(-\infty,+\infty)$。

$$f'(x)=\frac{5x-2}{3\sqrt[3]{x}}$$

令 $f'(x)=0$，得驻点 $x=\frac{2}{5}$，且 $x=0$ 为函数 $f(x)$ 的不可导点。

列表：

x	$(-\infty,0)$	0	$\left(0,\frac{2}{5}\right)$	$\frac{2}{5}$	$\left(\frac{2}{5},+\infty\right)$
$f'(x)$	$+$	不存在	$-$	0	$+$
$f(x)$	↗	极大值	↘	极小值	↗

由上表可知，在 $x=0$ 处函数有极大值 $f(0)=0$，在 $x=\frac{2}{5}$ 处函数有极小值 $f\left(\frac{2}{5}\right)=-\frac{3}{5}\sqrt[3]{\frac{4}{25}}$（见图 3-8）。

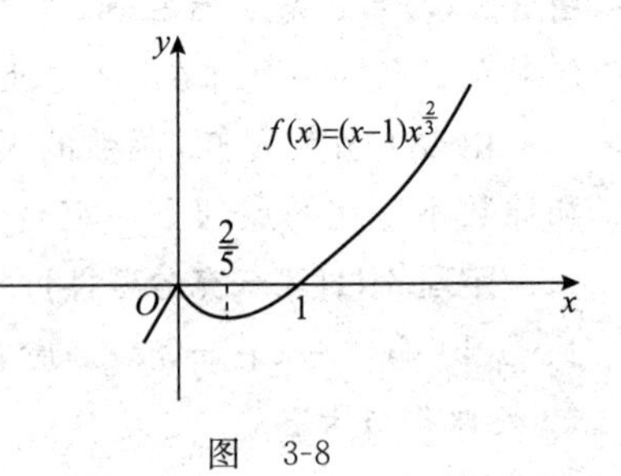

图　3-8

由以上两例可以看出，求函数 $f(x)$ 极值的步骤如下。

(1) 求出函数的定义域。

(2) 求出函数的导数 $f'(x)$。

(3) 求出函数 $f(x)$ 的全部驻点和导数不存在的点。

(4) 对于每个驻点及导数不存在的点，用定理 3-11 进行判别。

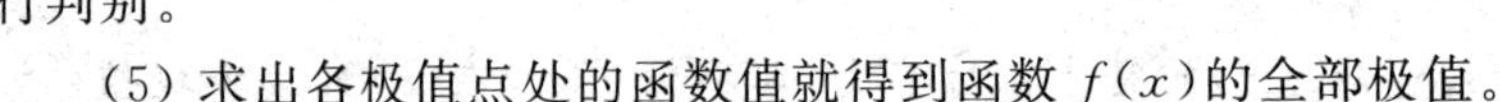

(5) 求出各极值点处的函数值就得到函数 $f(x)$ 的全部极值。

如果函数 $f(x)$ 的二阶导数存在，则有如下的极值判定定理。

定理 3-12(第二充分条件)　设函数 $f(x)$ 在点 x_0 处具有二阶导数且 $f'(x_0)=0$，$f''(x_0)\neq 0$，那么

(1) 当 $f''(x_0)<0$ 时，函数 $f(x)$ 在 x_0 处取得极大值；

(2) 当 $f''(x_0)>0$ 时，函数 $f(x)$ 在 x_0 处取得极小值。

证　(1) 由二阶导数的定义及假定，有

$$f''(x_0)=\lim_{x\to x_0}\frac{f'(x)-f'(x_0)}{x-x_0}=\lim_{x\to x_0}\frac{f'(x)}{x-x_0}<0$$

根据第一章第三节的定理可知，存在点 x_0 的某去心邻域 $\mathring{U}(x_0,\delta)$，当 x 在该邻域内时，有

$$\frac{f'(x)}{x-x_0}<0$$

由此可知，当 $x\in\mathring{U}(x_0,\delta)$，且 $x<x_0$ 时，有 $f'(x)>0$；当 $x\in\mathring{U}(x_0,\delta)$，且 $x>x_0$ 时，有 $f'(x)<0$，由定理 3-11 知，$f(x_0)$ 为函数 $f(x)$ 的极大值。

同理可证(2)。

【例 3-29】 利用第二充分条件，求函数 $f(x)=2x^3-9x^2+12x-3$ 的极值。

解　函数 $f(x)$ 在 $(-\infty,+\infty)$ 内处处连续、可导，且

$$f'(x)=6x^2-18x+12=6(x-1)(x-2)$$

令 $f'(x)=0$,得驻点 $x=1,x=2$,又

$$f''(x)=12x-18$$

$$f''(1)=-6<0,\quad f''(2)=6>0$$

由定理 3-12 知,$f(1)=2$ 是 $f(x)$的极大值,$f(2)=1$ 是 $f(x)$的极小值。

习题 3.4

1. 判定下列函数的单调性。

(1) $y=x^3+2x-3$;　　(2) $y=\ln(1+x^2)-x$。

2. 确定下列函数的单调区间。

(1) $y=x^2-x+5$;　　(2) $y=2x^2-\ln x$;

(3) $y=x\sqrt{ax-x^2}(a>0)$;　　(4) $y=(x-1)^2(x+1)^3$。

3. 求下列函数的极值。

(1) $f(x)=\dfrac{x}{1+x^2}$;　　(2) $f(x)=\arctan x-x$;

(3) $f(x)=(x^2-1)^3+1$;　　(4) $f(x)=1-(x-2)^{\frac{2}{3}}$。

4. 试证方程 $\sin x=x$ 只有一个实根。

5. 证明:当 $x>1$ 时,$2\sqrt{x}>3-\dfrac{1}{x}$。

6. 证明方程 $e^x=x+1$ 只有一个实根。

7. 已知函数 $f(x)=a\sin x+\dfrac{1}{3}\sin 3x$ 在点 $x=\dfrac{\pi}{3}$处取得极值,试确定 a 的值,并指出此极值是极大值还是极小值。

第五节　函数的最值

在生活中常会遇到这样一类问题:在一定条件下,怎样使"投入最小""产量最大""成本最低""效益最大"……,这些问题可归结为求某一函数(通常称为目标函数)的最大值和最小值问题。这类问题的难点在于,如何利用已有信息,建立符合实际且易运算的函数模型。

根据闭区间上连续函数的性质,若函数 $f(x)$在闭区间[a,b]上连续,则函数 $f(x)$在[a,b]上必有最大(小)值。这就为求连续函数的最大(小)值提供了理论保证,接下来将讨论怎样求出这个最大(小)值。

若 $f(x)$的最值点 x_0 在开区间(a,b)上,则 x_0 必定是 $f(x)$的极大(小)值点。又若 $f(x)$在 x_0 可导,则 x_0 一定是驻点。所以只要比较 $f(x)$在区间内部的所有驻点、不可导点和区间端点上的函数值,就能从中找出 $f(x)$在[a,b]上的最大(小)值。下面举例说明这个求解过程。

【例 3-30】 求函数 $f(x)=x^4-2x^2+5$ 在闭区间$[-2,2]$上的最大值和最小值。

解 函数 $f(x)$在闭区间$[-2,2]$上连续,且

$$f'(x)=4x^3-4x=4x(x+1)(x-1)$$

令 $f'(x)=0$,得驻点 $x_1=-1,x_2=0,x_3=1$,且 x_1,x_2,x_3 都在开区间$(-2,2)$内。由于

$$f(-1)=4,f(0)=5,f(1)=4,f(-2)=13,f(2)=13$$

所以函数 $f(x)$在$[-2,2]$上的最大值是 $f(\pm 2)=13$,最小值是 $f(\pm 1)=4$。

在实际问题中,如果函数 $f(x)$在区间 I(有限或无限,开区间或闭区间)内可导,且只有一个驻点 x_0,而且最大值或最小值一定在区间 I 的内部取得,则一般来说,$f(x_0)$就是所要求的最大值或最小值。

【例 3-31】 将一块边长为 a 的正方形铁皮的四角各截去一个大小相同的小正方形,然后将四边折起来,作成一个无盖的方盒,问截掉的小正方形的边长为多大时,所得的方盒的容积最大?

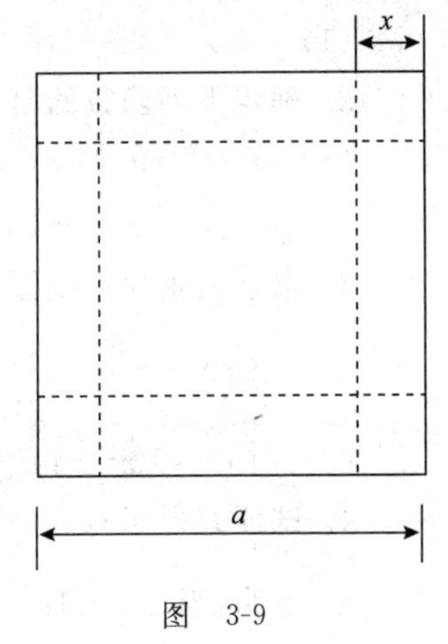

图 3-9

解 如图 3-9 所示,设剪掉的小正方形的边长为 x,则盒子的容积为

$$V(x)=x(a-2x)^2,\quad 0<x<\frac{a}{2}$$

于是有

$$V'(x)=(a-2x)(a-6x)$$

令 $V'(x)=0$,得驻点

$$x_1=\frac{a}{6},\quad x_2=\frac{a}{2}\quad(舍去)$$

由于函数 $V(x)$在定义域内只有一个驻点 $x_1=\frac{a}{6}$,而且$V(x)$的最大值一定在定义域内取得,所以当 $x=\frac{a}{6}$时,所得的方盒容积最大。

【例 3-32】 制造容积为 $50\mathrm{m}^3$ 的圆柱形密闭容器,当容器的底面半径与高为多少时,使用的材料最少(表面积最小)?

解 设圆柱形密闭容器的底面半径为 R(单位:m)、高为 h(单位:m),则其表面积为

$$S=2\pi Rh+2\pi R^2,\quad R\in(0,+\infty)$$

由容积 $\pi R^2h=50$,得 $h=\frac{50}{\pi R^2}$。并将它代入上式得

$$S=2\pi R\,\frac{50}{\pi R^2}+2\pi R^2=\frac{100}{R}+2\pi R^2$$

$$\frac{\mathrm{d}S}{\mathrm{d}R}=-\frac{100}{R^2}+4\pi R$$

由此可得唯一驻点 $R_0=\sqrt[3]{\frac{25}{\pi}}$。又由于制造固定容积的圆柱形密闭容器时,一定存在一个底面半径,使得容器的表面积最小。因此,当 $R_0=\sqrt[3]{\frac{25}{\pi}}$ 时,$S(R)$在该点取得最小值。此时相应的高为

$$h_0=\frac{50}{\pi R^2}=2\sqrt[3]{\frac{25}{\pi}}=2R_0$$

即当圆柱形容器的高与底面直径都等于 $2\sqrt[3]{\frac{25}{\pi}}$ m 时，表面积最小，使用的材料最少。

习题 3.5

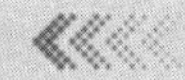

1．求下列函数在给定区间上的最大值和最小值。

(1) $f(x)=x^3-3x+3,[-3,1]$；

(2) $f(x)=x+2\sqrt{x},[0,4]$；

(3) $f(x)=x^5-5x^4+5x^3+1,[-1,2]$。

2．铁路 AB 段的距离为 100km，工厂 C 距 A 为 20km，AC 垂直于 AB(见图 3-10)，今要在 AB 间一点 D 向工厂修一条公路，使从原料供应站 B 运货到工厂所用运费最省，问 D 应选择在何处(已知货运每千米铁路和公路的运费之比为 3∶5)？

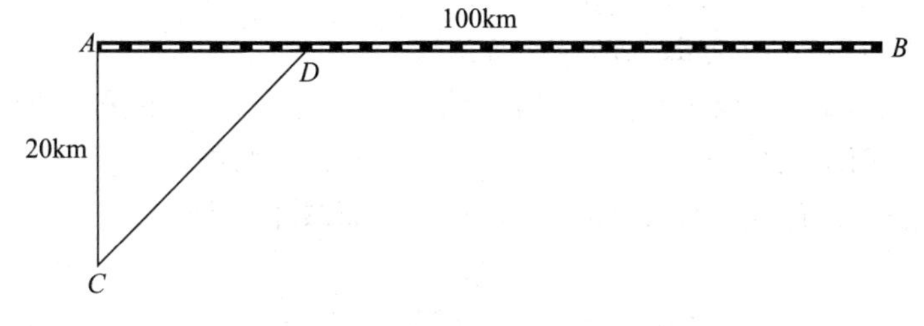

图　3-10

3．把一根长为 a 的铝丝切成两段，一段围成正方形，一段围成圆形。问这两段铝丝各为多长时，正方形面积与圆面积之和最小？

4．某工厂生产电视机，固定成本为 a 元，每生产一台电视机，成本增加 b 元，已知总收益 R 是年产量 x 的函数，有

$$R=R(x)=4bx-\frac{1}{2}x^2,\quad 0<x<4b$$

问每年生产多少台电视机时，总利润最大？此时总利润是多少？

第六节　曲线的凹凸性与拐点

讨论函数 $y=f(x)$的性态，仅仅研究函数的单调性与极值还不够，若想更加准确地把函数图形描绘出来，还必须掌握曲线的凹凸性。

如图 3-11(a)所示，曲线弧上任意两点间的弧段总在这两点连线的下方，而图 3-11(b)的情形恰好相反，任意两点间的弧段总在这两点连线的上方。把具有图 3-11(a)特性的曲线称为(向上)凹的，相应的函数称为凹函数。具有图 3-11(b)特性的曲线称为(向上)凸的，相应的函数称为凸函数。

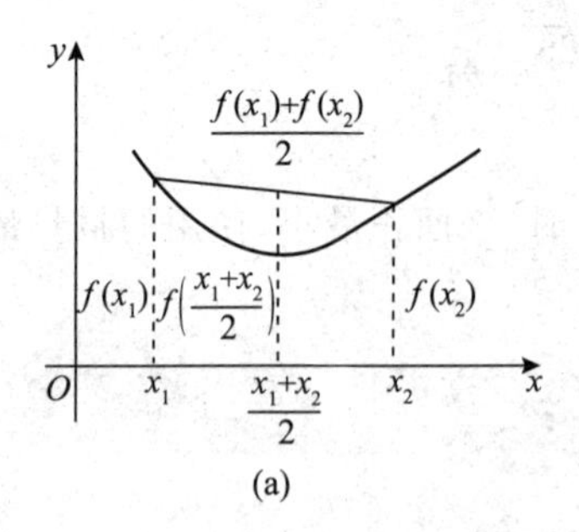

(a)

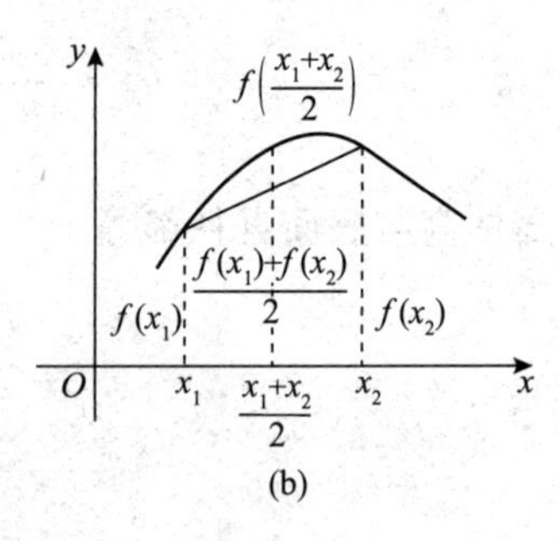

(b)

图 3-11

定义 3-2 设 $f(x)$ 在区间 I 上连续,如果对于 I 上任意两点 x_1,x_2,恒有

$$f\left(\frac{x_1+x_2}{2}\right)<\frac{f(x_1)+f(x_2)}{2}$$

则称 $f(x)$ 在 I 上的图形是(向上)凹的(或凹弧);如果恒有

$$f\left(\frac{x_1+x_2}{2}\right)>\frac{f(x_1)+f(x_2)}{2}$$

则称 $f(x)$ 在 I 上的图形是(向上)凸的(或凸弧)。

事实上,(向上)凹的曲线 $y=f(x)$ 的切线的斜率总是随自变量 x 的增大而增大,即 $f'(x)$ 随 x 的增大而增大,因而有 $f''(x)>0$;(向上)凸的曲线 $y=f(x)$ 的切线的斜率总是随自变量 x 的增大而减小,即 $f'(x)$ 随 x 的增大而减小,因而有 $f''(x)<0$,由此可得曲线凹凸的判定法。

定理 3-13 设函数 $f(x)$ 在闭区间 $[a,b]$ 上连续,在开区间 (a,b) 内具有二阶导数,那么

(1) 若在开区间 (a,b) 内 $f''(x)>0$,则曲线弧 $y=f(x)$ 在闭区间 $[a,b]$ 上是(向上)凹的(凹弧);

(2) 若在开区间 (a,b) 内 $f''(x)<0$,则曲线弧 $y=f(x)$ 在闭区间 $[a,b]$ 上是(向上)凸的(凸弧)。

【例 3-33】 判断曲线 $y=x^2$ 的凹凸性。

解 因为

$$y'=2x,\quad y''=2>0$$

所以曲线在 $(-\infty,+\infty)$ 内都是凹的。

连续曲线弧上凹弧与凸弧的分界点称为该曲线的拐点。

【例 3-34】 判定曲线 $y=x^3$ 的凹凸性。

解 因为

$$y'=3x^2,\quad y''=6x$$

当 $x<0$ 时,$y''<0$,所以曲线在 $(-\infty,0]$ 上是凸的;当 $x>0$ 时,$y''>0$,所以曲线在 $[0,+\infty)$ 上是凹的,点 $(0,0)$ 是曲线的拐点。

对于给定曲线 $y=f(x)$,如何找到它的拐点呢?根据拐点的定义我们知道,它的左右两侧邻近处的二阶导数的符号相反,由此推断二阶导数为零的点以及二阶导数不存在的点都有可能是拐点。只要找到这样的点,再判断其左右两侧邻近处的二阶导数的符号,就可判断出它是不是拐点了。

确定曲线 $y=f(x)$的凹凸区间和拐点的步骤如下：

(1) 确定函数 $y=f(x)$的定义域；

(2) 求出二阶导数 $f''(x)$；

(3) 求使二阶导数为零的点和使二阶导数不存在的点；

(4) 判断或列表判断，确定出曲线凹凸区间和拐点。

【例 3-35】 求曲线 $y=x^{\frac{1}{3}}$的凹凸区间及拐点。

解 函数 $y=x^{\frac{1}{3}}$的定义域为$(-\infty,+\infty)$，$y'=\frac{1}{3}x^{-\frac{2}{3}}$，$y''=-\frac{2}{9}x^{-\frac{5}{3}}$。

当 $x=0$ 时，$y=x^{\frac{1}{3}}$的一阶导数不存在，二阶导数存在，列表：

x	$(-\infty,0)$	0	$(0,+\infty)$
y''	+	不存在	−
$y=f(x)$	凹	有拐点	凸

由上表可知，曲线 $y=x^{\frac{1}{3}}$在$(-\infty,0]$上是凹的，在$[0,+\infty)$上是凸的，点$(0,0)$是拐点。

【例 3-36】 问 a,b 为何值时，点$(1,3)$是曲线 $y=ax^4+bx^3$ 的拐点？

解

$$y'=4ax^3+3bx^2,\quad y''=12ax^2+6bx$$

由于点$(1,3)$在该曲线上，将 $y(1)=3$ 代入，得

$$a+b=3$$

又因点$(1,3)$为曲线的拐点，故 $y''(1)=0$，即

$$12a+6b=0$$

由上面两式解得

$$a=-3,\quad b=6$$

所以当 $a=-3,b=6$ 时，点$(1,3)$是曲线 $y=ax^4+bx^3$ 的拐点。

习题 3.6

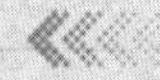

1. 判定下列曲线的凹凸性。

(1) $y=\ln x$；　　(2) $y=x\arctan x$。

2. 求下列曲线的凹凸区间及拐点。

(1) $y=3x^2-x^3$；　　(2) $y=\ln(1+x^2)$；

(3) $y=x^3-3x^2+1$；　　(4) $y=x^4$。

第七节　函数图形的描绘

中学数学里，主要用描点作图法绘制一些简单函数的图像。一般来说，这样的图像比较粗糙，无法确切反映函数的性态(如单调区间、极值点、凹凸区间、拐点等)。在接下来的内容中，将综合运用本章前几节所学习过的方法，综合周期性、奇偶性、渐近线等知识，较完善地

作出函数的图像。

利用导数描绘函数图形的基本步骤如下。

(1) 确定函数 $y=f(x)$的定义域及函数所具有的特性(对称性、奇偶性、周期性等),并求出函数的一阶导数 $f'(x)$和二阶导数 $f''(x)$。

(2) 求出方程 $f'(x)=0$ 和 $f''(x)=0$ 在函数定义域内的全部实根,用这些根和导数不存在的点,把函数的定义域划分成几个部分区间。

(3) 确定这些部分区间内 $f'(x)$和 $f''(x)$的符号,并由此确定函数的单调性、极值点与曲线的凹凸性和拐点。

(4) 确定函数图形的水平、铅直渐近线以及其他变化趋势。

(5) 描出一些特殊的点(一阶导数、二阶导数为零的点以及导数不存在的点,曲线与坐标轴的交点等关键的辅助点),结合前几步得到的结果,连接这些点作出函数的图形。

水平渐近线与铅直渐近线在第一章就已经介绍过,这里不再重复。如果 $\lim\limits_{x\to\infty}\dfrac{f(x)}{x}=k$,$\lim\limits_{x\to\infty}[f(x)-kx]=b$,则直线 $y=kx+b$ 是曲线 $y=f(x)$的斜渐近线。

【例 3-37】 描绘函数 $y=3x-x^3$ 的图形。

解 (1) 所给函数 $y=f(x)$的定义域为$(-\infty,+\infty)$,且函数是奇函数,图形关于原点对称,故只需讨论$(0,+\infty)$部分即可,且 $y'=3-3x^2$,$y''=-6x$。

(2) 由 $f'(x)=0$ 得 $x=-1$ 和 $x=1$,由 $f''(x)=0$ 得 $x=0$。$x=-1$,$x=0$ 和 $x=1$ 将定义域$(-\infty,+\infty)$划分成四个部分区间:$(-\infty,-1]$,$[-1,0]$,$[0,1]$,$[1,+\infty)$。

(3) 列表:

x	$(-\infty,-1)$	-1	$(-1,0)$	0	$(0,1)$	1	$(1,+\infty)$
$f'(x)$	$-$	0	$+$	$+$	$+$	0	$-$
$f''(x)$	$+$	6	$+$	0	$-$	-6	$-$
$f(x)$	↘	极小值	↑	0	↗	极大值	↓

这里记号 ↗ 表示曲线弧上升而且是凸的,↓ 表示曲线弧是下降并且是凸的,↘ 表示曲线弧下降而且是凹的,↑ 表示曲线弧上升而且是凹的。

(4) 曲线无渐近线。

(5) $f(-1)=-2$,$f(0)=0$,$f(1)=2$,曲线与坐标轴的交点是$(0,0)$,$(\sqrt{3},0)$,且由函数可知当 $x\to+\infty$时,$y\to-\infty$。结合前几步即可画出函数 $y=3x-x^3$ 的图形(见图 3-12)。

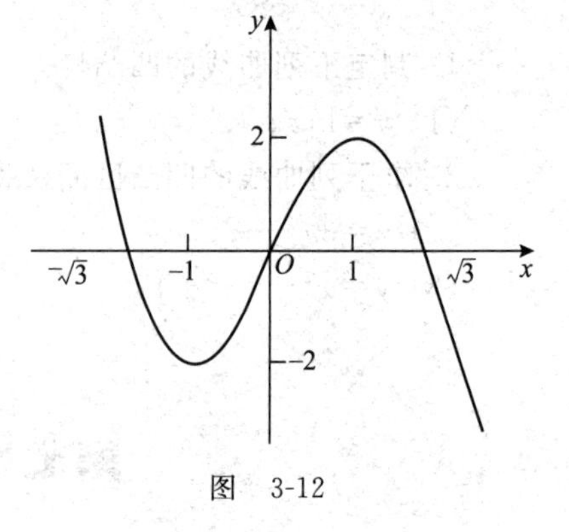

图 3-12

【例 3-38】 描绘函数 $f(x)=\dfrac{(x-3)^2}{4(x-1)}$的图形。

解 (1) 所给函数的定义域为$(-\infty,1)\cup(1,+\infty)$,且 $f'(x)=\dfrac{(x+1)(x-3)}{4(x-1)^2}$,

$f''(x)=\dfrac{2}{(x-1)^3}$。

(2) 由 $f'(x)=0$ 得 $x=-1, x=3$，$f''(x)=0$ 无解，故 $x=-1, x=3$ 将定义域划分成四个部分区间：$(-\infty,-1]$，$[-1,1)$，$(1,3]$，$[3,+\infty)$。

(3) 列表：

x	$(-\infty,-1)$	-1	$(-1,1)$	$(1,3)$	3	$(3,+\infty)$
$f'(x)$	$+$	0	$-$	$-$	0	$+$
$f''(x)$	$-$	$-$	$-$	$+$	$+$	$+$
$f(x)$	↗	极大值	↘	↘	极小值	↗

(4) 因为 $\lim\limits_{x\to1}f(x)=\lim\limits_{x\to1}\dfrac{(x-3)^2}{4(x-1)}=\infty$，所以 $x=1$ 是曲线的一条铅直渐近线。

因为

$$\lim_{x\to\infty}\frac{f(x)}{x}=\lim_{x\to\infty}\frac{(x-3)^2}{4x(x-1)}=\frac{1}{4}$$

$$\lim_{x\to\infty}\left[f(x)-\frac{1}{4}x\right]=\lim_{x\to\infty}\left[\frac{(x-3)^2}{4(x-1)}-\frac{1}{4}x\right]=-\frac{5}{4}$$

所以 $y=\dfrac{1}{4}x-\dfrac{5}{4}$ 是曲线的一条斜渐近线。

(5) 极大值 $f(-1)=-2$，极小值 $f(3)=0$，补充点 $\left(0,-\dfrac{9}{4}\right)$，$\left(2,\dfrac{1}{4}\right)$。结合前几步即可画出此函数的图形(见图 3-13)。

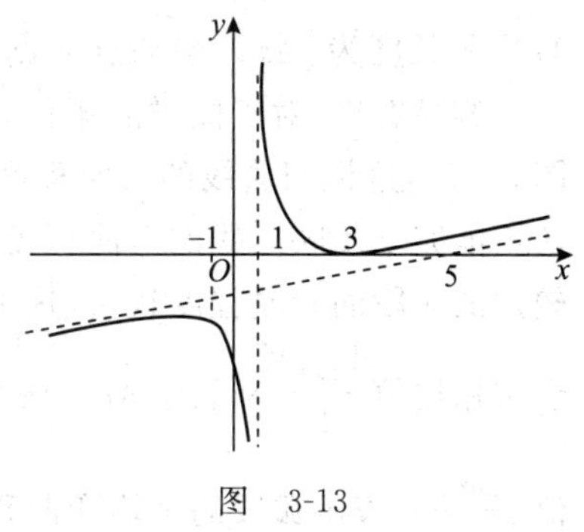

图　3-13

习题 3.7 

描绘下列函数的图形。

(1) $y=\dfrac{1}{3}x^3-x+\dfrac{2}{3}$；　　(2) $y=\dfrac{2x}{1+x^2}$；

(3) $y=\dfrac{1}{\sqrt{2\pi}}e^{-\frac{x^2}{2}}$；　　(4) $y=\dfrac{\ln x}{x}$。

*第八节　曲　　率

在许多实际问题中，需要知道曲线的弯曲程度，如在设计铁路或公路的弯道时，必须考虑弯道处的弯曲程度；建筑工程中使用的弓形梁的受力强度也与弯道处的弯曲程度有关。本节将应用导数来研究平面曲线的弯曲程度。

一、曲率的概念

设函数 $f(x)$ 在区间 (a,b) 内具有连续的一阶导数，即曲线 $y=f(x)$ 上每一点处都具有切线，且切线随切点的移动而连续转动，这样的曲线称为光滑曲线。为研究方便起见，先在曲线 $y=f(x)$ 上选定一点 M_0 作为度量弧长的基点，并设曲线上点 M 对应于弧 s（s 的绝对值等于弧段 $\widehat{M_0M}$ 的长度，当弧段 $\widehat{M_0M}$ 的方向与曲线正向一致时，$s>0$，相反时 $s<0$），曲线上另一点 N 对应于弧 $s+\Delta s$，点 M 与点 N 处切线的倾角分别为 α 和 $\alpha+\Delta\alpha$（见图 3-14）。那么，弧段 $\widehat{MN}$ 的长度为 $|\Delta s|$，当动点从点 M 移到点 N 时切线转动过的角度为 $|\Delta\alpha|$。

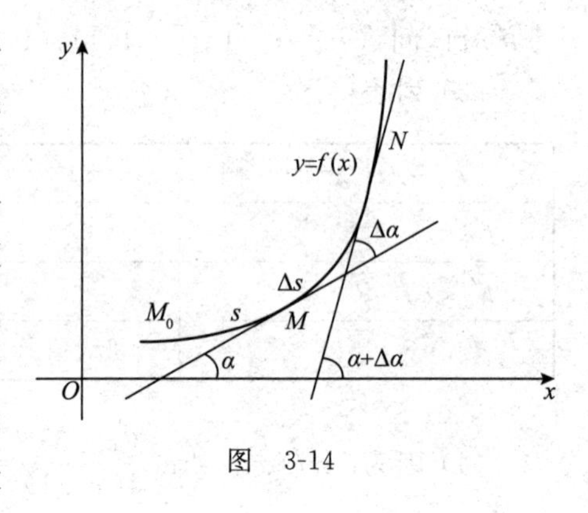

图 3-14

容易看出，对于同样的弧长，如果切线转过的角度较大，那么曲线的弯曲程度也较大（见图 3-15），这说明曲线的弯曲程度可以看作与切线转过的角度成正比。但是切线转过的角度还不能完全反映曲线的弯曲程度。从图 3-16 可以看出，切线转过的角度相同的两个弧段，较短的弧段的弯曲程度较大，这说明曲线的弯曲程度可以看作与曲线的长度成反比。因此，通常用比值 $\dfrac{|\Delta\alpha|}{|\Delta s|}$ 来表示 $\widehat{MN}$ 的弯曲程度。一般来说，曲线的弯曲程度不一定处处相同，比值 $\dfrac{|\Delta\alpha|}{|\Delta s|}$ 只表示弧段的平均弯曲程度，称为弧段 $\widehat{MN}$ 的平均曲率，记作 $\overline{K}$，即

$$\overline{K}=\frac{|\Delta\alpha|}{|\Delta s|}$$

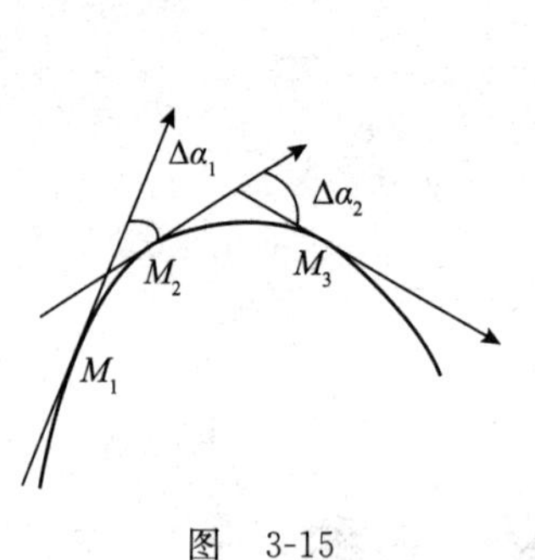

图 3-15

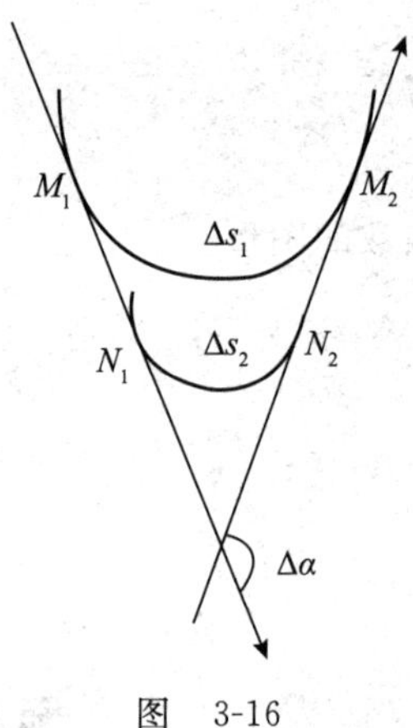

图 3-16

与从平均速度引进瞬时速度的方法类似，为了能精确地反映曲线在每一点处的弯曲程度，令 $\Delta s\to 0$，如果弧段 $\widehat{MN}$ 的平均曲率的极限存在，那么这个极限值就称为曲线在点 M 处的曲率，记作 K，即

$$K=\lim_{\Delta s\to 0}\frac{|\Delta\alpha|}{|\Delta s|}$$

在$\lim\limits_{\Delta s\to 0}\dfrac{|\Delta\alpha|}{|\Delta s|}=\dfrac{\mathrm{d}\alpha}{\mathrm{d}s}$存在的条件下，$K$ 也可表示为

$$K=\left|\frac{\mathrm{d}\alpha}{\mathrm{d}s}\right|$$

【**例 3-39**】 求半径为 R 的圆的曲率。

解 如图 3-17，对于圆周上任一弧段 $\overset{\frown}{MN}$，由于在点 M，N 处圆的切线的夹角 $\Delta\alpha$ 等于圆心角$\angle MCN$，于是有

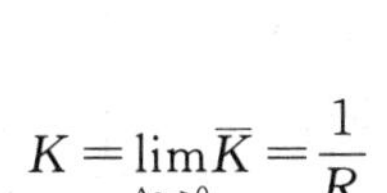

$$\overline{K}=\frac{|\Delta\alpha|}{|\Delta s|}=\frac{\frac{\Delta s}{R}}{\Delta s}=\frac{1}{R}$$

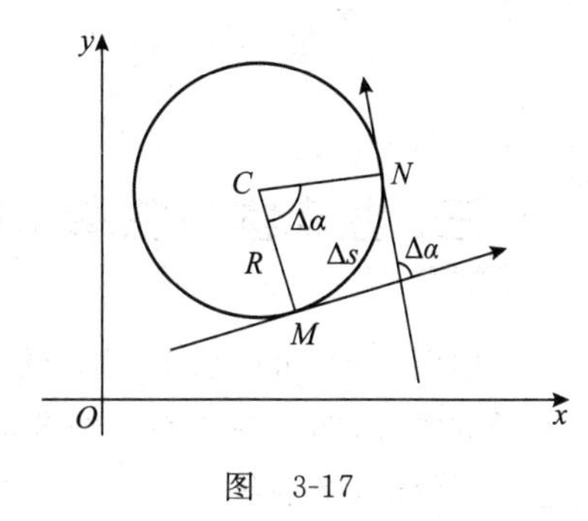

图　3-17

故

$$K=\lim_{\Delta s\to 0}\overline{K}=\frac{1}{R}$$

上题结果表明，圆的曲率处处相同，且等于该圆的半径的倒数，这个结论与直观上的看法是一致的：同一个圆的弯曲程度处处相同；不同的圆，半径大的弯曲程度小，半径小的弯曲程度大。

二、曲率的计算公式

设已知曲线的方程为 $y=f(x)$，且 $f(x)$具有二阶导数。由于 α 是曲线上点 M 处的切线的倾角，因而 $\tan\alpha=y'$，于是

$$\alpha=\arctan y'$$

已知 y'是 x 的函数，两端对 x 求导，有

$$\frac{\mathrm{d}\alpha}{\mathrm{d}x}=(\arctan y')'$$

$$\frac{\mathrm{d}\alpha}{\mathrm{d}x}=\frac{y''}{1+y'^2}$$

故

$$\mathrm{d}\alpha=\frac{y''}{1+y'^2}\mathrm{d}x$$

可以证明 $\mathrm{d}s=\sqrt{1+y'^2}\,\mathrm{d}x$，故

$$K=\frac{|y''|}{(1+y'^2)^{\frac{3}{2}}}$$

上式即为曲率的计算公式。

【**例 3-40**】 求抛物线 $y^2=4x$ 在点(1,2)处的曲率。

解 因为点(1,2)在抛物线的上半支，故取 $y=2\sqrt{x}$，于是有

$$y'\Big|_{x=1}=\frac{1}{\sqrt{x}}\Big|_{x=1}=1$$

$$y''\Big|_{x=1}=-\frac{1}{2x\sqrt{x}}\Big|_{x=1}=-\frac{1}{2}$$

于是抛物线 $y^2=4x$ 在点(1,2)处的曲率为

$$K=\frac{\left|-\frac{1}{2}\right|}{(1+1^2)^{\frac{3}{2}}}=\frac{1}{4\sqrt{2}}$$

三、曲率圆与曲率半径

由例 3-39 可以看到圆上任一点处的曲率等于该圆的半径的倒数,即圆的曲率的倒数就是圆的半径。

一般地,把曲线 $y=f(x)$在点 M 处的曲率 $K(K\neq 0)$的倒数称为曲线在点 M 处的曲率半径(见图 3-18),记作 R,即

$$R=\frac{1}{K}=\frac{(1+y'^2)^{\frac{3}{2}}}{|y''|}$$

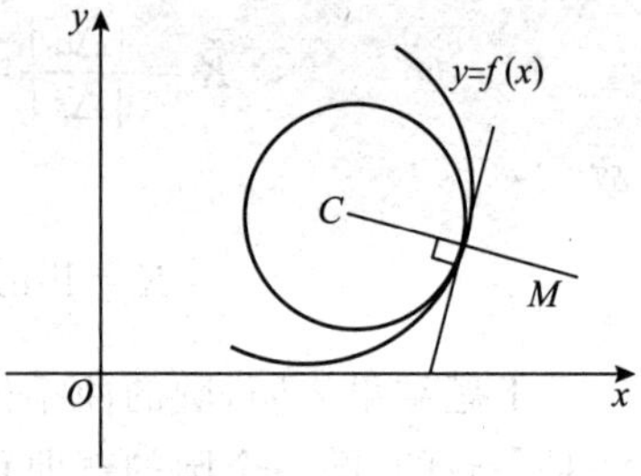

图　3-18

而把以 R 为半径,与曲线在点 M 处相切,且在点 M 邻近与曲线有相同凹向的圆称为曲线在点 M 处的曲率圆。曲率圆的圆心 C 称为曲线在点 M 处的曲率中心。

如果设曲线 $y=f(x)$在点 $M(x,y)$处的曲率圆方程为

$$(x-\alpha)^2+(y-\beta)^2=R^2$$

则可求得该曲率圆的圆心为

$$\begin{cases}\alpha=x-\dfrac{y'(1+y'^2)}{y''}\\[2ex]\beta=y+\dfrac{1+y'^2}{y''}\end{cases}$$

显然,曲线与曲率圆有相同的切线、凹凸性与曲率;因此,当曲线上某点 M 处的曲率为 $K(K>0)$时,常常可以借助半径为$\frac{1}{K}$的曲率圆形象地表示曲线在该点的弯曲程度。

在实际问题中,常常用曲率圆在点 M 邻近的一段圆弧来近似代替曲线弧,这样可以使问题得到简化。

【例 3-41】 求抛物线 $xy=4$ 在点 $M(2,2)$处的曲率圆。

解　因为 $y=\frac{4}{x}$,易求得在点 $M(2,2)$处 $y'=-1,y''=1,R=2\sqrt{2}$,且

$$\alpha=2-\frac{-1(1+1)}{1}=4,\quad \beta=2+\frac{1+1^2}{1}=4$$

所求的曲率圆方程为

$$(x-4)^2+(y-4)^2=8$$

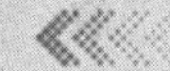

*习题 3.8

1. 求双曲线 $xy=1$ 在点(1,1)处的曲率。
2. 求曲线 $y=\ln(\sec x)$ 在点 (x,y) 处的曲率及曲率半径。

*第九节　导数在经济分析中的应用

一、边际函数

在经济问题中，常常会用到平均变化率和瞬时变化率的概念。平均变化率就是函数 $y=f(x)$ 的增量 Δy 与自变量的增量 Δx 之比，$x=x_0$ 处的瞬时变化率就是

$$\lim_{\Delta x\to 0}\frac{f(x_0+\Delta x)-f(x_0)}{\Delta x}=f'(x_0)$$

上式表示了 y 关于 x 在边际 x_0 处的变化率，即 x 从 $x=x_0$ 起作微小变化时 y 关于 x 的变化率。因为当 x 从 x_0 处改变一个单位，且改变的单位很小时，有

$$\Delta y\Big|_{\substack{x=x_0\\ \Delta x=1}}\approx \mathrm{d}y\Big|_{\substack{x=x_0\\ \Delta x=1}}=f'(x)\Delta x\Big|_{\substack{x=x_0\\ \Delta x=1}}=f'(x_0)$$

所以在经济研究中，把函数 $y=f(x)$ 的导数 $f'(x)$ 称为边际函数，$f'(x)$ 在 x_0 处的值 $f'(x_0)$ 称为边际函数值，它表示在 $x=x_0$ 处，当 x 改变一个单位时，y(近似地)改变 $f'(x_0)$ 个单位。

要对经济与企业的经营管理进行数量分析，“边际”是个重要的概念，下面以较易理解的几个经济函数为例进行说明。

1. 边际成本

设产品的总成本 c 是产量 x 的函数 $c=c(x)$，称 $c(x)$ 为总成本函数，而称它的导数

$$c'(x)=\lim_{\Delta x\to 0}\frac{c(x+\Delta x)-c(x)}{\Delta x}$$

为边际成本。

边际成本的经济意义是：当产量达到 x 个单位时，再增加一个单位的产量，即 $\Delta x=1$ 时，总成本将增加 $c'(x)$ 个单位(近似值)。

一般情况下，总成本 $c(x)$ 由固定成本 c_0 和可变成本 $c_1(x)$ 组成，即

$$c(x)=c_0+c_1(x)$$

此时，边际成本为

$$c'(x)=[c_0+c_1(x)]'=c_1'(x)$$

由此可知，边际成本与固定成本无关。

【例 3-42】　设总成本函数

$$c(x)=0.001x^3-0.3x^2+40x+1000$$

求边际成本函数和 $x=50$ 单位时的边际成本,并解释后者的经济意义。

解　边际成本函数为

$$c'(x)=0.003x^2-0.6x+40$$

$x=50$ 单位时的边际成本为

$$c'(x)\Big|_{x=50}=(0.003x^2-0.6x+40)\Big|_{x=50}=17.5$$

这表示在生产 50 个单位时再生产一个单位产品所需的成本为 17.5。

【例 3-43】　已知某产品的成本函数为

$$c(x)=100+\frac{x^2}{4}$$

试求:(1)$x=10$ 时的总成本、平均成本及边际成本;(2)产量为多少时,平均成本最小?

解　(1) 由 $c(x)=100+\frac{x^2}{4}$,得

$$\bar{c}=\frac{c(x)}{x}=\frac{100}{x}+\frac{x}{4}$$

$$c'=\frac{x}{2}$$

故当 $x=10$ 时,总成本为 $c(10)=125$,平均成本为 $\bar{c}(10)=12.5$,边际成本为 $c'(10)=5$。

(2) $\bar{c}'=-\frac{100}{x^2}+\frac{1}{4}$。

令 $\bar{c}'=0$,得驻点 $x=20$(负值舍去)。由题意可知 $\bar{c}$ 一定存在最小值,且驻点唯一,所以 $x=20$ 时平均成本最小。

2. 边际收益

设总收益 R 是销售量 x 的函数 $R=R(x)$,称 $R(x)$ 为总收益函数,称它的导数

$$R'(x)=\lim_{\Delta x\to 0}\frac{R(x+\Delta x)-R(x)}{\Delta x}$$

为边际收益。实际上,$R'(x)$ 就是销量为 x 个单位时总收益的变化率,它表示若已销售了 x 个单位产品,再销售一个单位产品所增加的总收益。

一般情况下,销售 x 单位产品的总收益为销售量 x 与价格 P 之积,即

$$R(x)=xP=x\varphi(x)$$

这里 $P=\varphi(x)$ 是需求函数 $x=f(P)$ 的反函数,也称为反需求函数。于是有

$$R'(x)=[x\varphi(x)]'=\varphi(x)+x\varphi'(x)$$

可见,如果销售价格 P 与销售量 x 无关,即价格 $P=\varphi(x)$ 是常数时,则边际收益就等于价格。

【例 3-44】　设某产品的需求函数为

$$x=100-5P$$

其中,x 为销售量,P 为价格,求销售量为 15 个单位时的总收益、平均收益与边际收益,并求销售量从 15 个单位增加到 20 个单位时收益的平均变化率。

解

$$R=xP=x\left(20-\frac{x}{5}\right)=20x-\frac{x^2}{5}$$

故销售量为 15 个单位时，总收益为

$$R(15)=20\times15-\frac{15^2}{5}=255$$

平均收益为

$$\bar{R}(15)=17$$

边际收益为

$$R'(15)=\left(20-\frac{2}{5}x\right)\bigg|_{x=15}=14$$

当销售量从 15 个单位增加到 20 个单位时收益的平均变化率为

$$\frac{\Delta R}{\Delta x}=\frac{R(20)-R(15)}{20-15}=\frac{320-255}{5}=13$$

3. 边际利润

设产品的总利润 L 是产量 x 的函数 $L=L(x)$，称 $L(x)$ 为总利润函数，称它的导数

$$L'(x)=\lim_{\Delta x\to0}\frac{L(x+\Delta x)-L(x)}{\Delta x}$$

为边际利润。它表示若已生产了 x 个单位产品，再生产一个单位产品所增加的利润。

一般情况下，总利润函数可看成总收益函数与总成本函数之差，即

$$L(x)=R(x)-c(x)$$

显然，边际利润为

$$L'(x)=R'(x)-c'(x)$$

可见，边际利润可由边际收益和边际成本所确定。

【例 3-45】 某工厂生产某种产品，年产量为 x（单位：百台），总成本为 c（单位：万元），其中固定成本为 2 万元，每生产 100 台成本增加 1 万元。若市场上每年可销售 400 台，其销售总收益 R 是 x 的函数

$$R=R(x)=\begin{cases}4x-\dfrac{1}{2}x^2, & 0\leqslant x\leqslant4\\ 8, & x>4\end{cases}$$

问每年生产多少台，总利润最大？

解　因总成本函数为

$$c=c(x)=2+x$$

从而得总利润函数为

$$L=L(x)=R(x)-c(x)=\begin{cases}3x-\dfrac{1}{2}x^2-2, & 0\leqslant x\leqslant4\\ 6-x, & x>4\end{cases}$$

$$L'(x)=\begin{cases}3-x, & 0\leqslant x\leqslant4\\ -1, & x>4\end{cases}$$

令 $L'(x)=0$，得驻点 $x=3$。根据题意，L 一定有最大值，且驻点唯一，故每年生产 300 台时总利润最大。

二、函数的弹性

在经济学中，有时需要研究某种变量对另一种变量的反应程度，但这种反应程度不是变化速度的快慢，而是变化的幅度、灵敏度。因此，在这类问题中，研究的不是函数的绝对改变量与自变量的绝对改变量之比，而是函数的相对改变量与自变量的相对改变量之比及其极限，这种特殊的极限就是弹性。

定义 3-3 设函数 $y=f(x)$在点 x 处可导，函数的相对改变量$\frac{\Delta y}{y}=\frac{f(x+\Delta x)-f(x)}{f(x)}$与自变量的相对改变量$\frac{\Delta x}{x}$之比$\frac{\Delta y/y}{\Delta x/x}$称为函数 $f(x)$从 x 到 $x+\Delta x$ 两点间的弹性。当 $\Delta x\to 0$ 时，$\frac{\Delta y/y}{\Delta x/x}$的极限称为函数 $f(x)$在点 x 处的弹性，记作

$$\frac{Ey}{Ex} \quad 或 \quad \frac{E}{Ex}f(x)$$

即

$$\frac{Ey}{Ex}=\lim_{\Delta x\to 0}\frac{\Delta y/y}{\Delta x/x}=y'\cdot\frac{x}{y}$$

由于$\frac{Ey}{Ex}$也是 x 的函数，故也称它为 $f(x)$的弹性函数。

函数 $f(x)$在点 x 处的弹性$\frac{E}{Ex}f(x)$反映了函数 $f(x)$随 x 的变化而变化的变化幅度的大小，也就是 $f(x)$对 x 的变化反应的强烈程度或灵敏度。

$\frac{E}{Ex}f(x_0)=\frac{E}{Ex}f(x)\bigg|_{x=x_0}$，表示在点 $x=x_0$ 处，当自变量 x 产生 1%的改变时，函数 y 变动的百分数。

用 $x=f(P)$表示需求量，P 表示价格，ΔP 表示价格的改变量，Δx 表示当价格变化 ΔP 而引起的需求量的必变量，则

$$\bar{\eta}=\frac{\Delta x/x}{\Delta P/P}$$

称为在 P 到 $P+\Delta P$ 两点间的需求弹性。而

$$\eta=\lim_{\Delta P\to 0}\frac{\Delta x/x}{\Delta P/P}=f'(P)\frac{P}{f(P)}$$

称为 $f(x)$在点 x 处的需求弹性。

类似地，若将需求函数相应地换成供给函数、总成本函数等，就可以得到供给弹性、成本弹性等。

【例 3-46】 某市对服装的需求函数可表示为 $x=aP^{-0.66}$，求服装的需求弹性，并说明其经济意义。

解

$$x'=-0.66aP^{-0.66-1}$$

$$\eta=-0.66aP^{-0.66-1}\cdot\frac{P}{aP^{-0.66}}=-0.66$$

这表明服装价格若提高(或降低)1%,服装的需求量则减少(或增加)0.66%。

*习题 3.9

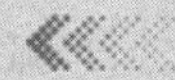

1. 某工厂生产 x 个单位产品的总成本为 $c(x)=3000+\frac{1}{4}x^2$(单位:元),且已知其需求函数为 $P=200-\frac{x}{2}$(单位:元),求边际收益、边际利润。

2. 设某产品的需求函数为 $Q=125-5P$(Q 表示需求量,P 表示价格),若生产的固定成本为 100(单位:百元),每多生产一个产品成本增加 2(单位:百元),且工厂自产自销,产销平衡,问如何定价才能使工厂获得最大利润?

3. 某商品的需求函数为 $Q=75-P^2$,求:

(1) $P=4$ 时的边际需求和需求弹性,并说明其经济意义;

(2) P 为多少时,总收益最大?

知识结构图、本章小结与学习指导

知识结构图

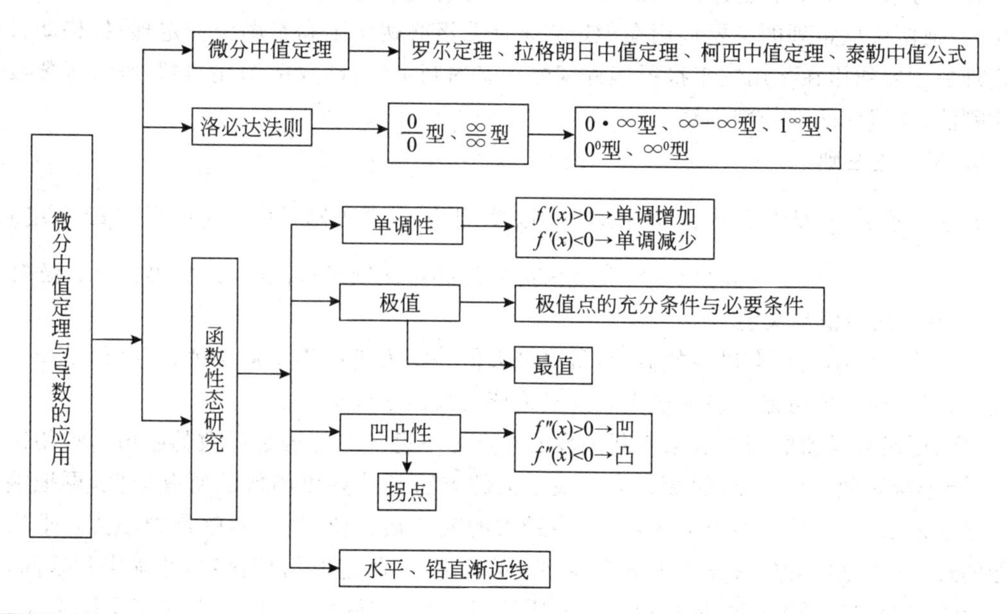

本章小结

本章内容是以导数为主要工具,结合极限、连续等概念,来进一步研究函数的单调性、极值、最大值与最小值、曲线的凹凸、拐点等性质。微分中值定理是用导数来研究函数本身性质的重要工具,也是解决实际问题的理论基础,这也是本章首先阐明的问题。

1. 微分中值定理

利用导数对函数进行研究的理论基础是罗尔定理、拉格朗日中值定理与柯西中值定理。

这三个定理有相同的几何背景,即在$[a,b]$上连续,在(a,b)内处处具有不垂直于x轴的切线的弧段$\overset{\frown}{AB}$上,至少有一条切线平行于弦AB。

当弧段$\overset{\frown}{AB}$由方程$y=f(x)(x\in[a,b])$给出,且$f(a)=f(b)$时,由几何图形得出

$$f'(\xi)=0,\quad \xi\in(a,b)$$

这就是罗尔定理的结论。

当弧段$\overset{\frown}{AB}$由方程$y=f(x)(x\in[a,b])$给出,且$f(a)\neq f(b)$时,那么从几何图形得出

$$f(b)-f(a)=f'(\xi)(b-a)\quad 或\quad f'(\xi)=\frac{f(b)-f(a)}{b-a},\quad \xi\in(a,b)$$

这就是拉格朗日中值定理的结论。

当弧段$\overset{\frown}{AB}$由参数方程$x=g(t),y=f(t),t\in(\alpha,\beta)$给出,点$A$与$B$分别对应于参数$\alpha$与$\beta$,且$g'(t)\neq 0$时,那么从几何图形得出

$$\frac{f(b)-f(a)}{g(b)-g(a)}=\frac{f'(\xi)}{g'(\xi)},\quad \xi\in(a,b)$$

这就是柯西中值定理的结论。

从以上三个式子可以看出,拉格朗日中值定理是柯西中值定理的特殊情形,罗尔定理是拉格朗日中值定理的特殊情形。或者说,拉格朗日中值定理是罗尔定理的推广,柯西中值定理是拉格朗日中值定理的推广。它们是我们用导数去判定函数的各种性态的桥梁。

在高等数学范围内,罗尔定理的主要作用在于用它来证明拉格朗日中值定理与柯西中值定理;柯西中值定理的主要作用在于用它来证明洛必达法则和泰勒中值定理;拉格朗日中值定理的主要作用在于用它来推得三种函数性态的判定法:函数单调性的判别法;函数极值的判别法;曲线凹凸性的判别法。

2. 洛必达法则

在求$\frac{0}{0}$型和$\frac{\infty}{\infty}$型未定式的极限时,可以使用洛必达法则,而对其他形式的未定式:$0\cdot\infty$、$\infty-\infty$、0^0、1^∞、∞^0,可以先将其化为能用洛必达法则求极限的形式,再去求其极限。

3. 函数的极值与最值

最大值与最小值是全局性的概念,所以最大值一定大于或等于最小值;而极值是局部性的概念,所以极小值可能比极大值大。这是最值与极值之间的区别。

可以用函数极值的判别法来判断函数的驻点与不可导点是否是函数的极值。求闭区间$[a,b]$上连续函数$y=f(x)$的最大值与最小值的方法是计算出函数的所有极值,再把端点处的函数值求出,比较这些值的大小,其中最大的就是最大值,最小的就是最小值。求实际问题的最大值或最小值,首先要根据实际问题的具体情况,建立目标函数,并确定其区间,然后按上述方法求出最大值或最小值。此时需注意,对于实际问题,可以考虑其实际意义,使问题简化。

学习指导

1. 本章要求

(1) 理解罗尔定理、拉格朗日中值定理,了解柯西中值定理。

(2) 熟练掌握洛必达法则。

(3) 掌握函数单调性的判定方法、极值的概念及求法。

(4) 会解决较简单的最大值与最小值的应用问题。

(5) 掌握曲线凹凸性的判定方法，会求曲线的拐点。

(6) 掌握函数作图的主要步骤。

2. 学习重点

(1) 罗尔定理，拉格朗日中值定理。

(2) 洛必达法则。

(3) 函数极值的求法，函数的最大值与最小值及其应用问题。

3. 学习难点

函数的最大值与最小值及其应用问题。

4. 学习建议

(1) 掌握微分中值定理，首先要理解它们的条件与结论，以及它们在利用导数解决实际问题与函数性态研究方面所起的作用。

(2) 洛必达法则是求未定式极限的有效方法，但不是万能的方法。在应用此法则的过程中，有时会出现循环交替的现象，因而求不出极限；有时越算越复杂，无法继续进行运算；有时一个极限存在的未定式，使用法则后，反而导致导数之比的极限不存在的结果，这时一定要注意，切不可轻易下结论说极限不存在，而应另找方法去解决。

使用洛必达法则应注意以下几点。

① 每次使用洛必达法则，必须首先检验是不是$\frac{0}{0}$型或$\frac{\infty}{\infty}$型未定式。

② 使用洛必达法则时，不是对整个式子求导，而是分子、分母分别求导。

③ 在每次使用法则后，需先化简，以简化运算。

④ 根据具体情况，考虑是否需要作适当的变量替换，以简化运算。

扩展阅读

数学家简介

华罗庚(1910 年 11 月 12 日—1985 年 6 月 12 日)是中国著名数学家，中国科学院院士，美国国家科学院外籍院士，第三世界科学院院士，联邦德国巴伐利亚科学院院士，中国科学院数学研究所研究员、原所长。他是中国解析数论、典型群、矩阵几何学、自守函数论与多元复变函数等很多方面研究的创始人与奠基者，也是中国在世界上最有影响力的数学家之一。

1949 年新中国成立，华罗庚感到无比兴奋，决心回国。1950 年，华罗庚和夫人、孩子回国，担任清华大学数学系主任。接着，他受中国科学院院长郭沫若的邀请开始筹建数学研究所。1952 年 7 月，数学所成立，华罗庚担任所长。他潜心为中国培养数学人才，王元、陆启铿、龚升、陈景润、万哲先等在他的培养下成为著名的数学家。

回国后短短的几年中，华罗庚在数学领域里的研究硕果累累。他的论文《典型域上的多元复变函数论》于 1957 年 1 月获国家发明一等奖，并先后出版了中、俄、英文版专著；1957 年出版《数论导引》；1959 年莱比锡首先用德文出版了《指数和的估计及其在数论中的应用》，又先后出版了俄文版和中文版;1963 年华罗庚和他的学生万哲先合写的《典型群》一书出版。华罗庚创建了我国计算机技术研究所,也是我国最早主张研制电子计算机的科学家之一。

1958 年,华罗庚被任命为中国科技大学副校长兼应用数学系主任。在继续从事数学理论研究的同时,他努力尝试寻找一条数学和工农业实践相结合的道路。经过一段实践,他发现数学中的统筹法和优选法是在工农业生产中比较普遍应用的方法,可以提高工作效率,改变工作管理面貌。于是,华罗庚一面在科技大学讲课,一面带领学生到工农业实践中去推广优选法、统筹法。华罗庚编写了《统筹方法平话及补充》《优选法平话及其补充》,亲自带领中国科技大学师生到一些企业工厂推广和应用"双法",为工农业生产服务。

1978 年,华罗庚被任命为中国科学院副院长。他多年的研究成果《从单位圆谈起》《数论在近似分析中的应用》(与王元合作)、《优选学》等专著也相继正式出版。1984 年华罗庚以全票当选为美国科学院外籍院士。

华罗庚的主要成就如下。

华罗庚在解决高斯完整三角和的估计难题、华林和塔里问题改进、一维射影几何基本定理证明、近代数论方法应用研究等方面获得出色成果。

华罗庚早年的研究领域是解析数论,他在解析数论方面的成就尤其广为人知,国际颇具盛名的"中国解析数论学派"即华罗庚开创的学派,该学派对于质数分布问题与哥德巴赫猜想做出了许多重大贡献。

华罗庚也是中国解析数论、矩阵几何学、典型群、自守函数论等多方面研究的创始人和开拓者。

华罗庚在多复变函数论、典型群方面的研究领先西方数学界 10 多年,是国际上有名的"典型群中国学派"。

华罗庚与陈景润开创中国数学学派,并带领达到世界水平。

华罗庚在国际上以华氏命名的数学科研成果就有"华氏定理""怀依-华不等式""华氏不等式""普劳威尔-加当华定理""华氏算子""华-王方法"等。

20 世纪 40 年代,华罗庚解决了高斯完整三角和的估计这一历史难题,得到了最佳误差阶估计;对 G. H. 哈代与 J. E. 李特尔伍德关于华林问题及 E. 赖特关于塔里问题的结果作了重大的改进,三角和研究成果被国际数学界称为"华氏定理"。

华罗庚在代数方面证明了历史长久遗留的一维射影几何的基本定理;给出了体的正规子体一定包含在它的中心之中这个结果的一个简单而直接的证明,被称为嘉当-布饶尔-华定理。

华罗庚与王元教授合作在近代数论方法应用研究方面获重要成果,被称为"华-王方法"。

总复习题三

1. 填空题。

(1) 函数 $g(x)=2x^2-x-3$ 在区间$[0,1]$上满足拉格朗日中值定理中的 $\xi=$________。

(2) 函数 $f(x)=\ln(1-x^2)$ 在________内单调增加,在________内单调减少。

(3) 设 $y=2x^2+ax+3$ 在点 $x=1$ 取得极小值,则 $a=$________。

(4) 函数 $y=x^2+2x+3$ 在$[-3,4]$上的最小值为________。

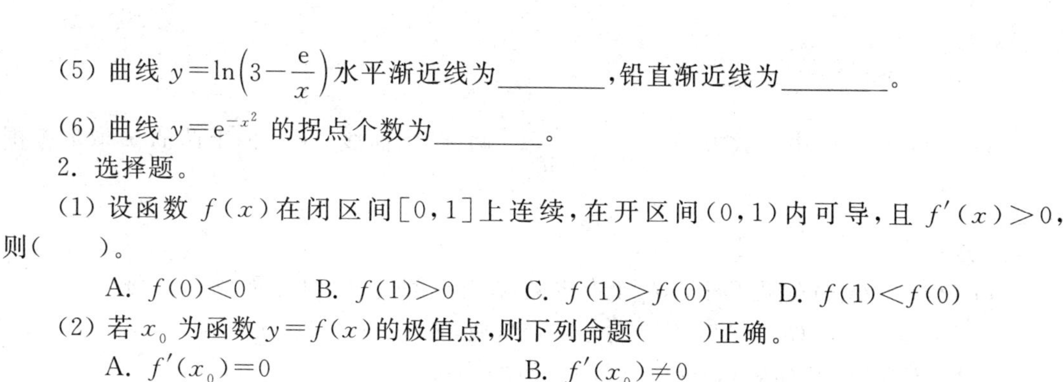

(5) 曲线 $y=\ln\left(3-\frac{e}{x}\right)$水平渐近线为________，铅直渐近线为________。

(6) 曲线 $y=e^{-x^2}$ 的拐点个数为________。

2. 选择题。

(1) 设函数 $f(x)$在闭区间$[0,1]$上连续，在开区间$(0,1)$内可导，且 $f'(x)>0$，则(　　)。

A. $f(0)<0$　　B. $f(1)>0$　　C. $f(1)>f(0)$　　D. $f(1)<f(0)$

(2) 若 x_0 为函数 $y=f(x)$的极值点，则下列命题(　　)正确。

A. $f'(x_0)=0$　　B. $f'(x_0)\neq 0$

C. $f'(x_0)=0$ 或 $f'(x_0)$不存在　　D. $f'(x_0)$不存在

(3) (　　)不可能成为最值点。

A. 拐点　　B. 驻点　　C. 不可导点　　D. 区间端点

(4) 曲线 $y=\frac{4x-1}{(x-1)^2}$，(　　)。

A. 仅有垂直渐近线　　B. 仅有水平渐近线

C. 无渐近线　　D. 既有垂直渐近线，又有水平渐近线

(5) 设 $f(x)=\frac{1}{3}x^3-x$，则 $x=1$ 为 $f(x)$在$[-2,2]$上的(　　)。

A. 极小值点，但不是最小值点　　B. 极小值点，也是最小值点

C. 极大值点，但不是最大值点　　D. 极大值点，也是最大值点

*(6) 曲线 $y=e^x$ 在$(0,1)$点的曲率为(　　)。

A. $2\sqrt{2}$　　B. $\frac{1}{2\sqrt{2}}$　　C. $\sqrt{2}$　　D. $\frac{\sqrt{2}}{2}$

3. 计算下列各题。

(1) $\lim\limits_{x\to\frac{\pi}{2}}\frac{\ln\sin x}{(\pi-2x)^2}$；　(2) $\lim\limits_{x\to 0^+}\left(\frac{1}{x}\right)^{\tan x}$；　(3) $\lim\limits_{x\to 0}\left(\frac{1}{x^2}-\frac{1}{x\tan x}\right)$。

4. 讨论函数 $y=\sqrt{3}\arctan x-2\arctan\frac{x}{\sqrt{3}}$的单调性，并求其极值。

5. 求 $y=2x^3-6x^2-18x+7$ 在$[-1,4]$上的最大值与最小值。

6. 求曲线 $y=(x-1)\sqrt[3]{x^5}$ 的凹凸区间及拐点。

7. 证明：当 $x>0$ 时，$\frac{x}{1+x^2}<\arctan x<x$。

8. 设 $f(x)$在$[0,a]$上连续，在$(0,a)$内可导，且 $f(a)=0$。证明存在一点 $\xi\in(0,a)$，使 $\xi f'(\xi)+f(\xi)=0$。

考 研 真 题

1. 填空题。

(1) 曲线 $y=\frac{x+4\sin x}{5x-2\cos x}$的水平渐近线为________。

(2) $\lim\limits_{x\to 0}(\cos x)^{\frac{1}{\ln(1+x^2)}}=$ ________。

(3) 设函数 $y(x)$ 由参数方程 $\begin{cases}x=t^3+3t+1\\y=t^3-3t+1\end{cases}$ 确定，则曲线 $y(x)$ 向上凸的 x 取值范围为________。

2. 选择题。

(1) 设函数 $f(x)$ 在闭区间 $[a,b]$ 上有定义，在开区间 (a,b) 内可导，则(　　)。

A. 当 $f(a)f(b)<0$ 时，存在 $\xi\in(a,b)$，使 $f(\xi)=0$

B. 对任何 $\xi\in(a,b)$，有 $\lim\limits_{x\to\xi}[f(x)-f(\xi)]=0$

C. 当 $f(a)=f(b)$ 时，存在 $\xi\in(a,b)$，使 $f(\xi)=0$

D. 存在 $\xi\in(a,b)$，使 $f(b)-f(a)=f'(\xi)(b-a)$

(2) 设 $f'(x_0)=f''(x_0)=0$，$f'''(x_0)>0$，则下列选项正确的是(　　)。

A. $f'(x_0)$ 是 $f'(x)$ 的极大值　　B. $f(x_0)$ 是 $f(x)$ 的极大值

C. $f(x_0)$ 是 $f(x)$ 的极小值　　D. $(x_0,f(x_0))$ 是曲线 $y=f(x)$ 的拐点

3. 计算题。

(1) $\lim\limits_{x\to\infty}\left[x-x^2\ln\left(1+\frac{1}{x}\right)\right]$；

(2) $\lim\limits_{x\to 0}\left[\frac{a}{x}-\left(\frac{1}{x^2}-a^2\right)\ln(1+ax)\right](a\neq 0)$。

4. 设函数 $f(x)$ 在闭区间 $[a,b]$ 上连续，在开区间 (a,b) 内可导。证明：在 (a,b) 内至少存在一点 ξ，使 $\frac{bf(b)-af(a)}{b-a}=f(\xi)+\xi f'(\xi)$。

5. 证明：当 $0<x<\pi$ 时，$\sin\frac{x}{2}>\frac{x}{\pi}$。

第四章 不定积分

正如加法与减法互为逆运算,乘法与除法互为逆运算一样,微分法也有它的逆运算——积分法。我们已经了解到,微分法研究的基本问题是已知函数求它的导函数,与它相反的问题是:求一个未知函数,使其导数恰好是某一已知函数。这样的逆运算出现在许多实际问题中,如已知速度求路程,已知加速度求速度等。本章与后一章(定积分及其应用)构成一元函数积分学。

第一节 不定积分的概念与性质

一、原函数与不定积分

定义 4-1 如果在区间 I 上,可导函数 $F(x)$ 的导函数为 $f(x)$,即对任意的 $x\in I$,都有

$$F'(x)=f(x) \quad 或 \quad \mathrm{d}F(x)=f(x)\mathrm{d}x$$

则称函数 $F(x)$ 为函数 $f(x)$ 在区间 I 上的一个原函数。

例如,因 $(\sin x)'=\cos x$,故 $\sin x$ 是 $\cos x$ 在区间 $(-\infty,+\infty)$ 上的一个原函数。

又如,$(x^2)'=2x$,$(x^2+3)'=2x$,有 x^2,x^2+3 是 $2x$ 在区间 $(-\infty,+\infty)$ 上的原函数。

由前面的讨论可以知道,函数可导必须具备一定的条件,研究原函数的首要问题是一个函数具备怎样的条件,才能保证它的原函数一定存在?在这里先介绍一个结论。

定理 4-1(原函数存在定理) 如果函数 $f(x)$ 在区间 I 上连续,那么在区间 I 上存在可导函数 $F(x)$,使对任意 $x\in I$,都有

$$F'(x)=f(x)$$

简单地说,连续函数一定有原函数。

因为初等函数在其定义区间内连续,所以初等函数在其定义区间内一定有原函数。

由前面的例子可以得出结论:如果函数 $f(x)$ 有一个原函数 $F(x)$,那么与 $F(x)$ 相差任意一个常数的函数 $F(x)+C$ 都是函数 $f(x)$ 的原函数。

定理 4-2 在区间 I 上,如果函数 $f(x)$ 有一个原函数 $F(x)$,那么 $F(x)+C$ 是 $f(x)$ 在 I 的全体原函数,其中 C 为任意常数。

证 已知 $F'(x)=f(x)$,所以有 $[F(x)+C]'=F'(x)=f(x)$,即 $F(x)+C$ 是函数 $f(x)$ 的原函数。

若函数 $G(x)$ 也是 $f(x)$ 在区间 I 上的一个原函数,则一定是 $F(x)+C$ 的形式,事实

上，当 $x\in I$ 时，有

$$[G(x)-F(x)]'=G'(x)-F'(x)=f(x)-f(x)=0$$

由拉格朗日中值定理的推论知

$$G(x)-F(x)=C_0,\quad C_0\text{ 为任意常数}$$

也就是

$$G(x)=F(x)+C_0$$

这就证明了 $F(x)+C$ 是 $f(x)$的全体原函数。

定义 4-2 函数 $f(x)$在区间 I 上的全部原函数称为 $f(x)$在区间 I 上的不定积分，记作

$$\int f(x)\mathrm{d}x$$

其中，符号$\int$称为积分号；$f(x)$称为被积函数；$f(x)\mathrm{d}x$ 称为被积表达式；x 称为积分变量。

需要注意的是，$\int f(x)\mathrm{d}x$ 是一个整体记号；不定积分与原函数是总体与个体的关系，即若 $F(x)$是 $f(x)$的一个原函数，则$f(x)$的不定积分是一个函数族$\{F(x)+C\}$，其中 C 是任意常数，即

$$\int f(x)\mathrm{d}x=F(x)+C$$

此时称 C 为积分常数，它可取任意实数。故有

$$\left[\int f(x)\mathrm{d}x\right]'=f(x)\text{——先积后导正好还原}$$

或 $$\mathrm{d}\int f(x)\mathrm{d}x=f(x)\mathrm{d}x$$

$$\int f'(x)\mathrm{d}x=f(x)+C\text{——先导后积还原后需加上一个常数(不能完全还原)}$$

或 $$\int \mathrm{d}f(x)=f(x)+C$$

为简单起见，常常不注明积分变量的区间，这时积分变量的区间应理解为使等式成立的最大区间。

【例 4-1】 求$\int 2x\,\mathrm{d}x$。

解 由于$(x^2)'=2x$，所以 x^2 是 $2x$ 的一个原函数，因此

$$\int 2x\,\mathrm{d}x=x^2+C$$

【例 4-2】 求$\int \frac{1}{x}\mathrm{d}x$。

解 当 $x>0$ 时，$(\ln x)'=\frac{1}{x}$，所以 $\ln x$ 是$\frac{1}{x}$在$(0,+\infty)$内的一个原函数。

当 $x<0$ 时，即 $-x>0$ 时，$[\ln(-x)]'=\frac{1}{-x}\cdot(-1)=\frac{1}{x}$，所以 $\ln(-x)$是$\frac{1}{x}$在$(-\infty,0)$内的一个原函数。

因此，当 $x\neq 0$ 时，$\ln|x|$是$\frac{1}{x}$的一个原函数，从而有

$$\int \frac{1}{x}\mathrm{d}x = \ln|x| + C$$

二、不定积分的几何意义

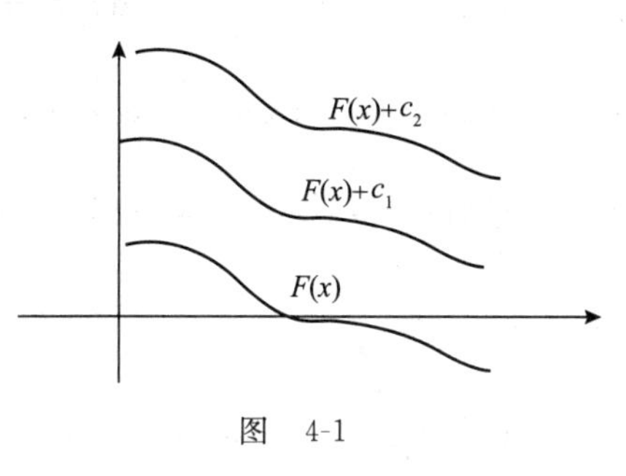

图 4-1

在几何上，我们通常把 $f(x)$ 的一个原函数 $F(x)$ 的图像称为 $f(x)$ 的一条积分曲线。于是，不定积分 $\int f(x)\mathrm{d}x$ 在几何上表示的是一族曲线，$F(x)+C$ 称为积分曲线族。这一族曲线有两个特点：一是横坐标相同点处的切线平行，并且斜率都等于 $f(x)$；二是这一族曲线中的任意两条曲线只差一个常数(见图 4-1)。

在讨论问题时，有时要从积分曲线族 $F(x)+C$ 中确定一条通过定点(x_0,y_0)的积分曲线，即确定满足初始条件 $F(x_0)=y_0$ 的原函数。这样的曲线是唯一的。这时，只要在等式 $y=F(x)+C$ 中代入初始条件(x_0,y_0)即可。

【例 4-3】 设曲线过点$(0,-1)$，且曲线上任一点处的切线斜率等于该点横坐标的 4 倍，求曲线方程。

解 设所求的曲线为 $y=f(x)$，(x,y)为曲线上任一点。由题设条件可得

$$y'=f'(x)=4x$$

求得

$$y=\int 4x\,\mathrm{d}x = 2x^2 + C$$

又因为所求曲线 $f(x)$ 过点$(0,-1)$，所以有 $f(0)=-1$，故 $-1=0+C$，即 $C=-1$，则所求的曲线方程为

$$y=2x^2-1$$

三、基本积分公式

既然积分运算与微分运算是互逆的，那么可以从基本导数公式或微分公式得到相应的基本积分公式。

① $\int \mathrm{d}x = x + C$

② $\int x^{\alpha}\mathrm{d}x = \frac{x^{\alpha+1}}{\alpha+1} + C(\alpha \neq -1, x > 0)$

③ $\int \frac{1}{x}\mathrm{d}x = \ln|x| + C$

④ $\int a^x\mathrm{d}x = \frac{a^x}{\ln a} + C(\alpha > 0, a \neq 1)$

⑤ $\int \mathrm{e}^x\mathrm{d}x = \mathrm{e}^x + C$

⑥ $\int \sin x\,\mathrm{d}x = -\cos x + C$

⑦ $\int \cos x \mathrm{d}x = \sin x + C$

⑧ $\int \frac{1}{\cos^2 x} \mathrm{d}x = \int \sec^2 x \mathrm{d}x = \tan x + C$

⑨ $\int \frac{1}{\sin^2 x} \mathrm{d}x = \int \csc^2 x \mathrm{d}x = -\cot x + C$

⑩ $\int \sec x \cdot \tan x \mathrm{d}x = \sec x + C$

⑪ $\int \csc x \cdot \cot x \mathrm{d}x = -\csc x + C$

⑫ $\int \frac{1}{1+x^2} \mathrm{d}x = \arctan x + C$

⑬ $\int \frac{\mathrm{d}x}{\sqrt{1-x^2}} = \arcsin x + C$

以上 13 个基本积分公式是求不定积分的基础,需要熟记。其他函数的不定积分经运算变形后,最终也会归结为这些基本不定积分的计算问题。

四、不定积分的性质

根据不定积分的定义,可以得到如下两个性质,以下设 $f(x)$和 $g(x)$存在原函数。

性质 1 积分对于函数的可加性,即

$$\int [f(x) + g(x)] \mathrm{d}x = \int f(x) \mathrm{d}x + \int g(x) \mathrm{d}x$$

性质 1 可以推广到任意有限多个函数的代数和的情形,即

$$\int [f_1(x) \pm f_2(x) \pm \cdots \pm f_n(x)] \mathrm{d}x = \int f_1(x) \mathrm{d}x \pm \int f_2(x) \mathrm{d}x \pm \cdots \pm \int f_n(x) \mathrm{d}x$$

性质 2 积分对于函数的齐次性,即

$$\int k f(x) \mathrm{d}x = k \int f(x) \mathrm{d}x, \quad k \text{ 为常数}, k \neq 0$$

综合性质 1 和性质 2,可以得出不定积分的线性性质:

$$\int [k_1 f_1(x) + k_2 f_2(x) + \cdots + k_n f_n(x)] \mathrm{d}x = k_1 \int f_1(x) \mathrm{d}x + k_2 \int f_2(x) \mathrm{d}x + \cdots + k_n \int f_n(x) \mathrm{d}x$$

其中,$k_1, k_2, \cdots, k_n$ 不全为零。

以上两个性质,可以通过对右边关系式求导数,结果等于左边被积函数的方法来验证。

利用不定积分的性质和基本积分公式,可以求一些简单函数的不定积分。

【例 4-4】 求 $\int \frac{\mathrm{d}x}{x^3}$。

解
$$\int \frac{\mathrm{d}x}{x^3} = \int x^{-3} \mathrm{d}x = \frac{x^{-3+1}}{-3+1} + C = -\frac{1}{2x^2} + C$$

【例 4-5】 求 $\int x^2 \cdot \sqrt[3]{x} \mathrm{d}x$。

解
$$\int x^2 \cdot \sqrt[3]{x}\,dx = \int x^{\frac{7}{3}}\,dx = \frac{3}{10}x^{\frac{10}{3}} + C$$

以上两个例子表明，当被积函数是以分式或根式表示的幂函数时，应先把它化为 x^α 的形式，然后应用基本积分公式来求不定积分。

【例 4-6】 求 $\int (1+x)^2\,dx$。

解
$$\int (1+x)^2\,dx = \int (1+2x+x^2)\,dx = \int dx + \int 2x\,dx + \int x^2\,dx$$
$$= x + 2\int x\,dx + \frac{1}{3}x^3 = x + x^2 + \frac{1}{3}x^3 + C$$

注意：在分项积分后，每个不定积分的结果都含有任意常数。由于任意常数的代数和仍为任意常数，故只需在最后一个积分符号消失的同时，加上一个积分常数。

【例 4-7】 求 $\int \frac{dx}{x^2(1+x^2)}$。

解 被积函数不能直接用公式，可以用加项、减项的方法，先将被积函数变形再积分，即
$$\frac{1}{x^2(1+x^2)} = \frac{1}{x^2} - \frac{1}{1+x^2}$$
于是
$$\int \frac{dx}{x^2(1+x^2)} = \int \left(\frac{1}{x^2} - \frac{1}{1+x^2}\right) dx = -\frac{1}{x} - \arctan x + C$$

【例 4-8】 求 $\int \frac{x^4}{1+x^2}\,dx$。

解
$$\int \frac{x^4}{1+x^2}\,dx = \int \frac{x^4-1+1}{1+x^2}\,dx = \int \left(x^2 - 1 + \frac{1}{1+x^2}\right) dx = \frac{1}{3}x^3 - x + \arctan x + C$$

【例 4-9】 求 $\int (\cos x - 5e^x)\,dx$。

解
$$\int (\cos x - 5e^x)\,dx = \int \cos x\,dx - 5\int e^x\,dx = \sin x - 5e^x + C$$

【例 4-10】 求 $\int 3^x e^x\,dx$。

解 因为 $3^x e^x = (3e)^x$，所以可以把 3e 看作 a，利用积分公式 4，可求得
$$\int 3^x e^x\,dx = \int (3e)^x\,dx = \frac{1}{\ln(3e)}(3e)^x + C = \frac{3^x e^x}{1+\ln 3} + C$$

还有一些积分，被积函数可以利用三角恒等式化成基本积分公式表中存在的类型的积分再进行积分。

【例 4-11】 求 $\int \cos^2 \frac{x}{2}\,dx$。

解
$$\int \cos^2 \frac{x}{2}\,dx = \frac{1}{2}\int (\cos x + 1)\,dx = \frac{1}{2}(\sin x + x) + C$$

【例 4-12】 求 $\int \cos \frac{x}{2} \sin \frac{x}{2}\,dx$。

解
$$\int \cos \frac{x}{2} \sin \frac{x}{2}\,dx = \frac{1}{2}\int \sin x\,dx = -\frac{1}{2}\cos x + C$$

【例 4-13】 求 $\int \frac{\mathrm{d}x}{\sin^2 x \cos^2 x}$。

解

$$\int \frac{\mathrm{d}x}{\sin^2 x \cos^2 x} = \int \frac{\sin^2 x + \cos^2 x}{\sin^2 x \cos^2 x}\mathrm{d}x = \int \frac{\mathrm{d}x}{\cos^2 x} + \int \frac{\mathrm{d}x}{\sin^2 x}$$

$$= \tan x - \cot x + C$$

习题 4.1

1. 计算题。

(1) 若 $\int f(x)\mathrm{d}x = 2^x + \cos x + C$,求 $f(x)$。

(2) 若 $f(x)$的一个原函数为 x^4,求 $f(x)$。

(3) 若 $f(x)$的一个原函数的 $\sin x$,求 $\int f'(x)\mathrm{d}x$。

2. 求下列不定积分。

(1) $\int \sqrt[n]{x^m}\,\mathrm{d}x$;

(2) $\int (\cos x - 2\sin x)\mathrm{d}x$;

(3) $\int \frac{5^x - 2^x}{3^x}\mathrm{d}x$;

(4) $\int \left(2^x + \frac{3}{\sqrt{1-x^2}}\right)\mathrm{d}x$;

(5) $\int \left(\frac{2}{x} + \frac{1}{\cos^2 x} - 5\mathrm{e}^x\right)\mathrm{d}x$;

(6) $\int (1-2x)^2 \cdot \sqrt{x}\,\mathrm{d}x$;

(7) $\int \frac{x^2 - 2x - 1}{x^2}\mathrm{d}x$;

(8) $\int \frac{(1-x)^3}{x^2}\mathrm{d}x$;

(9) $\int \frac{(1-x)^2}{\sqrt[3]{x}}\mathrm{d}x$;

(10) $\int \frac{(x-\sqrt{x})(1+\sqrt{x})}{\sqrt[3]{x}}\mathrm{d}x$;

(11) $\int \frac{x^2 + 7x + 12}{x+4}\mathrm{d}x$;

(12) $\int \frac{x^2}{1+x^2}\mathrm{d}x$;

(13) $\int \sin^2 \frac{x}{2}\mathrm{d}x$;

(14) $\int \tan^2 x\,\mathrm{d}x$;

(15) $\int (2^x \mathrm{e}^x + 3^{2x})\mathrm{d}x$;

(16) $\int \frac{\cos 2x}{\sin^2 x \cos^2 x}\mathrm{d}x$;

(17) $\int \mathrm{e}^{x+1}\mathrm{d}x$;

(18) $\int (\mathrm{e}^x + \sqrt[3]{x})\mathrm{d}x$;

(19) $\int \frac{1}{\sin^2 \frac{x}{2} \cos^2 \frac{x}{2}}\mathrm{d}x$;

(20) $\int (2^x + 3^x)^2 \mathrm{d}x$。

3. 已知曲线 $y=f(x)$过点(0,0),且在点(x,y)处的切线斜率为 $k=3x^2+1$,求曲线方程。

4. 求满足下列条件的函数 $f(x)$:

$$f'(x) = \left(\sin\frac{x}{2} + \cos\frac{x}{2}\right)^2,\quad f\left(\frac{\pi}{4}\right) = 0$$

第二节　换元积分法

利用基本积分公式和积分性质所能计算的积分非常有限，因此，有必要进一步研究不定积分的求法。本节把复合函数的微分法反过来用于求不定积分，利用中间变量的代换，得到复合函数的积分法，称为换元积分法，简称换元法。利用这种方法，通过适当选择变量代换，使原来的被积函数化成基本积分公式的形式，再结合不定积分的性质求出不定积分。

一、第一类换元积分法

引例　求$\int \cos 2x\,\mathrm{d}x$。

解　因为被积函数 $\cos 2x$ 是一个复合函数，所以基本积分公式

$$\int \cos x\,\mathrm{d}x = \sin x + C$$

不能直接应用，为了套用这个公式，需要先把原积分作下列变形，然后作变量代换$u=2x$，之后再进行计算

$$\int \cos 2x\,\mathrm{d}x = \frac{1}{2}\int \cos 2x\,\mathrm{d}2x = \frac{1}{2}\int \cos u\,\mathrm{d}u = \frac{1}{2}\sin u + C = \frac{1}{2}\sin 2x + C$$

由于$\left(\frac{1}{2}\sin 2x + C\right)' = \cos 2x$，所以$\int \cos 2x\,\mathrm{d}x = \frac{1}{2}\sin 2x + C$ 是正确的。

由此可以得出结论，如果不定积分不能用基本积分公式直接求出，但被积表达式具有形式

$$f[\varphi(x)]\varphi'(x)\mathrm{d}x = f[\varphi(x)]\mathrm{d}\varphi(x)$$

则作变量代换 $u=\varphi(x)$，得

$$\int f[\varphi(x)]\varphi'(x)\mathrm{d}x = \int f(u)\mathrm{d}u$$

而积分$\int f(u)\mathrm{d}u$ 可以求出，不妨设

$$\int f(u)\mathrm{d}u = F(u) + C$$

则

$$\int f[\varphi(x)]\varphi'(x)\mathrm{d}x = \int f[\varphi(x)]\mathrm{d}\varphi(x) = \int f(u)\mathrm{d}u = F(u) + C = F[\varphi(x)] + C$$

于是有下述定理。

定理 4-3(第一类换元积分法)　设 $f(u)$及 $\varphi'(x)$连续，且 $F'(u)=f(u)$，则作变量代换 $u=\varphi(x)$后，有

$$\int f[\varphi(x)]\varphi'(x)\mathrm{d}x = \int f[\varphi(x)]\mathrm{d}\varphi(x) = \int f(u)\mathrm{d}u = F(u) + C = F[\varphi(x)] + C$$

这里将$\int f[\varphi(x)]\varphi'(x)\mathrm{d}x$ 利用中间变量u 化为$\int f(u)\mathrm{d}u$，可直接(或稍微变形)应用基

本积分公式求得结果,再将 u 还原成 $\varphi(x)$ 的积分法,称为第一换元积分法,也叫凑微分法。

第一类换元积分法主要分为以下两个步骤。

(1) 把被积函数分解为两部分因式相乘的形式,其中一部分是 $\varphi(x)$ 的函数 $f[\varphi(x)]$,另一部分是 $\varphi(x)$ 的导数 $\varphi'(x)$。

(2) 凑微分 $\varphi'(x)\mathrm{d}x=\mathrm{d}\varphi(x)$,并作变量代换 $u=\varphi(x)$,从而把关于积分变量 x 的不定积分转化为关于新积分变量 u 的不定积分。这样就可化难为易,化未知为已知。

【例 4-14】 求 $\int\frac{1}{2x+1}\mathrm{d}x$。

解 把被积函数中的 $2x+1$ 看作新变量 u,即 $u=2x+1$,且 $\mathrm{d}u=2\mathrm{d}x$,所以令 $u=2x+1$ 作代换,得

$$\int\frac{1}{2x+1}\mathrm{d}x=\frac{1}{2}\int\frac{2\mathrm{d}x}{2x+1}=\frac{1}{2}\int\frac{\mathrm{d}u}{u}=\frac{1}{2}\ln|u|+C=\frac{1}{2}\ln|2x+1|+C$$

【例 4-15】 求 $\int\frac{a^{\frac{1}{x}}}{x^2}\mathrm{d}x$。

解 把被积函数中的 $\frac{1}{x}$ 看作新变量 u,使所给积分化为基本积分 $\int a^x\mathrm{d}x$ 形式。

为此,令 $u=\frac{1}{x}$,则 $\mathrm{d}u=-\frac{\mathrm{d}x}{x^2}$,于是

$$\int\frac{a^{\frac{1}{x}}}{x^2}\mathrm{d}x=-\int a^u\mathrm{d}u=-\frac{a^u}{\ln a}+C=-\frac{a^{\frac{1}{x}}}{\ln a}+C$$

为简便起见,令 $u=\frac{1}{x}$ 这一过程可以不写出来,解题过程可以写成以下形式

$$\int\frac{a^{\frac{1}{x}}}{x^2}\mathrm{d}x=-\int a^{\frac{1}{x}}\mathrm{d}\left(\frac{1}{x}\right)=-\frac{a^{\frac{1}{x}}}{\ln a}+C$$

【例 4-16】 求 $\int\sin2x\,\mathrm{d}x$。

解 方法一

$$\int\sin2x\,\mathrm{d}x=\frac{1}{2}\int\sin2x\,\mathrm{d}2x=-\frac{1}{2}\cos2x+C$$

方法二

$$\int\sin2x\,\mathrm{d}x=\int2\sin x\cos x\,\mathrm{d}x=2\int\sin x\,\mathrm{d}\sin x=\sin^2x+C$$

方法三

$$\int\sin2x\,\mathrm{d}x=\int2\sin x\cos x\,\mathrm{d}x=-2\int\cos x\,\mathrm{d}\cos x=-\cos^2x+C$$

这就表明,同一个不定积分,选择不同的积分方法,得到的结果形式不同,这是完全正常的,可以用求导验证它们的正确性。同时,也可以看出这些积分结果表达式之间只相差一个常数。

【例 4-17】 求 $\int\frac{2x+3}{x^2+2x+2}\mathrm{d}x$。

解
$$\int \frac{2x+3}{x^2+2x+2}dx = \int \frac{(2x+2)+1}{x^2+2x+2}dx$$
$$= \int \frac{1}{x^2+2x+2}d(x^2+2x+2) + \int \frac{1}{x^2+2x+2}dx$$
$$= \ln(x^2+2x+2) + \int \frac{1}{(x+1)^2+1}d(x+1)$$
$$= \ln(x^2+2x+2) + \arctan(x+1) + C$$

【例 4-18】 求 $\int x e^{x^2} dx$。

解 被积函数中的一个因子为 e^{x^2}，剩下的因子恰好和中间变量 x^2 的导数有关，由 $x dx = \frac{1}{2}d(x^2)$，有
$$\int x e^{x^2} dx = \frac{1}{2}\int e^{x^2} d(x^2) = \frac{1}{2}e^{x^2} + C$$

【例 4-19】 求 $\int x\sqrt{3-x^2}dx$。

解 令中间变量为 $3-x^2$，则有
$$\int x\sqrt{3-x^2}dx = -\frac{1}{2}\int \sqrt{3-x^2}d(3-x^2) = -\frac{1}{2}\int (3-x^2)^{\frac{1}{2}}d(3-x^2)$$
$$= -\frac{1}{2}\cdot\frac{1}{\frac{1}{2}+1}(3-x^2)^{\frac{3}{2}} + C = -\frac{1}{3}(3-x^2)\sqrt{3-x^2} + C$$

【例 4-20】 求 $\int \frac{1+\ln x}{x\ln x}dx$。

解 $\int \frac{1+\ln x}{x\ln x}dx = \int \frac{1+\ln x}{\ln x}d(\ln x) = \int \left(1+\frac{1}{\ln x}\right)d(\ln x) = \ln|\ln x| + \ln x + C$

【例 4-21】 求 $\int \frac{1}{a^2+x^2}dx$。

解 $\int \frac{1}{a^2+x^2}dx = \frac{1}{a^2}\int \frac{1}{1+\left(\frac{x}{a}\right)^2}dx = \frac{1}{a}\int \frac{1}{1+\left(\frac{x}{a}\right)^2}d\frac{x}{a} = \frac{1}{a}\arctan\frac{x}{a} + C$

【例 4-22】 求 $\int \frac{1}{\sqrt{a^2-x^2}}dx$，$a>0$。

解 $\int \frac{1}{\sqrt{a^2-x^2}}dx = \int \frac{1}{a\sqrt{1-\left(\frac{x}{a}\right)^2}}dx = \int \frac{1}{\sqrt{1-\left(\frac{x}{a}\right)^2}}d\frac{x}{a} = \arcsin\frac{x}{a} + C$

【例 4-23】 求 $\int \frac{1}{x^2-a^2}dx$。

解
$$\int \frac{1}{x^2-a^2}dx = \frac{1}{2a}\int \left(\frac{1}{x-a} - \frac{1}{x+a}\right)dx$$
$$= \frac{1}{2a}\left[\int \frac{1}{x-a}d(x-a) - \int \frac{1}{x+a}d(x+a)\right]$$

$$=\frac{1}{2a}[\ln|x-a|-\ln|x+a|]+C$$

$$=\frac{1}{2a}\ln\left|\frac{x-a}{x+a}\right|+C$$

下面的例子中,被积函数都含有三角函数部分,这一类型的积分在运算过程中通常要用到一些三角恒等式。

【例 4-24】 求 $\int \tan x\,\mathrm{d}x$。

解 $$\int \tan x\,\mathrm{d}x=\int \frac{\sin x}{\cos x}\mathrm{d}x=-\int \frac{1}{\cos x}\mathrm{d}(\cos x)=-\ln|\cos x|+C$$

类似可得 $$\int \cot x\,\mathrm{d}x=\ln|\sin x|+C$$

【例 4-25】 求 $\int \sin^3 x\cos^2 x\,\mathrm{d}x$。

解 $$\begin{aligned}\int \sin^3 x\cos^2 x\,\mathrm{d}x&=\int \sin^2 x\cos^2 x\sin x\,\mathrm{d}x\\&=-\int \sin^2 x\cos^2 x\,\mathrm{d}\cos x\\&=\int (\cos^2 x-1)\cos^2 x\,\mathrm{d}\cos x\\&=\frac{1}{5}\cos^5 x-\frac{1}{3}\cos^3 x+C\end{aligned}$$

通常,对于 $\cos^{2l-1}x\sin^n x$ 或 $\cos^n x\sin^{2l-1}x\,(l\in\mathbf{N}^+)$ 型函数的积分,可依次对积分表达式作 $u=\sin x$ 或 $u=\cos x$ 变换,求得结果。

【例 4-26】 求 $\int \sin^2 x\,\mathrm{d}x$。

解 $$\begin{aligned}\int \sin^2 x\,\mathrm{d}x&=\int \frac{1-\cos 2x}{2}\mathrm{d}x\\&=\frac{1}{2}\int \mathrm{d}x-\frac{1}{2}\cdot\frac{1}{2}\int \cos 2x\,\mathrm{d}2x\\&=\frac{1}{2}x-\frac{1}{4}\sin 2x+C\end{aligned}$$

通常,对于 $\cos^{2l}x\sin^{2k}x\,(k,l\in\mathbf{N})$ 型函数的积分,可利用三角恒等式 $\sin^2 x=\frac{1-\cos 2x}{2}$,$\cos^2 x=\frac{1+\cos 2x}{2}$ 转化成 $\cos 2x$ 的多项式,求得结果。

【例 4-27】 求 $\int \sec^4 x\,\mathrm{d}x$。

解 $$\int \sec^4 x\,\mathrm{d}x=\int \sec^2 x\sec^2 x\,\mathrm{d}x=\int (1+\tan^2 x)\,\mathrm{d}\tan x=\tan x+\frac{1}{3}\tan^3 x+C$$

【例 4-28】 求 $\int \tan^3 x\sec^4 x\,\mathrm{d}x$。

解

$$\begin{aligned}\int \tan^3 x\ \sec^4 x\,\mathrm{d}x &= \int \tan^2 x\ \sec^3 x \tan x \sec x\,\mathrm{d}x \\ &= \int (\sec^2 x - 1)\sec^3 x\,\mathrm{d}\sec x \\ &= \int (\sec^5 x - \sec^3 x)\,\mathrm{d}\sec x \\ &= \frac{1}{6}\sec^6 x - \frac{1}{4}\sec^4 x + C\end{aligned}$$

通常，对于$\tan^{2l-1}x\ \sec^n x$或$\tan^n x\ \sec^{2l}x\,(l\in\mathbf{N}^+)$型函数的积分，可依次对积分表达式作$u=\sec x$或$u=\tan x$变换，求得结果。

【例 4-29】 求$\int \sec x\,\mathrm{d}x$。

解

$$\begin{aligned}\int \sec x\,\mathrm{d}x &= \int \frac{\sec x(\sec x+\tan x)}{\sec x+\tan x}\mathrm{d}x = \int \frac{\sec^2 x+\sec x\tan x}{\sec x+\tan x}\mathrm{d}x \\ &= \int \frac{1}{\sec x+\tan x}\mathrm{d}(\sec x+\tan x) = \ln|\sec x+\tan x|+C\end{aligned}$$

【例 4-30】 求$\int \csc x\,\mathrm{d}x$。

解　方法一　利用上题的结果有

$$\begin{aligned}\int \csc x\,\mathrm{d}x &= \int \sec\left(\frac{3\pi}{2}+x\right)\mathrm{d}\left(\frac{3\pi}{2}+x\right) \\ &= \ln\left|\tan\left(\frac{3\pi}{2}+x\right)+\sec\left(\frac{3\pi}{2}+x\right)\right|+C \\ &= \ln|\csc x-\cot x|+C\end{aligned}$$

方法二

$$\begin{aligned}\int \csc x\,\mathrm{d}x &= \int \frac{\csc x(\csc x-\cot x)}{\csc x-\cot x}\mathrm{d}x = \int \frac{\csc^2 x-\csc x\cot x}{\csc x-\cot x}\mathrm{d}x \\ &= \int \frac{1}{\csc x-\cot x}\mathrm{d}(\csc x-\cot x) = \ln|\csc x-\cot x|+C\end{aligned}$$

【例 4-31】 求$\int \frac{\cos\sqrt{x}}{\sqrt{x}}\mathrm{d}x$。

解

$$\int \frac{\cos\sqrt{x}}{\sqrt{x}}\mathrm{d}x = 2\int \cos\sqrt{x}\,\mathrm{d}\sqrt{x} = 2\sin\sqrt{x}+C$$

【例 4-32】 $\int \cos 4x\cos 3x\,\mathrm{d}x$。

解　利用三角函数的积化和差公式(见附录 B)

$$\cos A\cos B = \frac{1}{2}[\cos(A+B)+\cos(A-B)]$$

得

$$\cos 4x\cos 3x = \frac{1}{2}(\cos 7x+\cos x)$$

于是

$$\begin{aligned}\int\cos 4x\cos 3x\,dx &= \frac{1}{2}\int(\cos 7x+\cos x)\,dx\\ &=\frac{1}{2}\int\cos 7x\,dx+\frac{1}{2}\int\cos x\,dx\\ &=\frac{1}{2}\cdot\frac{1}{7}\int\cos 7x\,d(7x)+\frac{1}{2}\sin x\\ &=\frac{1}{14}\sin 7x+\frac{1}{2}\sin x+C\end{aligned}$$

【例 4-33】 求 $\int\frac{1-\cos x}{x-\sin x}dx$

解 因为 $(x-\sin x)'=1-\cos x$，所以

$$\begin{aligned}\int\frac{1-\cos x}{x-\sin x}dx &= \int\frac{(x-\sin x)'}{x-\sin x}dx\\ &=\int\frac{d(x-\sin x)}{x-\sin x}=\ln|x-\sin x|+C\end{aligned}$$

可见，第一类换元积分法(凑微分法)是一种非常有效的积分法。不过，求复合函数的不定积分比求复合函数的导数困难。要掌握第一类换元积分法，不仅要熟悉一些典型的例子，还需要做大量的练习。熟练地运用凑微分是求不定积分的重要技巧之一，为了方便应用，我们将常用的凑微分形式列出如下。

(1) $a\,dx=d(ax+b)$；

(2) $x\,dx=\frac{1}{2a}d(ax^2+b)$；

(3) $\frac{1}{\sqrt{x}}dx=2d\sqrt{x}$；

(4) $\frac{1}{x^2}dx=-d\frac{1}{x}$；

(5) $e^x dx=de^x$；

(6) $\frac{1}{x}dx=d\ln x$；

(7) $\cos x\,dx=d\sin x$；

(8) $\sin x\,dx=-d\cos x$；

(9) $\sec^2 x\,dx=d\tan x$；

(10) $\frac{1}{1+x^2}dx=d\arctan x$；

(11) $\frac{1}{\sqrt{1-x^2}}dx=d\arcsin x$。

下面介绍另一种形式的变量代换 $x=\varphi(t)$，即第二类换元积分法。

二、第二类换元积分法

第一类换元积分法是通过变量代换 $u=\varphi(x)$，将积分 $\int f[\varphi(x)]\varphi'(x)dx$ 转化为 $\int f(u)du$ 的形式来进行计算。在计算过程中经常会遇到相反的情形，即需要选择变量代换 $x=\varphi(t)$，将积分 $\int f(x)dx$ 转化为积分 $\int f[\varphi(t)]\varphi'(t)dt$，即

$$\int f(x)dx=\int f[\varphi(t)]\varphi'(t)dt$$

该等式如果成立，则首先要求积分 $\int f[\varphi(t)]\varphi'(t)\mathrm{d}t$ 是存在的，即 $f[\varphi(t)]\varphi'(t)$ 有原函数，这里设它的一个原函数为 $\Phi(t)$，则有

$$\int f[\varphi(t)]\varphi'(t)\mathrm{d}t=\Phi(t)+C$$

其次要保证 $x=\varphi(t)$ 在 t 的某个区间（该区间和所考虑的 x 的积分区间相对应）上反函数 $t=\varphi^{-1}(x)$ 是存在的，则有

$$\int f(x)\mathrm{d}x=\int f[\varphi(t)]\varphi'(t)\mathrm{d}t=\Phi(t)+C=\Phi[\varphi^{-1}(x)]+C$$

归结以上讨论，得出以下定理。

定理 4-4（第二类换元积分法）　设 $x=\varphi(t)$ 单调可微，且 $\varphi'(t)\neq 0$，又设 $f[\varphi(t)]\varphi'(t)$ 具有原函数 $\Phi(t)$，即

$$\int f[\varphi(t)]\varphi'(t)\mathrm{d}t=\Phi(t)+C \tag{4-1}$$

则

$$\int f(x)\mathrm{d}x=\int f[\varphi(t)]\varphi'(t)\mathrm{d}t=\Phi[\varphi^{-1}(x)]+C \tag{4-2}$$

其中，$t=\varphi^{-1}(x)$ 是 $x=\varphi(t)$ 的反函数。

证　要证明式(4-2)成立，只需证明 $\Phi[\varphi^{-1}(x)]$ 的导数等于 $f(x)$ 即可。由式(4-1)得

$$\Phi'(t)=f[\varphi(t)]\varphi'(t)$$

又由复合函数的微分法及反函数的微分法，有

$$\{\Phi[\varphi^{-1}(x)]\}'=\Phi'(t)\cdot t'_x=f[\varphi(t)]\varphi'(t)\cdot\frac{1}{\varphi'(t)}=f[\varphi(t)]=f(x)$$

从而证明式(4-2)是成立的。

注意：第二类换元积分法的关键是选取适当的 $\varphi(t)$，使作变换 $x=\varphi(t)$ 后的积分容易得到结果。第二类换元积分法主要用于解决被积函数中带根号的积分，去根号是变换 $x=\varphi(t)$ 的主要思路。

下面通过例题说明第二类换元积分法的应用。

【例 4-34】　求 $\int\sqrt{a^2-x^2}\,\mathrm{d}x$，$a>0$。

解　令 $x=a\sin t$，$-\frac{\pi}{2}<t<\frac{\pi}{2}$，于是 $t=\arcsin\frac{x}{a}$，$\sqrt{a^2-x^2}=a\cos t$，$\mathrm{d}x=a\cos t\mathrm{d}t$，因此有

$$\int\sqrt{a^2-x^2}\,\mathrm{d}x=\int a\cos t\cdot a\cos t\mathrm{d}t=a^2\int\frac{1+\cos 2t}{2}\mathrm{d}t=\frac{a^2}{2}t+\frac{a^2}{2}\sin t\cos t+C$$

为了将变量 t 还原为变量 x，我们可以根据 $\sin t=\frac{x}{a}$ 画一个三角形（见图 4-2），利用三角形的边角关系得

$$\cos t=\frac{\sqrt{a^2-x^2}}{a}$$

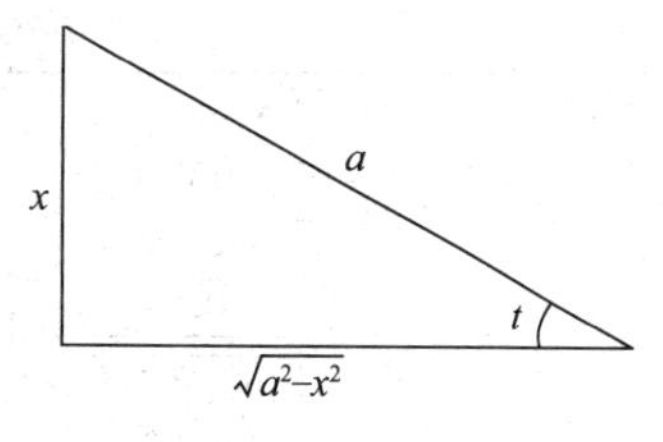

图　4-2

于是所求积分为

$$\begin{aligned}\int \sqrt{a^2-x^2}\,\mathrm{d}x &= \frac{a^2}{2}\arcsin\frac{x}{a}+\frac{a^2}{2}\cdot\frac{x}{a}\cdot\frac{\sqrt{a^2-x^2}}{a}+C\\ &= \frac{a^2}{2}\arcsin\frac{x}{a}+\frac{1}{2}x\sqrt{a^2-x^2}+C\end{aligned}$$

【例 4-35】 求 $\int \frac{\mathrm{d}x}{\sqrt{a^2+x^2}}, a>0$。

解 令 $x=a\tan t, -\frac{\pi}{2}<t<\frac{\pi}{2}$，于是

$$\sqrt{a^2+x^2}=a\sec t$$
$$\mathrm{d}x=a\sec^2 t\,\mathrm{d}t$$

因此有

$$\int \frac{\mathrm{d}x}{\sqrt{a^2+x^2}}=\int \frac{a\sec^2 t}{a\sec t}\mathrm{d}t=\int \sec t\,\mathrm{d}t=\ln|\sec t+\tan t|+C_1$$

为了将变量 t 还原为变量 x，可以根据 $\tan t=\frac{x}{a}$ 画一个三角形(见图 4-3)，利用三角形的边角关系得

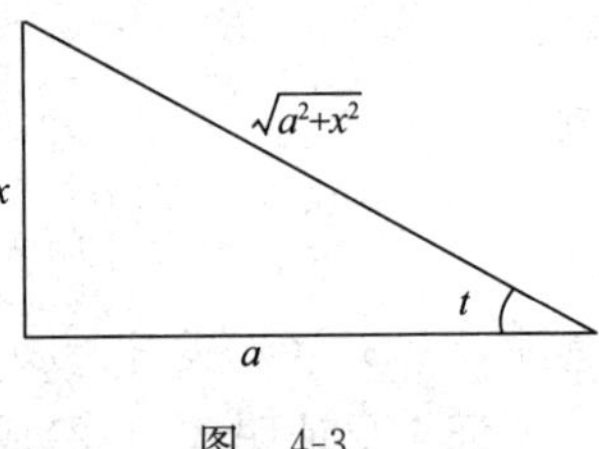

图 4-3

$$\sec t=\frac{\sqrt{a^2+x^2}}{a}$$

且 $\sec t+\tan t>0$，于是有

$$\int \frac{\mathrm{d}x}{\sqrt{a^2+x^2}}=\ln\left(\frac{\sqrt{a^2+x^2}}{a}+\frac{x}{a}\right)+C_1=\ln(x+\sqrt{a^2+x^2})+C$$

其中，$C=C_1-\ln a$。

【例 4-36】 求 $\int \frac{\mathrm{d}x}{\sqrt{x^2-a^2}}, a>0$。

解 被积函数的定义域是 $(a,+\infty)$ 和 $(-\infty,-a)$ 两个区间，在这两个区间上分别求不定积分。

当 $x\in(a,+\infty)$ 时，设 $x=a\sec t\left(0<t<\frac{\pi}{2}\right)$，于是

$$\mathrm{d}x=a\sec t\tan t\,\mathrm{d}t$$
$$\sqrt{x^2-a^2}=\sqrt{a^2\sec^2 t-a^2}=a\tan t$$

因此有

$$\int \frac{\mathrm{d}x}{\sqrt{x^2-a^2}}=\int \frac{a\sec t\tan t}{a\tan t}\mathrm{d}t=\int \sec t\,\mathrm{d}t=\ln(\sec t+\tan t)+C_1$$

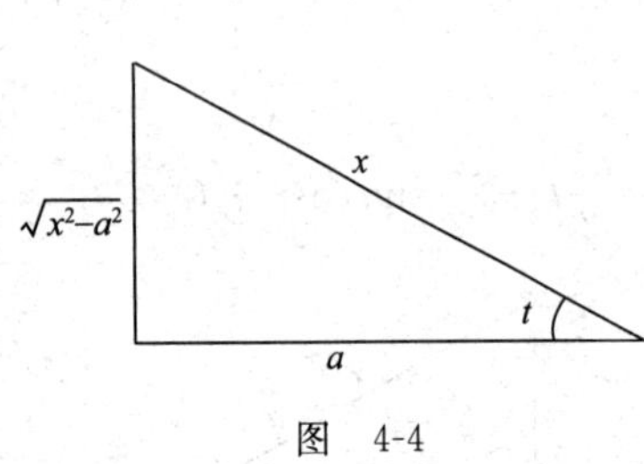

图 4-4

根据 $\sec t=\frac{x}{a}$ 作一辅助三角形(见图 4-4)，利用三角形的边角关系得

$$\tan t=\frac{\sqrt{x^2-a^2}}{a}$$

于是有

$$\int \frac{\mathrm{d}x}{\sqrt{x^2-a^2}}=\ln\left(\frac{x}{a}+\frac{\sqrt{x^2-a^2}}{a}\right)+C_1=\ln(x+\sqrt{x^2-a^2})+C$$

其中，$C=C_1-\ln a$。

当 $x\in(-\infty,a)$ 时，作变量代换 $u=-x$，则 $u>a$，由上面结果有

$$\int\frac{\mathrm{d}x}{\sqrt{x^2-a^2}}=-\int\frac{\mathrm{d}u}{\sqrt{u^2-a^2}}=-\ln(u+\sqrt{u^2-a^2})+C_1=-\ln(-x+\sqrt{x^2-a^2})+C_1$$

$$=\ln\frac{-x-\sqrt{x^2-a^2}}{a^2}+C_1=\ln(-x-\sqrt{x^2-a^2})+C$$

其中，$C=C_1-2\ln a$。

综合两种情况得

$$\int\frac{\mathrm{d}x}{\sqrt{x^2-a^2}}=\ln\left|x+\sqrt{x^2-a^2}\right|+C$$

由以上三个例子可知，当被积函数含有根式$\sqrt{a^2-x^2}$，$\sqrt{x^2+a^2}$，$\sqrt{x^2-a^2}$时，可分别作三角代换消去二次根式，这种方法称为三角代换法。根据被积函数的根式类型，常用的变换如下：

(1) 被积函数中含有$\sqrt{a^2-x^2}$，令 $x=a\sin t$ 或 $x=a\cos t$；

(2) 被积函数中含有$\sqrt{x^2+a^2}$，令 $x=a\tan t$ 或 $x=a\cot t$；

(3) 被积函数中含有$\sqrt{x^2-a^2}$，令 $x=a\sec t$ 或 $x=a\csc t$。

【例 4-37】 求 $\int\frac{1}{1+\sqrt[3]{1+x}}\mathrm{d}x$。

解　令$\sqrt[3]{1+x}=t$，则 $x=t^3-1$，$\mathrm{d}x=3t^2\mathrm{d}t$，于是

$$\int\frac{1}{1+\sqrt[3]{1+x}}\mathrm{d}x=\int\frac{3t^2}{1+t}\mathrm{d}t=3\int\left(\frac{t^2-1}{1+t}+\frac{1}{1+t}\right)\mathrm{d}t=3\int\left(t-1+\frac{1}{1+t}\right)\mathrm{d}t$$

$$=\frac{3}{2}t^2-3t+3\ln|1+t|+C$$

再将$\sqrt[3]{1+x}=t$ 代回上式，得

$$\int\frac{1}{1+\sqrt[3]{1+x}}\mathrm{d}x=\frac{3}{2}\sqrt[3]{(1+x)^2}-3\sqrt[3]{1+x}+3\ln\left|1+\sqrt[3]{1+x}\right|+C$$

【例 4-38】 求 $\int\frac{1}{\sqrt{x}+\sqrt[3]{x}}\mathrm{d}x$。

解　令$\sqrt[6]{x}=t$，则 $x=t^6$，$\mathrm{d}x=6t^5\mathrm{d}t$，于是

$$\int\frac{1}{\sqrt{x}+\sqrt[3]{x}}\mathrm{d}x=\int\frac{6t^5}{t^3+t^2}\mathrm{d}t=6\int\frac{t^3}{1+t}\mathrm{d}t=6\int\frac{(t^3+1)-1}{1+t}\mathrm{d}t$$

$$=6\int\left(t^2-t+1-\frac{1}{1+t}\right)\mathrm{d}t=2t^3-3t^2+6t-6\ln|1+t|+C$$

再将 $t=\sqrt[6]{x}$ 代回上式，得

$$\int\frac{1}{\sqrt{x}+\sqrt[3]{x}}\mathrm{d}x=2\sqrt{x}-3\sqrt[3]{x}+6\sqrt[6]{x}-6\ln\left|1+\sqrt[6]{x}\right|+C$$

当根号内含有 x 的一次函数，如$\sqrt{ax+b}$和$\sqrt[3]{ax+b}$时，可分别作代换 $ax+b=t^2$，$ax+b=t^3$ 去掉根式，再进行计算，这种代换称为有理代换。

下面这个例子介绍了倒代换法，这种方法通常可以消除被积函数分母中的变量因子。

【例 4-39】 求 $\int \frac{\sqrt{1-x^2}}{x^4}\mathrm{d}x$。

解 设 $x=\frac{1}{t}$，那么 $\mathrm{d}x=-\frac{1}{t^2}\mathrm{d}t$，于是

$$\int \frac{\sqrt{1-x^2}}{x^4}\mathrm{d}x=-\int \frac{\sqrt{1-\frac{1}{t^2}}}{\frac{1}{t^4}}\cdot\frac{1}{t^2}\mathrm{d}t=-\int t^2\cdot\sqrt{1-\frac{1}{t^2}}\,\mathrm{d}t=-\int |t|\sqrt{t^2-1}\,\mathrm{d}t$$

当 $x>0$，即 $t>0$ 时

$$\int \frac{\sqrt{1-x^2}}{x^4}\mathrm{d}x=-\frac{1}{2}\int (t^2-1)^{\frac{1}{2}}\mathrm{d}(t^2-1)=-\frac{1}{3}(t^2-1)^{\frac{3}{2}}+C$$

再将 $t=\frac{1}{x}$ 代回上式得

$$\int \frac{\sqrt{1-x^2}}{x^4}\mathrm{d}x=-\frac{(1-x^2)^{\frac{3}{2}}}{3x^3}+C$$

当 $x<0$，即 $t<0$ 时，同理计算出的结果与上述结果一致。

【例 4-40】 求 $\int \frac{\mathrm{d}x}{x(x^6+4)}$。

解 令 $x=\frac{1}{t}$，则 $\frac{1}{x(x^6+4)}=\frac{t^7}{1+4t^6}$，$\mathrm{d}x=-\frac{\mathrm{d}t}{t^2}$。

$$\int \frac{\mathrm{d}x}{x(x^6+4)}=-\int \frac{t^5\mathrm{d}t}{1+4t^6}=-\frac{1}{24}\int \frac{\mathrm{d}(4t^6+1)}{4t^6+1}=-\frac{1}{24}\ln(4t^6+1)+C$$

$$=\frac{1}{24}\ln\frac{x^6}{x^6+4}+C=\frac{1}{4}\ln x-\frac{1}{24}\ln(x^6+4)+C$$

上面讲过的一些例子的结论在以后会经常遇到，所以通常也将其当作公式使用。这样，在本章第一节的基本积分公式基础上，再添加下面几个常用的积分公式(常数 $a>0$)。

⑭ $\int \tan x\,\mathrm{d}x=-\ln|\cos x|+C$；

⑮ $\int \cot x\,\mathrm{d}x=\ln|\sin x|+C$；

⑯ $\int \sec x\,\mathrm{d}x=\ln|\tan x+\sec x|+C$；

⑰ $\int \csc x\,\mathrm{d}x=-\ln|\csc x-\cot x|+C$；

⑱ $\int \frac{1}{a^2+x^2}\mathrm{d}x=\frac{1}{a}\arctan\frac{x}{a}+C$；

⑲ $\int \frac{1}{a^2-x^2}\mathrm{d}x=\frac{1}{2a}\ln\left|\frac{a+x}{a-x}\right|+C$；

⑳ $\int \frac{1}{\sqrt{a^2-x^2}}\mathrm{d}x=\frac{1}{a}\arcsin\frac{x}{a}+C$；

㉑ $\int \frac{1}{\sqrt{x^2 \pm a^2}} dx = \ln\left|x + \sqrt{x^2 \pm a^2}\right| + C$。

【例 4-41】 求 $\int \frac{x\,dx}{\sqrt{1-x^4}}$。

解 先将被积函数变形,再利用基本积分公式⑬,得

$$\int \frac{x\,dx}{\sqrt{1-x^4}} = \frac{1}{2}\int \frac{d(x^2)}{\sqrt{1-(x^2)^2}} = \frac{1}{2}\arcsin x^2 + C$$

【例 4-42】 求 $\int \frac{\sin x}{1+\cos^2 x} dx$。

解 $$\int \frac{\sin x}{1+\cos^2 x} dx = -\int \frac{1}{1+\cos^2 x} d(\cos x) = -\arctan(\cos x) + C$$

习题 4.2

1. 在括号内填入适当的数,使等式成立。

(1) $dx = (\quad) d(ax+b)$; (2) $x\,dx = (\quad) dx^2$;

(3) $x^4 dx = (\quad) d(4x^5+1)$; (4) $\frac{1}{x} dx = (\quad) d(2\ln|x|+7)$;

(5) $e^{3x} dx = (\quad) de^{3x}$; (6) $\frac{1}{1+4x^2} dx = (\quad) d\arctan 2x$;

(7) $x\sin x^2 dx = (\quad) d\cos x^2$; (8) $\cos\frac{2}{3}x\,dx = (\quad) d\sin\frac{2}{3}x$;

(9) $\frac{x}{\sqrt{1-x^2}} dx = (\quad) d\sqrt{1-x^2}$; (10) $\frac{1}{\sqrt{4-x^2}} dx = (\quad) d\left(-5\arcsin\frac{x}{2}+2\right)$。

2. 求下列不定积分。

(1) $\int \sin^5 x \cos x\,dx$; (2) $\int \cos^3 x\,dx$; (3) $\int \frac{\sin\sqrt{x}}{\sqrt{x}} dx$;

(4) $\int 5x e^{-x^2} dx$; (5) $\int \frac{x\,dx}{\sqrt{1-x^2}}$; (6) $\int \frac{x\,dx}{4+x^4}$;

(7) $\int \frac{\ln x}{x} dx$; (8) $\int (2x+3)^2 dx$; (9) $\int \frac{1}{\arcsin x} \frac{1}{\sqrt{1-x^2}} dx$;

(10) $\int \frac{1}{(1+x^2)\arctan x} dx$; (11) $\int \frac{dx}{2+x^2}$; (12) $\int \frac{dx}{\sqrt{4-x^2}}$;

(13) $\int \sqrt{16-x^2}\,dx$; (14) $\int \frac{dx}{(4+x^2)^{\frac{3}{2}}}$; (15) $\int \frac{x}{\sqrt{x-2}} dx$;

(16) $\int \frac{1}{e^x + e^{-x}} dx$; (17) $\int \frac{1}{\sqrt{x}(1+x)} dx$; (18) $\int \frac{dx}{\sqrt{x(4-x)}}$;

(19) $\int e^{1-x} dx$; (20) $\int \frac{x+1}{2\sqrt{2x+1}} dx$; (21) $\int \frac{1}{\sqrt{1+e^x}} dx$;

(22) $\int \frac{\mathrm{d}x}{x\sqrt{x^2-1}}$；　(23) $\int \frac{x^3+1}{(x^2+1)^2}\mathrm{d}x$；　(24) $\int \frac{\mathrm{d}x}{1+\sqrt{1-x^2}}$；

(25) $\int \frac{2^x \cdot 5^x}{(25)^x+4^x}\mathrm{d}x$；　(26) $\int \frac{\sqrt{x^2-9}}{x}\mathrm{d}x$；　(27) $\int \frac{\arctan\sqrt{x}}{\sqrt{x}(1+x)}\mathrm{d}x$。

第三节　分部积分法

第二节中在复合函数求导法则的基础上研究了换元积分法。本节将利用两个函数乘积的求导法则，研究另一个求积分的基本方法，即分部积分法。

设函数 $u=u(x)$，$v=v(x)$均具有连续导数，则两个函数乘积的微分法则为

$$\mathrm{d}(uv)=u\mathrm{d}v+v\mathrm{d}u \quad 或 \quad u\mathrm{d}v=\mathrm{d}(uv)-v\mathrm{d}u$$

对等式两边求不定积分，得

$$\int u\mathrm{d}v=\int \mathrm{d}(uv)-\int v\mathrm{d}u=uv-\int v\mathrm{d}u \tag{4-3}$$

称这个公式为分部积分公式。

将分部积分公式中的微分计算出来，又得到下面的形式：

$$\int uv'\mathrm{d}x=uv-\int vu'\mathrm{d}x \tag{4-4}$$

运用分部积分公式求不定积分 $\int f(x)\mathrm{d}x$ 的主要步骤如下。

(1) 把被积函数 $f(x)$分解为两部分因式相乘的形式，其中一部分因式看作 u，另一部分因式看作 v'。

(2) 利用公式把求不定积分 $\int uv'\mathrm{d}x$ 的问题转化为求不定积分$\int u'v\mathrm{d}x$ 的问题。

下面通过例子讲解如何运用这个公式。

【例 4-43】 求 $\int x\sin x\,\mathrm{d}x$。

解　令 $u=x$，$\mathrm{d}v=\sin x\,\mathrm{d}x$，于是 $\mathrm{d}u=\mathrm{d}x$，$v=-\cos x$。

根据分部积分公式(4-4)得

$$\int x\sin x\,\mathrm{d}x=-\int x\,\mathrm{d}\cos x=-\left(x\cos x-\int \cos x\,\mathrm{d}x\right)=-x\cos x+\sin x+C$$

本题如果令 $u=\sin x$，$\mathrm{d}v=x\mathrm{d}x$，则 $\mathrm{d}u=\cos x\,\mathrm{d}x$，$v=\frac{x^2}{2}$，

$$\int x\sin x\,\mathrm{d}x=\frac{1}{2}\int \sin x\,\mathrm{d}x^2=\frac{1}{2}\left(x^2\sin x-\int x^2\mathrm{d}\sin x\right)=\frac{1}{2}x^2\sin x-\frac{1}{2}\int x^2\cos x\,\mathrm{d}x$$

通过计算可以发现，上式不定积分的计算比原式更为复杂，可见 u，v'的选择对于能否求解非常关键。一般地，选取 u 和 v'的原则如下：

(1) 由 v'易于求 v；

(2) 不定积分 $\int u'v\mathrm{d}x$ 比原不定积分$\int uv'\mathrm{d}x$ 容易求出。

【例 4-44】 求 $\int(x^2+1)e^x dx$。

解　设 $u=x^2+1, dv=e^x dx$，于是 $v=e^x, du=2x dx$，根据分部积分公式(4-4)得

$$\int(x^2+1)e^x dx=(x^2+1)e^x-2\int x e^x dx$$

对 $\int x e^x dx$ 再使用分部积分法，使 $u=x, dv=e^x dx$，则 $du=dx, v=e^x$，从而

$$\int x e^x dx=x e^x-\int e^x dx=x e^x-e^x+C$$

则有

$$\int(x^2+1)e^x dx=(x^2+1)e^x-2(x e^x-e^x+C_1)=(x^2-2x+3)e^x+C,\quad C=2C_1$$

【例 4-45】 求 $\int \arctan x\, dx$。

解　令 $u=\arctan x, dx=dv$，则

$$\int \arctan x\, dx=x\arctan x-\int x\, d\arctan x=x\arctan x-\int\frac{x}{1+x^2}dx$$

$$=x\arctan x-\frac{1}{2}\int\frac{1}{1+x^2}d(1+x^2)=x\arctan x-\frac{1}{2}\ln(1+x^2)+C$$

熟练以后，u 和 v 可省略不写，直接套用分部积分公式(4-4)更为方便。

【例 4-46】 求 $\int 2x\arctan x\, dx$。

解　$$\int 2x\arctan x\, dx=\int\arctan x\, dx^2=x^2\arctan x-\int x^2 d\arctan x$$

$$=x^2\arctan x-\int\frac{x^2}{1+x^2}dx=x^2\arctan x-\int dx+\int\frac{1}{1+x^2}dx$$

$$=x^2\arctan x-x+\arctan x+C$$

【例 4-47】 求 $\int x\ln x\, dx$。

解　$$\int x\ln x\, dx=\frac{1}{2}\int\ln x\, dx^2=\frac{1}{2}\left(x^2\ln x-\int x^2 d\ln x\right)=\frac{1}{2}x^2\ln x-\frac{1}{2}\int x^2\cdot\frac{1}{x}dx$$

$$=\frac{1}{4}x^2(2\ln x-1)+C$$

【例 4-48】 求 $\int\sec^3 x\, dx$。

解　$$\int\sec^3 x\, dx=\int\sec x\, d\tan x$$

$$=\sec x\tan x-\int\tan^2 x\sec x\, dx$$

$$=\sec x\tan x-\int(\sec^2 x-1)\sec x\, dx$$

$$=\sec x\tan x-\int\sec^3 x\, dx+\int\sec x\, dx$$

$$=\sec x\tan x-\int\sec^3 x\,\mathrm{d}x+\ln|\sec x+\tan x|$$

式中出现了“循环”,即再次出现了 $\int\sec^3 x\,\mathrm{d}x$,将这项移至左端,整理所求的积分。此方法称为反馈积分法,可得

$$\int\sec^3 x\,\mathrm{d}x=\frac{1}{2}(\sec x\tan x+\ln|\sec x+\tan x|)+C$$

反馈积分法一般用于被积函数为不同类型的函数乘积式,也用于某些函数,如对数函数、反三角函数等。被积函数是指数函数与三角函数的乘积,以及 $\int\sin(\ln x)\mathrm{d}x$ 和 $\int\sec^3 x\,\mathrm{d}x$ 等,需要多次使用分部积分公式,当积分中出现原来的被积函数时再移项,合并解方程,才可得出结果。需要记住,移项之后,右端需补加积分常数 C。

还有一些例子,往往需要同时使用换元积分法和分部积分法才能得到答案。

【例 4-49】 求 $\int\cos\sqrt{x}\,\mathrm{d}x$。

解 令 $\sqrt{x}=t$,则 $\mathrm{d}x=2t\mathrm{d}t$,于是

$$\begin{aligned}\int\cos\sqrt{x}\,\mathrm{d}x&=\int\cos t\cdot 2t\,\mathrm{d}t\\&=2\int t\,\mathrm{d}\sin t=2\left(t\sin t-\int\sin t\,\mathrm{d}t\right)\\&=2t\sin t+2\cos t+C\\&=2\sqrt{x}\sin\sqrt{x}+2\cos\sqrt{x}+C\end{aligned}$$

习题 4.3

用分步积分法求下列不定积分。

(1) $\int x\cos 3x\,\mathrm{d}x$;

(2) $\int\frac{x}{\cos^2 x}\mathrm{d}x$;

(3) $\int x^2\mathrm{e}^{2x}\mathrm{d}x$;

(4) $\int x\arctan 2x\,\mathrm{d}x$;

(5) $\int(\arcsin x)^2\mathrm{d}x$;

(6) $\int\frac{x\mathrm{e}^x}{(1+x)^2}\mathrm{d}x$;

(7) $\int\sin(\ln x)\mathrm{d}x$;

(8) $\int\arctan 2x\,\mathrm{d}x$;

(9) $\int\arctan\sqrt{x}\,\mathrm{d}x$;

(10) $\int(x-1)5^x\mathrm{d}x$;

(11) $\int\ln(x+\sqrt{1+x^2})\mathrm{d}x$;

(12) $\int\ln 2x\,\mathrm{d}x$;

(13) $\int\frac{\arctan\mathrm{e}^x}{\mathrm{e}^x}\mathrm{d}x$;

(14) $\int\left(\frac{\ln x}{x}\right)^2\mathrm{d}x$;

(15) $\int\mathrm{e}^{5x}\sin 4x\,\mathrm{d}x$。

第四节　有理函数的积分

一、有理函数的积分方法

形如

$$\frac{P(x)}{Q(x)}=\frac{a_0x^n+a_1x^{n-1}+\cdots+a_{n-1}x+a_n}{b_0x^m+b_1x^{m-1}+\cdots+b_{m-1}x+b_m}$$

称为有理函数。其中 $a_0,a_1,a_2,\cdots,a_n$ 及 $b_0,b_1,b_2,\cdots,b_m$ 为常数，且 $a_0\neq 0,b_0\neq 0$。

如果分子多项式 $P(x)$ 的次数 n 小于分母多项式 $Q(x)$ 的次数 m，称有理分式为真分式；如果分子多项式 $P(x)$ 的次数 n 大于或等于分母多项式 $Q(x)$ 的次数 m，称有理分式为假分式。利用多项式除法可得，任一假分式都可转化为多项式与真分式之和，如

$$\frac{x^3+x-1}{x^2+1}=x-\frac{1}{x^2+1}$$

因此，下面仅讨论真分式的积分。

对于真分式 $\frac{P(x)}{Q(x)}$，若分母可以分解为两个多项式的乘积的形式

$$Q(x)=Q_1(x)Q_2(x)$$

且 $Q_1(x)$ 和 $Q_2(x)$ 没有公因式，那么 $\frac{P(x)}{Q(x)}$ 一定可以分解成两个真分式之和的形式，即

$$\frac{P(x)}{Q(x)}=\frac{P(x)}{Q_1(x)Q_2(x)}=\frac{P_1(x)}{Q_1(x)}+\frac{P_2(x)}{Q_2(x)}$$

上述过程称为把真分式化成部分分式之和，如果 $Q_1(x)$ 或 $Q_2(x)$ 还能再分解成两个没有公因式的多项式的乘积，那么 $\frac{P(x)}{Q(x)}$ 就可写成更简单的部分分式之和的形式。最后，有理函数的分解式中只出现多项式、$\frac{P_1(x)}{(x-a)^k}$、$\frac{P_2(x)}{(x^2+px+q)^l}$ 三类函数，其中 $p^2-4q<0$，$\frac{P_1(x)}{(x-a)^k}$、$\frac{P_2(x)}{(x^2+px+q)^l}$ 都是真分式。

下面通过一些例子来说明有理函数的积分方法。

【例 4-50】 分解真分式 $\frac{3x+1}{x^2+3x-10}$ 为部分分式之和。

解　被积函数的分母 $Q(x)=x^2+3x-10=(x-2)(x+5)$，设

$$\frac{3x+1}{x^2+3x-10}=\frac{A}{x-2}+\frac{B}{x+5}$$

其中，A,B 为待定常数。

确定常数的方法有待定系数法和赋值法。

方法一　待定系数法。

对右端通分,两端去分母得

$$3x+1=A(x+5)+B(x-2)$$

整理得

$$3x+1=(A+B)x+(5A-2B)$$

因为这是恒等式,等式两端 x 的系数和常数项必须相等,于是有

$$\begin{cases}A+B=3\\5A-2B=1\end{cases}$$

解得

$$A=1,\quad B=2$$

故

$$\frac{3x+1}{x^2+3x-10}=\frac{1}{x-2}+\frac{2}{x+5}$$

方法二　赋值法。

在恒等式 $3x+1=A(x+5)+B(x-2)$ 中,代入特殊的 x 值,从而求出待定的常数。令 $x=2$,得 $A=1$,令 $x=-5$,得 $B=2$。

同样得到

$$\frac{3x+1}{x^2+3x-10}=\frac{1}{x-2}+\frac{2}{x+5}$$

【例 4-51】 分解真分式$\frac{1}{x(x-1)^2}$为部分分式之和。

解　设$\frac{1}{x(x-1)^2}=\frac{A}{x}+\frac{Bx+C}{(x-1)^2}$,则有

$$1=A(x-1)^2+(Bx+C)x$$

在上式中,令 $x=0$,得 $A=1$,令 $x=1$,得 $B+C=1$,右端最高次项的系数即二次项系数为 $A+B=0$,所以有

$$A=1,\quad B=-1,\quad C=2$$

于是

$$\frac{1}{x(x-1)^2}=\frac{1}{x}-\frac{x-2}{(x-1)^2}$$

【例 4-52】 分解真分式$\frac{1}{(1+2x)(1+x^2)}$为部分分式之和。

解　设$\frac{1}{(1+2x)(1+x^2)}=\frac{A}{1+2x}+\frac{Bx+C}{1+x^2}$,两端去分母后,得

$$1=A(1+x^2)+(Bx+C)(1+2x)$$

即

$$1=(A+2B)x^2+(B+2C)x+A+C$$

比较上式两端 x 的同次幂的系数及常数项,有

$$\begin{cases}A+2B=0\\B+2C=0\\A+C=1\end{cases}$$

解得

$$A=\frac{4}{5},\quad B=-\frac{2}{5},\quad C=\frac{1}{5}$$

于是

$$\frac{1}{(1+2x)(1+x^2)}=\frac{\frac{4}{5}}{1+2x}+\frac{-\frac{2}{5}x+\frac{1}{5}}{1+x^2}=\frac{4}{5(1+2x)}-\frac{2x-1}{5(1+x^2)}$$

【例 4-53】 求 $\int\frac{1}{x(x-1)^2}\mathrm{d}x$。

解 由例 4-51 知 $\frac{1}{x(x-1)^2}=\frac{1}{x}-\frac{x-2}{(x-1)^2}$，有

$$\begin{aligned}\int\frac{1}{x(x-1)^2}\mathrm{d}x&=\int\left[\frac{1}{x}-\frac{x-2}{(x-1)^2}\right]\mathrm{d}x=\int\frac{1}{x}\mathrm{d}x-\int\frac{x-2}{(x-1)^2}\mathrm{d}x\\&=\ln|x|-\int\frac{x-1}{(x-1)^2}\mathrm{d}x+\int\frac{1}{(x-1)^2}\mathrm{d}(x-1)\\&=\ln|x|-\ln|x-1|-\frac{1}{x-1}+C\end{aligned}$$

【例 4-54】 求 $\int\frac{1}{(1+2x)(1+x^2)}\mathrm{d}x$。

解 由例 4-52 知 $\frac{1}{(1+2x)(1+x^2)}=\frac{4}{5(1+2x)}-\frac{2x-1}{5(1+x^2)}$，所以

$$\begin{aligned}\int\frac{1}{(1+2x)(1+x^2)}\mathrm{d}x&=\int\left[\frac{4}{5(1+2x)}-\frac{2x-1}{5(1+x^2)}\right]\mathrm{d}x\\&=\frac{4}{5}\int\frac{1}{1+2x}\mathrm{d}x-\frac{1}{5}\int\frac{2x}{1+x^2}\mathrm{d}x+\frac{1}{5}\int\frac{1}{1+x^2}\mathrm{d}x\\&=\frac{2}{5}\int\frac{1}{1+2x}\mathrm{d}(2x+1)-\frac{1}{5}\int\frac{1}{1+x^2}\mathrm{d}(1+x^2)+\frac{1}{5}\int\frac{1}{1+x^2}\mathrm{d}x\\&=\frac{2}{5}\ln|1+2x|-\frac{1}{5}\ln(1+x^2)+\frac{1}{5}\arctan x+C\end{aligned}$$

二、可化为有理函数的积分举例

【例 4-55】 求 $\int\frac{1}{1+\sin x}\mathrm{d}x$。

解 这是一个三角函数的有理积分，可以利用三角函数的万能公式(见附录 B)，将 $\sin x$ 转化为 $\tan\frac{x}{2}$ 的函数，即

$$\sin x=\frac{2\tan\frac{x}{2}}{1+\tan^2\frac{x}{2}}$$

令 $t=\tan\dfrac{x}{2}(-\pi<x<\pi)$，那么

$$x=2\arctan t$$

从而

$$\mathrm{d}x=\frac{2\mathrm{d}t}{1+t^2}$$

于是

$$\int\frac{1}{1+\sin x}\mathrm{d}x=\int\frac{1}{1+\dfrac{2t}{1+t^2}}\cdot\frac{2}{1+t^2}\mathrm{d}t=\int\frac{2}{(1+t)^2}\mathrm{d}t=-\frac{2}{1+t}+C=-\frac{2}{1+\tan\dfrac{x}{2}}+C$$

任何三角函数的积分都可以采用变量代换 $t=\tan\dfrac{x}{2}$，转化成关于 t 的有理函数的积分进行计算。

【例 4-56】 求 $\displaystyle\int\frac{\sqrt{1-x}}{x}\mathrm{d}x$。

解 为了去掉根式，可以设 $\sqrt{1-x}=t$，于是 $x=1-t^2$，$\mathrm{d}x=-2t\mathrm{d}t$，从而所求积分为

$$\begin{aligned}\int\frac{\sqrt{1-x}}{x}\mathrm{d}x&=\int\frac{-2t^2}{1-t^2}\mathrm{d}t=\int\frac{-2t^2+2-2}{1-t^2}\mathrm{d}t\\&=2t-\int\left(\frac{1}{1-t}+\frac{1}{1+t}\right)\mathrm{d}t=2t+\ln|1-t|-\ln|1+t|+C\\&=2\sqrt{1-x}+\ln\left|1-\sqrt{1-x}\right|-\ln\left|1+\sqrt{1-x}\right|+C\end{aligned}$$

【例 4-57】 求 $\displaystyle\int\frac{1}{x}\cdot\sqrt{\frac{1-x}{x}}\mathrm{d}x$。

解 为了去掉根式，可以设 $t=\sqrt{\dfrac{1-x}{x}}$，于是 $x=\dfrac{1}{1+t^2}$，$\mathrm{d}x=\dfrac{-2t}{(1+t^2)^2}\mathrm{d}t$，从而有

$$\begin{aligned}\int\frac{1}{x}\cdot\sqrt{\frac{1-x}{x}}\mathrm{d}x&=\int(1+t^2)t\,\frac{-2t}{(1+t^2)^2}\mathrm{d}t=\int\frac{-2t^2}{1+t^2}\mathrm{d}t=\int\left(-2+\frac{2}{1+t^2}\right)\mathrm{d}t\\&=-2t+2\arctan t+C=-2\sqrt{\frac{1-x}{x}}+2\arctan\sqrt{\frac{1-x}{x}}+C\end{aligned}$$

求简单无理函数的不定积分的一般方法是，选择适当的变量代换，将原积分转化为有理函数的积分或基本积分公式中有的形式再求解。如被积函数中含有 $\sqrt[n]{ax+b}$（n 是正整数，且 $n>1$）可做代换 $\sqrt[n]{ax+b}=t$；如含有 $\sqrt[n]{\dfrac{ax+b}{cx+d}}$，可做代换 $\sqrt[n]{\dfrac{ax+b}{cx+d}}=t$。

习题 4.4

1. 求下列有理函数的积分。

(1) $\displaystyle\int\frac{1}{x(x-3)}\mathrm{d}x$；

(2) $\displaystyle\int\frac{1}{x^2-9}\mathrm{d}x$；

(3) $\int \frac{x+3}{x^2-5x+6}\mathrm{d}x$；

(4) $\int \frac{\mathrm{d}x}{x^4+1}$；

(5) $\int \frac{x^2+1}{x^4+1}\mathrm{d}x$；

(6) $\int \frac{x^3}{x+2}\mathrm{d}x$；

(7) $\int \frac{10x^2+12x+20}{x^3-8}\mathrm{d}x$；

(8) $\int \frac{2x-5}{(x-1)^2(x+2)}\mathrm{d}x$。

2. 求下列三角函数有理式的积分。

(1) $\int \frac{\mathrm{d}x}{3+5\cos x}$；

(2) $\int \cos^5 x\,\mathrm{d}x$；

(3) $\int \frac{\mathrm{d}x}{1+\sin x+\cos x}$；

(4) $\int \frac{1+\sin x}{1-\cos x}\mathrm{d}x$。

第五节　积分表的使用

前面介绍了基本积分公式和各种积分方法。积分的计算比导数的计算更灵活、更复杂，在掌握这些基本积分方法的基础上，还需学会使用积分表。一般的积分表是按照被积函数的类型进行分类编制的。在使用积分表时，首先要分清被积函数的类型，然后在积分表中查找相应的公式。当然，有时还需要对被积函数做适当的变量替换，将其转化为积分表中所列函数的形式，再利用表中的公式求解。本书附录C有简单的积分表，可供查阅。下面举例说明如何查表求不定积分。

一、直接查表法

【例 4-58】 求不定积分$\int \frac{\mathrm{d}x}{x(3x+4)}$。

解　被积函数含有 $ax+b$，在附录C积分表“一、含有 $ax+b(a\neq 0)$ 的积分”中查得

$$\int \frac{\mathrm{d}x}{x(ax+b)} = -\frac{1}{b}\ln\left|\frac{ax+b}{x}\right| + C$$

对照附录C积分表，有 $a=3, b=4$，于是

$$\int \frac{\mathrm{d}x}{x(3x+4)} = -\frac{1}{4}\ln\left|\frac{3x+4}{x}\right| + C$$

【例 4-59】 求不定积分$\int \frac{\mathrm{d}x}{5-4\cos x}$。

解　被积函数含有三角函数，在附录C积分表“十一、含有三角函数的积分”中查得 $\int \frac{\mathrm{d}x}{a+b\cos x}$ 的公式有两个，要看 a^2 和 b^2 的大小关系才能决定采用哪一个。此题中相对应的$a=5, b=-4, a^2>b^2$，所以用公式

$$\int \frac{\mathrm{d}x}{a+b\cos x} = \frac{2}{a+b}\sqrt{\frac{a+b}{a-b}}\arctan\left(\sqrt{\frac{a-b}{a+b}}\tan\frac{x}{2}\right) + C\,(a^2>b^2)$$

从而有

$$\int \frac{\mathrm{d}x}{5-4\cos x}=\frac{2}{5+(-4)}\sqrt{\frac{5+(-4)}{5-(-4)}}\arctan\left(\sqrt{\frac{5-(-4)}{5+(-4)}}\tan\frac{x}{2}\right)+C$$

$$=\frac{2}{3}\arctan\left(3\tan\frac{x}{2}\right)+C$$

二、先进行变量代换,再查表法

【例 4-60】 求不定积分 $\int\sqrt{2x^2+9}\,\mathrm{d}x$。

解 这个积分不能在积分表中直接查得,需要进行变量代换。令 $u=\sqrt{2}x$,那么 $x=\frac{\sqrt{2}u}{2}$,$\mathrm{d}x=\frac{\sqrt{2}}{2}\mathrm{d}u$。于是

$$\int\sqrt{2x^2+9}\,\mathrm{d}x=\frac{\sqrt{2}}{2}\int\sqrt{u^2+3^2}\,\mathrm{d}u$$

被积函数含有$\sqrt{u^2+3^2}$,在附录 C 积分表“六、含有$\sqrt{x^2+a^2}$($a>0$)的积分”中查得

$$\int\sqrt{x^2+a^2}\,\mathrm{d}x=\frac{x}{2}\sqrt{x^2+a^2}+\frac{a^2}{2}\ln(x+\sqrt{x^2+a^2})+C$$

于是

$$\int\sqrt{2x^2+9}\,\mathrm{d}x=\frac{\sqrt{2}}{2}\int\sqrt{u^2+3^2}\,\mathrm{d}u=\frac{\sqrt{2}}{2}\left[\frac{u}{2}\sqrt{u^2+a^2}+\frac{a^2}{2}\ln(u+\sqrt{u^2+a^2})\right]+C$$

$$=\frac{x}{2}\sqrt{2x^2+9}+\frac{9\sqrt{2}}{4}\ln(\sqrt{2}x+\sqrt{2x^2+9})+C$$

三、递推公式法

【例 4-61】 求不定积分 $\int\cos^4x\,\mathrm{d}x$。

解 被积函数含有三角函数,在附录 C 积分表“十一、含有三角函数的积分”中查得

$$\int\cos^n x\,\mathrm{d}x=\frac{1}{n}\cos^{n-1}x\sin x+\frac{n-1}{n}\int\cos^{n-2}x\,\mathrm{d}x$$

利用这个公式可以使被积函数中 $\cos x$ 的幂次减少两次,只要重复使用这个公式,求可以使 $\cos x$ 的幂次持续减少,直到求出最后的结果,这种公式叫做递推公式。

$$\int\cos^4x\,\mathrm{d}x=\frac{1}{4}\cos^3x\sin x+\frac{3}{4}\int\cos^2x\,\mathrm{d}x$$

对积分 $\int\cos^2x\,\mathrm{d}x$,前面我们给出用换元积分法可求。事实上,查找积分表,可找到如下公式

$$\int\cos^2x\,\mathrm{d}x=\frac{x}{2}+\frac{1}{4}\sin 2x+C$$

从而所求积分为

$$\int\cos^4 x\,\mathrm{d}x=\frac{1}{4}\cos^3 x\sin x+\frac{3x}{8}+\frac{3}{16}\sin 2x+C$$

一般来说，查积分表可以节省计算积分的时间，但是只有掌握了前面学过的基本积分方法，才能灵活地使用积分表，而且对一些比较简单的积分，应用基本积分方法进行计算比查表更快。所以，求积分时究竟是直接计算，还是查表，应该针对不同的被积函数进行具体分析。最后，要特别指出，虽然求不定积分是求导数的逆运算，但是求不定积分远比求导数困难得多。对于任何一个初等函数，只要它可导，就能求出它的导数。然而某些初等函数，尽管其原函数存在，却不一定能用初等函数表示，如

$$\int \mathrm{e}^{-x^2}\mathrm{d}x,\quad \int\sin(x^2)\mathrm{d}x,\quad \int\frac{1}{\ln x}\mathrm{d}x,\quad \int\frac{1}{\sqrt{1+x^4}}\mathrm{d}x$$

它们的原函数都不能用初等函数来表示。

习题 4.5 

利用积分表计算下列积分。

(1) $\int\frac{\mathrm{d}x}{\sqrt{4x^2+3x+2}}$；　　(2) $\int\sin 2x\cos 4x\,\mathrm{d}x$；

(3) $\int x^2\sqrt{x^2-2}\,\mathrm{d}x$；　　(4) $\int\mathrm{e}^{2x}\cos 3x\,\mathrm{d}x$；

(5) $\int\frac{\mathrm{d}x}{x^3(x^2+2)}$；　　(6) $\int x^2\arctan\frac{x}{3}\mathrm{d}x$。

知识结构图、本章小结与学习指导

知识结构图

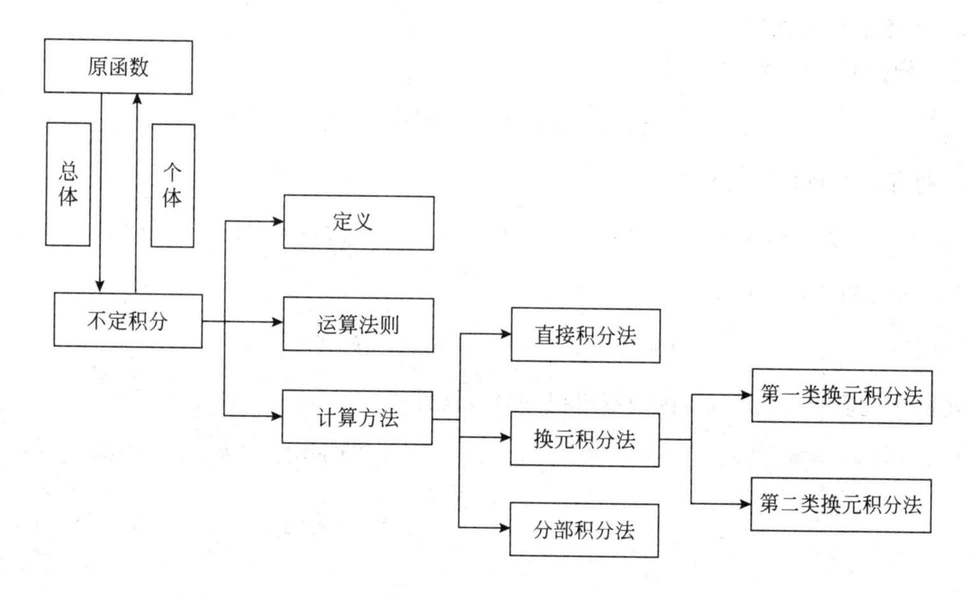

本章小结

本章先介绍了不定积分的概念、性质，然后着重介绍了不定积分的计算方法(换元积分法和分部积分法)。

1. 原函数与不定积分

(1) 原函数

设函数 $y=f(x)$ 在某区间上有定义，若存在函数 $F(x)$，使得在该区间任一点处，均有

$$F'(x)=f(x) \quad 或 \quad \mathrm{d}F(x)=f(x)\mathrm{d}x$$

则称 $F(x)$ 为 $f(x)$ 在该区间上的一个原函数。

关于原函数的问题，还要说明以下两点。

① 原函数的存在问题：如果 $f(x)$ 在某区间上连续，那么它的原函数一定存在。

② 原函数的一般表达式：若 $F(x)$ 是 $f(x)$ 的一个原函数，则 $F(x)+C$ 是 $f(x)$ 的全部原函数，其中 C 为任意常数。

(2) 不定积分

若 $F(x)$ 是 $f(x)$ 在某区间上的一个原函数，则 $f(x)$ 的全体原函数 $F(x)+C$(C 为任意常数)称为 $f(x)$ 在该区间上的不定积分，记为 $\int f(x)\mathrm{d}x$，即

$$\int f(x)\mathrm{d}x=F(x)+C$$

积分运算与微分运算之间有以下互逆关系。

① $\left[\int f(x)\mathrm{d}x\right]'=f(x)$ 或 $\mathrm{d}\int f(x)\mathrm{d}x=f(x)\mathrm{d}x$，此式表明，先求积分再求导数(或求微分)，两种运算的作用相互抵消。

② $\int F'(x)\mathrm{d}x=F(x)+C$ 或 $\int \mathrm{d}F(x)=F(x)+C$，此式表明，先求导数(或求微分)再求积分，两种运算的作用相互抵消后还留有积分常数 C。这两个式子要掌握，要能够熟练运用。

2. 不定积分的性质

(1) 积分对于函数的可加性，即

$$\int[f(x)+g(x)]\mathrm{d}x=\int f(x)\mathrm{d}x+\int g(x)\mathrm{d}x$$

可推广到有限个函数代数和的情况，即

$$\int[f_1(x)\pm f_2(x)\pm\cdots\pm f_n(x)]\mathrm{d}x=\int f_1(x)\mathrm{d}x\pm\int f_2(x)\mathrm{d}x\pm\cdots\pm\int f_n(x)\mathrm{d}x$$

(2) 积分对于函数的齐次性，即

$$\int kf(x)\mathrm{d}x=k\int f(x)\mathrm{d}x, \quad k\neq 0$$

将上述两个性质合二为一，即得到不定积分的线性性质：

$$\int[k_1f_1(x)+k_2f_2(x)+\cdots+k_nf_n(x)]\mathrm{d}x=k_1\int f_1(x)\mathrm{d}x+k_2\int f_2(x)\mathrm{d}x+\cdots+k_n\int f_n(x)\mathrm{d}x$$

3. 求不定积分的方法

求不定积分一般来说依靠的是“三法一表”，即分项积分法、换元积分法、分部积分法和基本积分表。“三法”的基本思想都是将原积分变形成为可以利用基本积分表中的形式，从而计算不定积分。

(1) 分项积分法是由不定积分的线性性质得来的，这个方法对应微分法中的逐项求导法。有理函数的积分是把有理函数分解为多项式与部分分式之和，再对所得到的分解式逐项积分，是一种典型的分项积分法。

(2) 换元积分法对应微分法中的复合函数求导法。

第一类换元积分法：设有积分 $\int g(x)\mathrm{d}x$，如果被积函数可以拆分为 $g(x)=f(\varphi(x))\varphi'(x)$ 的形式，这里的积分 $\int f(t)\mathrm{d}t$ 可以在基本积分表中找到或者很容易求出，则有

$$\int g(x)\mathrm{d}x=\int f(\varphi(x))\varphi'(x)\mathrm{d}x\Rightarrow\int f(\varphi(x))\mathrm{d}\varphi(x)\Rightarrow\int f(t)\mathrm{d}t$$
$$=[F(t)+C]_{t=\varphi(x)}\Rightarrow F(\varphi(x))+C$$

第一类换元积分法也称凑微分法。

第二类换元积分法：设 $x=\varphi(t)$ 单调可微，且 $\varphi'(t)\neq 0$，若 $\int f(\varphi(t))\varphi'(t)\mathrm{d}t=F(t)+C$，则有 $\int f(x)\mathrm{d}x=F(\varphi^{-1}(x))+C$。

与凑微分法不同的是，第二类换元积分法不是将被积表达式拆开，而是将积分变量 x 用一个存在反函数的可微函数 $\varphi(t)$ 替换，使得 $\int f(\varphi(t))\varphi'(t)\mathrm{d}t$ 可以在基本积分表中找到或者容易求出。

(3) 分部积分法，即

$$\int uv'\mathrm{d}x=uv-\int vu'\mathrm{d}x \quad 或 \quad \int u\mathrm{d}v=uv-\int v\mathrm{d}u$$

分部积分法一般用来讨论被积函数为两个或两个以上不同函数乘积的积分。一般情况下 u 以及 $v'\mathrm{d}x$ 的选择方法是：① $\int v\mathrm{d}u$ 比 $\int u\mathrm{d}v$ 更易于积分；②易于由 $\mathrm{d}v$ 求 v。

学习指导

1. 本章要求

(1) 深刻理解原函数、不定积分的概念及性质。

(2) 熟记不定积分的基本公式。

(3) 熟练掌握并能运用不定积分的换元积分法(凑微分、变量替换)和分部积分法。

(4) 掌握有理函数和可化为有理函数的积分法。

2. 学习重点

(1) 原函数与不定积分的概念。

(2) 不定积分的基本公式。

(3) 不定积分的换元积分法和分部积分法。

3. 学习难点

不定积分的换元积分法和分部积分法。

4. 学习建议

(1) 第一类换元积分法,既基本又灵活,必须多下功夫练习,除熟记积分基本公式外,还应掌握一些常用的微分关系式,如 $e^x dx = de^x$, $\frac{1}{x}dx = d\ln x$, $\frac{1}{\sqrt{x}}dx = 2d\sqrt{x}$, $\sin x dx = -d\cos x$, $\sec^2 x dx = d\tan x$ 等。

(2) 不定积分计算要根据被积函数的特征灵活运用积分方法。在具体的问题中,常常会综合使用各种方法,针对不同问题采用不同的积分方法。例如,$\int(\arcsin x)^2 dx$ 需要先换元,令 $t=\arcsin x$,再用分部积分法,$\int(\arcsin x)^2 dx = \int t^2 \cos t dt$,也可多次使用分部积分公式。

(3) 求不定积分比求导数难得多,尽管有一些规律可循,但在具体应用时,却十分灵活,因此应通过多做习题积累经验,熟悉技巧,才能熟练掌握不定积分的计算方法。

扩展阅读

我国具有代表性的数学成果

我国为世界四大文明古国之一,在数学发展史上,创造出了许多杰出成果。

1. 古代数学成果

(1) 十进位制记数法和零的采用。源于春秋时代,早于第二发明者印度1000多年。

(2) 二进位制思想起源。源于《周易》中的八卦法,早于第二发明者德国数学家莱布尼茨2000多年。

(3) 几何思想起源。源于战国时期墨翟的《墨经》,早于第二发明者欧几里得100多年。

(4) 勾股定理(商高定理)。发明者商高(西周人),早于第二发明者毕达哥拉斯550多年。

(5) 幻方。我国最早记载幻方的是春秋时代的《论语》和《书经》,而在国外,幻方的出现在公元2世纪,我国早于国外600多年。

(6) 分数运算法则和小数。中国完整的分数运算法则出现在《九章算术》中,它的传本至迟在公元1世纪已出现。印度在公元7世纪才出现了同样的法则。中国运用最小公倍数的时间则早于西方1200年。运用小数的时间,早于西方1100多年。

(7) 负数的发现。这个发现最早见于《九章算术》,这一发现早于印度600多年,早于西方1600多年。

(8) 盈不足术,又名双假位法。最早见于《九章算术》中的第七章。直到13世纪,欧洲才出现了同样的方法,比中国晚了1200多年。

(9) 方程术。最早出现于《九章算术》中,其中求解联立一次方程组的方法,早于印度600多年,早于欧洲1500多年。在用矩阵排列法求解线性方程组方面,我国比世界其他国家早1800多年。

(10) 最精确的圆周率“祖率”。早于世界其他国家1000多年。

(11) 等积原理,又名祖暅原理。早于世界其他国家1100多年。

(12) 二次内插法。隋朝天文学家刘焯最早发明,早于牛顿1000多年。

(13) 增乘开方法。在现代数学中又名霍纳法。我国宋代数学家贾宪最早发明于11世纪,比英国数学家霍纳提出的时间早800年左右。

(14) 杨辉三角。实际上是一个二项展开式系数表。它本是贾宪创造的,见其著作《黄帝九章算法细草》中,后此书流失,南宋人杨辉在《详解九章算法》中又编此表,故名杨辉三角。

在世界上除了中国的贾宪、杨辉,第二个发明者是法国的数学家帕斯卡,他的发明时间是1653年,比贾宪晚了近600年。

(15) 中国剩余定理。实际上就是解联立一次同余式的方法,这个方法最早见于《孙子算经》。1801年德国数学家高斯在《算术探究》中提出这一解法,西方人以为这是世界上第一次出现这一方法,称之为高斯定理,但后来发现,它比中国晚了1500多年,因此为其正名为中国剩余定理。

(16) 数字高次方程方法,又名天元术。金元年间,我国数学家李冶发明设未知数的方程法,并巧妙地把它表达在筹算中。这个方法早于世界其他国家300年以上,为以后出现的多元高次方程解法打下了很好的基础。

(17) 招差术。也就是高阶等差级数求和方法。从北宋起中国就有不少数学家研究这个问题,到了元代,朱世杰首先发明了招差术,使这一问题得到解决。比朱世杰晚近400年之后,牛顿才获得了同样的公式。

2. 现代数学成果

(1) 李氏恒等式。数学家李善兰在级数求和方面的研究成果,在国际上被命名为李氏恒等式。

(2) 华氏定理。数学家华罗庚关于完整三角和的研究成果被国际数学界称为华氏定理,另外他与数学家王元提出多重积分近似计算的方法在国际上被誉为华-王方法。

(3) 苏氏锥面。数学家苏步青在仿射微分几何学方面的研究成果在国际上被命名为苏氏锥面。

(4) 熊氏无穷级。数学家熊庆来关于整函数与无穷级的亚纯函数的研究成果被国际数学界誉为熊氏无穷级。

(5) 陈示性类。数学家陈省身关于示性类的研究成果在国际上被称为陈示性类。

(6) 周氏坐标。数学家周炜良在代数几何学方面的研究成果被国际数学界称为“周氏坐标”,另外还有以他命名的“周氏定理”和“周氏环”。

(7) 吴氏方法。数学家吴文俊关于几何定理机器证明的方法在国际上被誉为吴氏方法,另外还有以他名字命名的吴氏公式。

(8) 柯氏定理。数学家柯召关于卡特兰问题的研究成果被国际数学界称为“柯氏定理”;另外他与数学家孙琦在数论方面的研究成果在国际上被称为柯-孙猜测。

(9) 陈氏定理。数学家陈景润在哥德巴赫猜想研究中提出的命题被国际数学界誉为陈氏定理。

(10) 陈氏文法。数学家陈永川在组合数学方面的研究成果在国际上被命名为陈氏文法。

(11) 周氏猜测。数学家周海中关于梅森素数分布的研究成果在国际上被命名为周氏猜测。

(12) 姜氏空间。数学家姜伯驹关于尼尔森数计算的研究成果在国际上被命名为姜氏空间,另外还有以他命名的姜氏子群。

(13) 夏氏不等式。数学家夏道行在泛函积分和不变测度论方面的研究成果被国际数学界称为夏氏不等式。

(14) 陆氏猜想。数学家陆启铿关于常曲率流形的研究成果在国际上被称为陆氏猜想。

(15) 杨-张定理。数学家杨乐和张广厚在函数论方面的研究成果在国际上被称为杨-张定理。

(16) 王氏悖论。数学家王浩关于数理逻辑的一个命题在国际上被定为王氏悖论。

(17) 侯氏定理。数学家侯振挺关于马尔可夫过程的研究成果在国际上被命名为侯氏定理。

(18) 景氏算子。数学家景乃桓在对称函数方面的研究成果在国际上被命名为景氏算子。

(19) 袁氏引理。数学家袁亚湘在非线性规划方面的研究成果在国际上被命名为袁氏引理。

总复习题四

1. 填空题。

(1) 已知 $\int f(x)\mathrm{d}x = F(x)+C$,则 $\int \frac{f(\ln x)}{x}\mathrm{d}x =$ ________。

(2) 设 $f(x)$为连续函数,则 $\int f^2(x)\mathrm{d}f(x) =$ ________。

(3) 若 e^{-x} 是 $f(x)$的一个原函数,则 $\int xf(x)\mathrm{d}x =$ ________。

(4) 已知 $f'(x^2)=\frac{1}{x}(x>0)$,则 $f(x)=$ ________。

(5) 设 $f(x)=\mathrm{e}^{-x}$,则 $\int \frac{f'(\ln x)}{x}\mathrm{d}x =$ ________。

(6) $\int xf(x^2)f'(x^2)\mathrm{d}x =$ ________。

2. 选择题。

(1) 设 $f(x)$为可导函数,则 $\left(\int f(x)\mathrm{d}x\right)'$ 为(　　)。

A. $f(x)$　　B. $f(x)+C$　　C. $f'(x)$　　D. $f'(x)+C$

(2) $\int\left(\frac{1}{\sin^2 x}+1\right)\mathrm{d}\sin x$ 等于(　　)。

A. $\frac{-1}{\sin^2 x}+\sin x+C$　　B. $-\cot x+x+C$

C. $-\cot x+\sin x+C$　　D. $\frac{-1}{\sin^2 x}+x+C$

(3) 若 $\int f(x)\mathrm{d}x=F(x)+C$，则 $\int \sin x f(\cos x)\mathrm{d}x$ 等于(　　)。

A. $F(\cos x)+C$　　　B. $F(\sin x)+C$

C. $-F(\cos x)+C$　　　D. $-F(\sin x)+C$

(4) 设 $F(x)$是 $f(x)$的一个原函数，则 $\int \mathrm{e}^{-x}f(\mathrm{e}^{-x})\mathrm{d}x$ 等于(　　)。

A. $F(\mathrm{e}^{x})+C$　　　B. $F(\mathrm{e}^{-x})+C$

C. $-F(\mathrm{e}^{x})+C$　　　D. $-F(\mathrm{e}^{-x})+C$

3. 求下列不定积分。

(1) $\int \sin^3 x\,\mathrm{d}x$；

(2) $\int \frac{1}{\sqrt{x}}\mathrm{e}^{\sqrt{x}}\,\mathrm{d}x$；

(3) $\int x\ln(1+x^2)\mathrm{d}x$；

(4) $\int \frac{\mathrm{d}x}{x\sqrt{1-\ln^2 x}}$；

(5) $\int \frac{1+x}{(1-x)^2}\mathrm{d}x$；

(6) $\int \cos\sqrt{x+1}\,\mathrm{d}x$；

(7) $\int x\tan^2 x\,\mathrm{d}x$；

(8) $\int \frac{x+(\arctan x)^2}{1+x^2}\mathrm{d}x$；

(9) $\int \frac{x+\ln^3 x}{(x\ln x)^2}\mathrm{d}x$；

(10) $\int \frac{x\cos x}{\sin^3 x}\mathrm{d}x$；

(11) $\int \frac{1}{x^2}\sqrt{x^2-1}\,\mathrm{d}x$；

(12) $\int \frac{3-2\cot^2 x}{\cos^2 x}\mathrm{d}x$；

(13) $\int \frac{x\,\mathrm{e}^{\arctan x}}{(1+x^2)^{\frac{3}{2}}}\mathrm{d}x$；

(14) $\int \frac{x^2}{(x-1)(x+1)(x+2)}\mathrm{d}x$。

4. 设 $f(x)=\begin{cases}1, & x<0\\ x+1, & 0\leqslant x\leqslant 1\\ 2x, & x>1\end{cases}$，求 $\int f(x)\mathrm{d}x$。

考研真题

计算不定积分。

(1) $\int \ln\left(1+\sqrt{\frac{1+x}{x}}\right)\mathrm{d}x\quad(x>0)$；

(2) $\int \frac{x\,\mathrm{e}^{x}}{\sqrt{\mathrm{e}^{x}-1}}\mathrm{d}x$；

(3) $\int \frac{\mathrm{d}x}{\sin 2x+2\sin x}$。

第五章 定积分及其应用

不定积分和定积分是积分学中的两大基本问题。在上一章中，讨论了不定积分的概念、性质及计算方法。本章主要介绍积分学的第二个基本问题——定积分，我们将从实际问题出发，引入定积分的定义，然后讨论其性质、计算方法及应用。

第一节 定积分的概念与性质

一、定积分的概念

1. 两个引例

【例 5-1】 曲边梯形的面积。

设 $y=f(x)$在$[a,b]$上非负、连续，由直线 $x=a$、$x=b$、$y=0$ 及曲线 $y=f(x)$所围成的图形（见图 5-1）称为曲边梯形。其中曲线弧称为曲边。假定 $f(x)\geqslant 0$，求曲边梯形的面积。

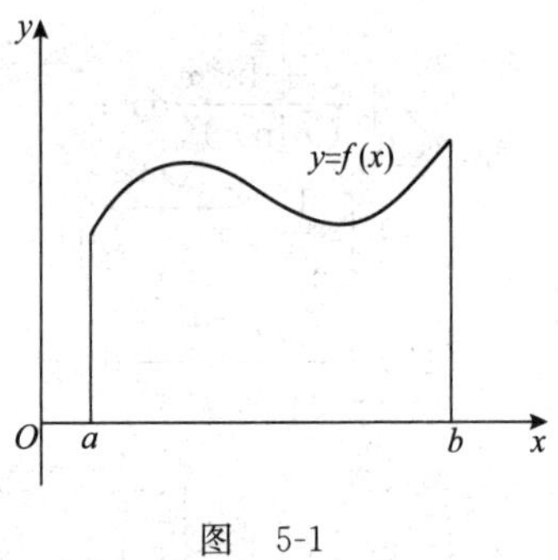

图 5-1

由于 $f(x)$在区间$[a,b]$上是变动的，无法用矩形面积公式来计算。但根据连续性，任两点 $x_1,x_2\in[a,b]$，$|x_2-x_1|$很小时，$f(x_1)$，$f(x_2)$间的图形变化不大，即点 x_1、点 x_2 处高度差别不大。于是可用以下方法求曲边梯形的面积。

(1) 分割：将曲边梯形分成许多窄矩形，在区间$[a,b]$中任意插入 $n-1$ 个分点

$$a=x_0<x_1<x_2<\cdots<x_{n-1}<x_n=b$$

把$[a,b]$分成 n 个小区间$[x_0,x_1]$，$[x_1,x_2]$，…，$[x_{n-1},x_n]$，它们的长度依次为

$$\Delta x_1=x_1-x_0,\Delta x_2=x_2-x_1,\cdots,\Delta x_n=x_n-x_{n-1}$$

过分点 x_i 作平行于 y 轴的直线段，把曲边梯形分成 n 个窄曲边梯形，其中第 i 个窄曲边梯形的面积记为 ΔA_i。

(2) 取近似（以直代曲）：将 n 个窄曲边梯形近似看作一个个窄矩形。在第 i 个小曲边梯形的底$[x_{i-1},x_i]$上任取一点 ξ_i，它所对应的函数值为 $f(\xi_i)$，用宽为 Δx_i，长为 $f(\xi_i)$的窄矩形面积近似代替这个小曲边梯形的面积（见图 5-2），即

$$\Delta A_i\approx f(\xi_i)\Delta x_i$$

(3) 求和：小矩形的面积之和是曲边梯形面积的近似值。把 n 个小矩形的面积相加得和式 $\sum\limits_{i=1}^{n}f(\xi_i)\Delta x_i$，它就是曲边梯形面积 A 的近似值，即

$$A \approx \sum_{i=1}^{n} f(\xi_i)\Delta x_i$$

(4) 取极限：为了得到 A 的精确值，必须让每个小区间的长度都无限缩短。用 λ 表示这些小区间的长度最大者，即 $\lambda = \max\{\Delta x_1, \Delta x_2, \cdots, \Delta x_n\}$，令 $\lambda \to 0$，则和式 $\sum_{i=1}^{n} f(\xi_i)\Delta x_i$ 的极限就是 A，即

$$A = \lim_{\lambda \to 0} \sum_{i=1}^{n} f(\xi_i)\Delta x_i$$

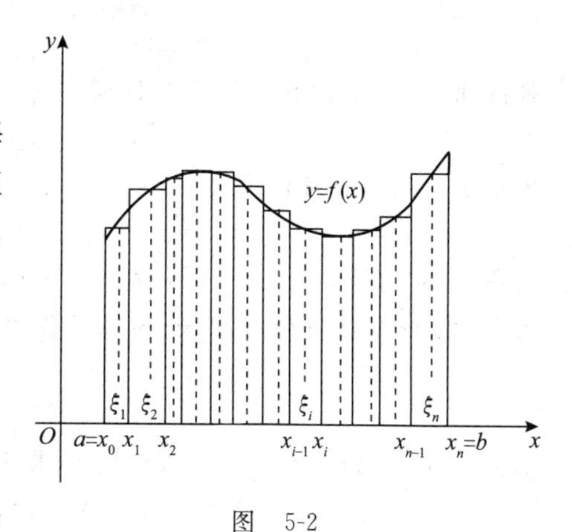

图　5-2

【例 5-2】 变速直线运动的路程。

设质点作变速直线运动，已知速度 $v = v(t)$ 是时间间隔$[T_1, T_2]$上 t 的连续函数，计算在这段时间内质点所经过的路程 S。

(1) 分割：在$[T_1, T_2]$内任意插入 $n-1$ 个分点

$$T_1 = t_0 < t_1 < t_2 < \cdots < t_{n-1} < t_n = T_2$$

把$[T_1, T_2]$分成 n 个小时段

$$[t_0, t_1], [t_1, t_2], \cdots, [t_{n-1}, t_n]$$

各小时段时间的长依次为

$$\Delta t_1 = t_1 - t_0, \Delta t_2 = t_2 - t_1, \cdots, \Delta t_n = t_n - t_{n-1}$$

相应各段的路程为

$$\Delta S_1, \Delta S_2, \cdots, \Delta S_n$$

(2) 取近似：在$[t_{i-1}, t_i]$上任取一个时刻 $\tau_i\,(t_{i-1} \leqslant \tau_i \leqslant t_i)$，以 τ_i 时的速度 $v(\tau_i)$代替$[t_{i-1}, t_i]$上各个时刻的速度，则得

$$\Delta S_i \approx v(\tau_i)\Delta t_i \quad (i = 1, 2, \cdots, n)$$

(3) 求和：把每段时间通过的路程相加

$$S \approx v(\tau_1)\Delta t_1 + v(\tau_2)\Delta t_2 + \cdots + v(\tau_n)\Delta t_n = \sum_{i=1}^{n} v(\tau_i)\Delta t_i$$

(4) 取极限：设 $\lambda = \max\{\Delta t_1, \Delta t_2, \cdots, \Delta t_n\}$，当 $\lambda \to 0$ 时，得

$$S = \lim_{\lambda \to 0} \sum_{i=1}^{n} v(\tau_i)\Delta t_i$$

以上两个例子的实际意义虽然不同，但解决的方法从数学角度上看是一样的，所求量都归纳为具有相同结构的一种特定和的极限，即

$$\text{面积 } A = \lim_{\lambda \to 0} \sum_{i=1}^{n} f(\xi_i)\Delta x_i$$

$$\text{路程 } S = \lim_{\lambda \to 0} \sum_{i=1}^{n} v(\tau_i)\Delta t_i$$

将这些问题的具体意义进行抽象，就得到了定积分的定义。

2. 定积分的定义

定义 5-1　设函数 $f(x)$在$[a, b]$上有界，用分点

$$a=x_0<x_1<x_2<\cdots<x_{n-1}<x_n=b$$

将区间$[a,b]$任意分成 n 个小区间

$$[x_0,x_1],[x_1,x_2],\cdots,[x_{n-1},x_n]$$

各个小区间的长度依次为

$$\Delta x_1=x_1-x_0,\Delta x_2=x_2-x_1,\cdots,\Delta x_n=x_n-x_{n-1}$$

在每个小区间$[x_{i-1},x_i]$上任取一点 $\varepsilon_i(x_{i-1}\leqslant\varepsilon_i\leqslant x_i)$，作函数值 $f(\varepsilon_i)$与小区间长度 Δx_i 的乘积 $f(\varepsilon_i)\Delta x_i(i=1,2,\cdots,n)$，并作出和

$$S=\sum_{i=1}^{n}f(\varepsilon_i)\Delta x_i$$

记 $\lambda=\max\{\Delta x_1,\Delta x_2,\cdots,\Delta x_n\}$，如果不论怎样对$[a,b]$进行分割，也不论怎样在小区间$[x_{i-1},x_i]$上取点 ε_i，只要当 $\lambda\to 0$ 时，S 总趋于确定的极限 I，这时称这个极限 r 为函数 $f(x)$在区间$[a,b]$上的定积分(简称积分)，记作$\int_a^b f(x)\mathrm{d}x$，即

$$\int_a^b f(x)\mathrm{d}x=I=\lim_{\lambda\to 0}\sum_{i=1}^{n}f(\varepsilon_i)\Delta x_i$$

其中 $f(x)$叫做被积函数，$f(x)\mathrm{d}x$ 叫做被积表达式，x 叫做积分变量，a 叫做积分下限，b 叫做积分上限，$[a,b]$叫做积分区间。

按定积分定义，例 5-1 和例 5-2 可以表述如下。

(1) 曲边梯形的面积是函数 $y=f(x)$在区间$[a,b]$上的定积分，即

$$S=\int_a^b f(x)\mathrm{d}x,\quad f(x)\geqslant 0$$

(2) 质点作变速直线运动所经过的路程是速度函数 $v=v(t)$在时间段$[T_1,T_2]$上的定积分，即

$$S=\int_{T_1}^{T_2}v(t)\mathrm{d}t$$

函数 $y=f(x)$在$[a,b]$上定积分存在，则称为函数 $y=f(x)$在$[a,b]$上可积，否则称函数 $y=f(x)$在$[a,b]$上不可积。

关于定积分，还要说明以下几点。

(1) 定积分与不定积分是两个完全不同的概念。不定积分是函数，如果函数 $f(x)$在$[a,b]$上可积，则定积分$\int_a^b f(x)\mathrm{d}x$ 是常量，它只与被积函数 $f(x)$以及积分区间$[a,b]$有关，而与积分变量用什么字母表示无关，即

$$\int_a^b f(x)\mathrm{d}x=\int_a^b f(t)\mathrm{d}t$$

(2) 关于函数的可积性，下面我们叙述两个重要的定理。

定理 5-1　设 $f(x)$在$[a,b]$上连续，则 $f(x)$在$[a,b]$上可积。

定理 5-2　设 $f(x)$在$[a,b]$上有界，且只有有限个间断点，则 $f(x)$在$[a,b]$上可积。

这两个定理的证明比较复杂，要用到实数域的完备性(或连续性)，超出了本书所要求的范围，在这里就不证明了。事实上，无界函数一定不可积，即可积函数必定有界，但是有界函数不一定可积。

(3) 在定积分$\int_a^b f(x)\mathrm{d}x$ 的定义中，总是假设 $a<b$，为了今后使用方便，特作如下规定

$$\int_a^a f(x)\mathrm{d}x = 0$$

$$\int_a^b f(x)\mathrm{d}x = -\int_b^a f(x)\mathrm{d}x$$

(4) 在定义中，$\lambda\to 0$ 不能改为 $n\to+\infty$。$\lambda\to 0$ 保证了所有小区间的长度趋于 0，而 $n\to+\infty$ 是增加小区间的个数，并不能保证每个小区间的长度趋于 0。例如，将 $[0,1]$ 中的 $\left[0,\frac{1}{2}\right]$ 分为第一个小区间，$\left[\frac{1}{2},1\right]$ 细分成 $n-1$ 个小区间。$n\to+\infty$ 时，第一个小区间仍然不变，只能使小区间个数增加，不能使每个小区间的长度都趋于 0。

3. 定积分的几何意义

设函数 $y=f(x)$ 在区间 $[a,b]$ 上连续，其几何意义如下。

(1) $f(x)\geqslant 0, x\in[a,b]$，根据定积分的定义可知，由曲线 $y=f(x)$，直线 $x=a$、$x=b$ $(a<b)$ 及 x 轴围成的曲边梯形(见图 5-1)的面积 S 是 $y=f(x)$ 在 $[a,b]$ 上的定积分，即

$$S=\int_a^b f(x)\mathrm{d}x$$

(2) $f(x)\leqslant 0, x\in[a,b]$(见图 5-3)，根据定积分的定义，其和式小于等于零，$y=f(x)$ 在 $[a,b]$ 上的定积分为曲线 $y=f(x)$，直线 $x=a$、$x=b(a<b)$ 及 x 轴所围成的曲边梯形的面积的负值，即

$$S=-\int_a^b f(x)\mathrm{d}x$$

(3) $f(x)$ 在 $[a,b]$ 上异号(见图 5-4)，将区间 $[a,b]$ 分割，使同一小区间上 $f(x)$ 同号。由上述(1)、(2)知，$y=f(x)$ 在 $[a,b]$ 上的定积分为曲线 $y=f(x)$，直线 $x=a$、$x=b(a<b)$ 及 x 轴所围图形 x 轴上方部分面积减去 x 轴下方部分的面积，即 $\int_a^b f(x)\mathrm{d}x = A_1-A_2+A_3$。

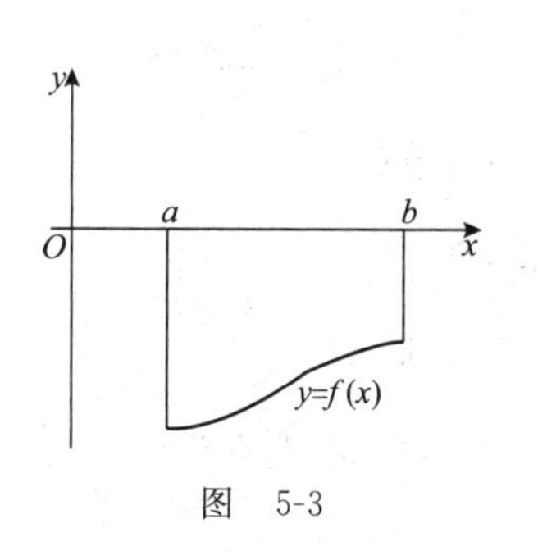

图 5-3

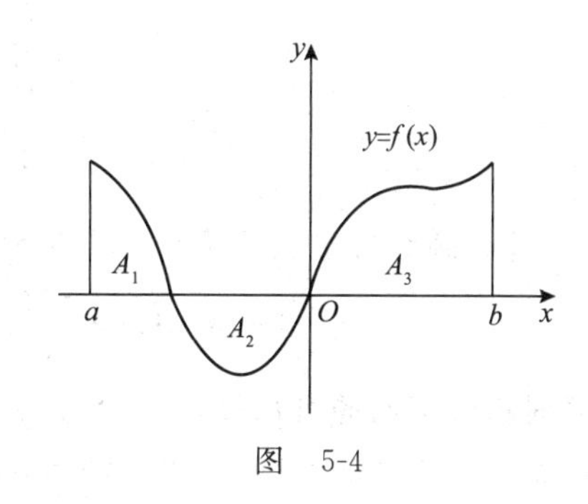

图 5-4

如果规定曲线 $y=f(x)$，直线 $x=a$、$x=b(a<b)$ 及 x 轴所围图形，x 轴上方部分面积为正，x 轴下方部分面积为负。于是，定积分的几何意义如下。

$y=f(x)$ 在 $[a,b]$ 上的定积分为曲线 $y=f(x)$，直线 $x=a$、$x=b(a<b)$ 及 x 轴所围图形面积的代数和。

4. 根据定义计算定积分

【例 5-3】 利用定积分定义计算 $\int_0^1 x^2\mathrm{d}x$。

解 $f(x)=x^2$ 是 $[0,1]$ 上的连续函数，故可积。由定积分的定义可知，对于可积函数，

不论区间如何分割,中间点如何选取,当 $\lambda\to 0$ 时,积分和总趋于同一个极限值 I。因此为方便计算,可以对$[0,1]$区间 n 等分,分点 $x_i=\frac{i}{n}$,$i=1,2,\cdots,n-1$;ξ_i 取相应小区间的右端点,故

$$\sum_{i=1}^{n}f(\xi_i)\Delta x_i=\sum_{i=1}^{n}\xi_i^2\Delta x_i=\sum_{i=1}^{n}x_i^2\Delta x_i=\sum_{i=1}^{n}\left(\frac{i}{n}\right)^2\cdot\frac{1}{n}=\frac{1}{n^3}\sum_{i=1}^{n}i^2$$

$$=\frac{1}{n^3}\cdot\frac{1}{6}n(n+1)(2n+1)=\frac{1}{6}\left(1+\frac{1}{n}\right)\left(2+\frac{1}{n}\right)$$

$\lambda\to 0$ 时(即 $n\to\infty$时),由定积分的定义得

$$\int_0^1 x^2\mathrm{d}x=\lim_{\lambda\to 0}\sum_{i=1}^{n}\xi_i^2\Delta x_i=\lim_{n\to\infty}\frac{1}{6}\left(1+\frac{1}{n}\right)\left(2+\frac{1}{n}\right)=\frac{1}{3}$$

由此可见,这种直接根据定义求定积分的方法,通常计算过程十分复杂。因此,下面将讨论定积分与不定积分之间的内在联系,从而给出利用原函数计算不定积分的简便方法。

二、定积分的性质

在下面的讨论中,假设函数在所讨论的区间上都是可积的。

性质 1 函数和(差)的定积分等于它们的定积分的和(差),即

$$\int_a^b[f(x)\pm g(x)]\mathrm{d}x=\int_a^b f(x)\mathrm{d}x\pm\int_a^b g(x)\mathrm{d}x$$

证

$$\int_a^b[f(x)\pm g(x)]\mathrm{d}x=\lim_{\lambda\to 0}\sum_{i=1}^{n}[f(\xi_i)\pm g(\xi_i)]\Delta x_i$$

$$=\lim_{\lambda\to 0}\sum_{i=1}^{n}f(\xi_i)\Delta x_i\pm\lim_{\lambda\to 0}\sum_{i=1}^{n}g(\xi_i)\Delta x_i$$

$$=\int_a^b f(x)\mathrm{d}x\pm\int_a^b g(x)\mathrm{d}x$$

性质 2 被积函数的常数因子可以提到积分号外面,即

$$\int_a^b kf(x)\mathrm{d}x=k\int_a^b f(x)\mathrm{d}x\ (k\text{ 是常数})$$

性质 3(对积分区间的可加性) 如果将积分区间分成两部分,则在整个区间上的定积分等于这两个区间上定积分之和,即设 $a<c<b$,则

$$\int_a^b f(x)\mathrm{d}x=\int_a^c f(x)\mathrm{d}x+\int_c^b f(x)\mathrm{d}x$$

注意:无论 a,b,c 的相对位置如何,总有上述等式成立。

性质 4 如果在区间$[a,b]$上,$f(x)\equiv 1$,则

$$\int_a^b f(x)\mathrm{d}x=\int_a^b\mathrm{d}x=b-a$$

性质 5(保号性) 如果在区间$[a,b]$上,$f(x)\geqslant 0$,则

$$\int_a^b f(x)\mathrm{d}x\geqslant 0\quad(a<b)$$

证　因为 $f(x)\geqslant 0$，所以 $f(\xi_i)\geqslant 0(i=1,2,\cdots,n)$，又因为 $\Delta x_i\geqslant 0(i=1,2,\cdots,n)$，故 $\sum_{i=1}^{n}f(\xi_i)\Delta x_i\geqslant 0$。设 $\lambda=\max\{\Delta x_1,\Delta x_2,\cdots,\Delta x_n\}$，当 $\lambda\to 0$ 时，可得性质 5 中的不等式。

推论 1　如果在$[a,b]$上，$f(x)\leqslant g(x)$，则

$$\int_a^b f(x)\mathrm{d}x\leqslant\int_a^b g(x)\mathrm{d}x\quad(a<b)$$

推论 2　$\left|\int_a^b f(x)\mathrm{d}x\right|\leqslant\int_a^b|f(x)|\mathrm{d}x$。

性质 6(积分估值定理)　设 M 与 m 分别是函数 $f(x)$ 在$[a,b]$上的最大值及最小值，则

$$m(b-a)\leqslant\int_a^b f(x)\mathrm{d}x\leqslant M(b-a)\quad(a<b)$$

性质 7(积分中值定理)　如果函数 $f(x)$ 在闭区间$[a,b]$上连续，则在积分区间$[a,b]$上至少存在一点 ξ，使下式成立：

$$\int_a^b f(x)\mathrm{d}x=f(\xi)(b-a)\quad(a\leqslant\xi\leqslant b)$$

证　利用性质 6，$m\leqslant\frac{1}{b-a}\int_a^b f(x)\mathrm{d}x\leqslant M$，再由闭区间上连续函数的介值定理，知在$[a,b]$上至少存在一点 ξ，使 $f(\xi)=\frac{1}{b-a}\int_a^b f(x)\mathrm{d}x$，故得此性质。

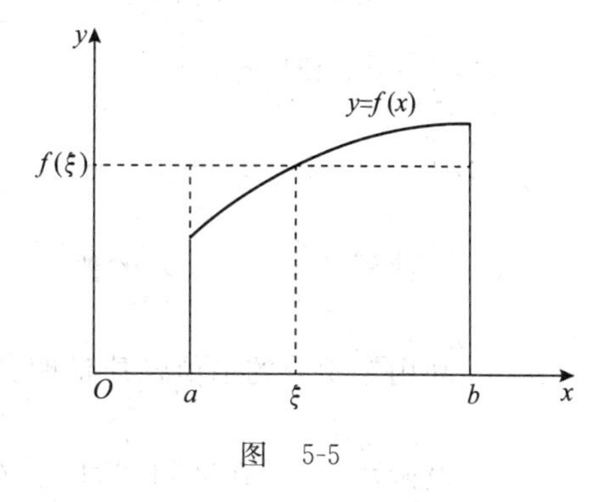

图　5-5

显然无论 $a>b$，还是 $a<b$，上述等式恒成立。

积分中值定理的几何意义是：曲线 $y=f(x)$，直线 $x=a$、$x=b(a<b)$及 x 轴所围成的曲边梯形面积，等于以区间$[a,b]$为底，以这个区间内的某一点处曲线 $f(x)$的纵坐标 $f(\xi)$为高的矩形的面积(见图 5-5)。

其中，$\frac{1}{b-a}\int_a^b f(x)\mathrm{d}x$ 称为函数 $f(x)$在区间$[a,b]$上的平均值。

【例 5-4】　比较 $\int_0^{\frac{\pi}{2}}x\,\mathrm{d}x$ 与 $\int_0^{\frac{\pi}{2}}\sin x\,\mathrm{d}x$ 的大小。

解　因为 $0\leqslant x\leqslant\frac{\pi}{2}$时，有 $\sin x\leqslant x$，由推论 1 可得

$$\int_0^{\frac{\pi}{2}}x\,\mathrm{d}x\geqslant\int_0^{\frac{\pi}{2}}\sin x\,\mathrm{d}x$$

【例 5-5】　试估计定积分 $\int_{\frac{\pi}{6}}^{\frac{\pi}{3}}\sin x\,\mathrm{d}x$ 的值。

解　在区间$\left[\frac{\pi}{6},\frac{\pi}{3}\right]$上，函数 $y=\sin x$ 是增函数，且最大值 $f\left(\frac{\pi}{3}\right)=\sin\frac{\pi}{3}=\frac{\sqrt{3}}{2}$，最小值 $f\left(\frac{\pi}{6}\right)=\sin\frac{\pi}{6}=\frac{1}{2}$。根据性质 6，则有

$$\frac{1}{2}\left(\frac{\pi}{3}-\frac{\pi}{6}\right)\leqslant\int_{\frac{\pi}{6}}^{\frac{\pi}{3}}\sin x\,\mathrm{d}x\leqslant\frac{\sqrt{3}}{2}\left(\frac{\pi}{3}-\frac{\pi}{6}\right)$$

即

$$\frac{\pi}{12}\leqslant\int_{\frac{\pi}{6}}^{\frac{\pi}{3}}\sin x\,\mathrm{d}x\leqslant\frac{\sqrt{3}\,\pi}{12}$$

习题 5.1

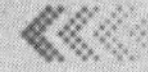

1. 利用定积分的定义，证明$\int_a^b \mathrm{d}x=b-a$。

2. 利用定积分的几何意义,证明下列等式。

(1) $\int_{-\frac{\pi}{2}}^{\frac{\pi}{2}}\sin x\,\mathrm{d}x=0$；　(2) $\int_{-\frac{\pi}{2}}^{\frac{\pi}{2}}\cos x\,\mathrm{d}x=2\int_0^{\frac{\pi}{2}}\cos x\,\mathrm{d}x$。

3. 利用定积分的几何意义,求下列定积分的值。

(1) $\int_0^1 4x\,\mathrm{d}x$；　(2) $\int_{-2}^2\sqrt{4-x^2}\,\mathrm{d}x$。

4. 利用定积分的性质,比较下列各组定积分的大小。

(1) $\int_0^1 x\,\mathrm{d}x$ 和$\int_0^1 x^2\,\mathrm{d}x$；　(2) $\int_3^4\ln x\,\mathrm{d}x$ 和$\int_3^4(\ln x)^2\,\mathrm{d}x$；

(3) $\int_0^1\mathrm{e}^x\,\mathrm{d}x$ 和$\int_0^1(1+x)\,\mathrm{d}x$；　(4) $\int_0^{\pi}\sin x\,\mathrm{d}x$ 和$\int_0^{\pi}\cos x\,\mathrm{d}x$。

5. 估计积分$\int_0^2\mathrm{e}^{x^2-x}\,\mathrm{d}x$ 的值。

6. 利用定积分的估值性质证明：$\frac{1}{2}\leqslant\int_1^4\frac{\mathrm{d}x}{2+x}\leqslant 1$。

7. 设函数 $f(x)$在区间$[0,1]$上连续,在$(0,1)$内可导,且 $f(0)=4\int_{\frac{3}{4}}^1 f(x)\,\mathrm{d}x$。证明:在$(0,1)$内至少存在一点 c,使 $f'(c)=0$。

8. 设 $f(x)$及 $g(x)$在区间$[a,b]$上连续,证明:

(1) 若在区间$[a,b]$上,$f(x)\geqslant 0$ 且$\int_a^b f(x)\,\mathrm{d}x=0$,则在区间$[a,b]$上,$f(x)\equiv 0$；

(2) 若在区间$[a,b]$上,$f(x)\leqslant g(x)$ 且$\int_a^b f(x)\,\mathrm{d}x=\int_a^b g(x)\,\mathrm{d}x$,则在区间$[a,b]$上,$f(x)\equiv g(x)$。

第二节　微积分基本公式

本章第一节中举了一个利用定义计算定积分的例子。从中可以看出,即使是比较简单的函数,从定义出发计算定积分也是比较麻烦的,而当被积函数比较复杂时,计算就会更加困难,有时甚至是不可能的。因此必须寻求一种较为简单的计算定积分的方法。

定积分与实际问题是紧密相连的,下面从具体实例入手,探求定积分计算的方法。

一、变速直线运动中位置函数与速度函数之间的关系

从第一节的引例中可以知道，如果变速直线运动的速度函数 $v(t)$ 为已知，可以利用定积分表示它在时间间隔 $[a,b]$ 内所经过的路程，即 $s=\int_a^b v(t)\mathrm{d}t$。

同时，若已知物体运动方程 $s(t)$，则它在时间 $[a,b]$ 内所经过的路程为 $s(b)-s(a)$。

由此可见，位置函数 $s(t)$ 与速度函数 $v(t)$ 之间有以下关系

$$\int_a^b v(t)\mathrm{d}t=s(b)-s(a)$$

且 $s'(t)=v(t)$，即位置函数 $s(t)$ 是速度函数 $v(t)$ 的原函数。

对于一般函数 $f(x)$，设 $F'(x)=f(x)$，是否也有

$$\int_a^b f(x)\mathrm{d}x=F(b)-F(a)$$

若上式成立，就找到了用函数 $f(x)$ 的原函数的数值差 $F(b)-F(a)$ 表示定积分 $\int_a^b f(x)\mathrm{d}x$ 的方法。

二、积分上限函数及其导数

设函数 $f(x)$ 在闭区间 $[a,b]$ 上连续，则对于任意的 x $(a\leqslant x\leqslant b)$（见图 5-6），积分 $\int_a^x f(x)\mathrm{d}x$ 存在，且对于每一个取定的 x 值 $(a\leqslant x\leqslant b)$，定积分都有一个对应值，所以它在 $[a,b]$ 上定义了一个函数，即 $\int_a^x f(x)\mathrm{d}x$ 是以积分上限 x 为变量的函数。这里需要特别注意，积分上限 x 与被积表达式 $f(x)\mathrm{d}x$ 中的积分变量 x 是两个不同的概念，在求积分时（或积分过程中）积分上限 x 是固定不变的，而积分变量 x 是在积分下限与上限之间变化的。为了使初学者区分它们的含义，根据定积分与积分变量记号无关的性质，另用字母 t 表示积分变量。积分上限 x 为变量的函数记为 $\Phi(x)$，即

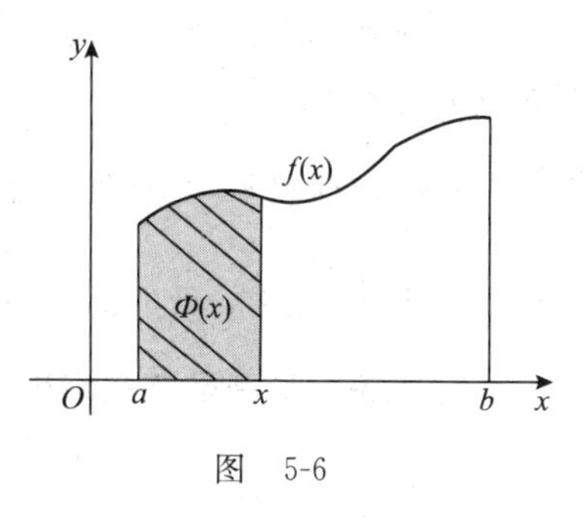

图　5-6

$$\Phi(x)=\int_a^x f(t)\mathrm{d}t$$

函数 $\Phi(x)$ 具有以下重要性质。

定理 5-3　如果函数 $f(x)$ 在区间 $[a,b]$ 上连续，则积分上限函数

$$\Phi(x)=\int_a^x f(t)\mathrm{d}t\ ,a\leqslant t\leqslant x$$

在区间 $[a,b]$ 上可导，并且它的导数是

$$\Phi'(x)=\frac{\mathrm{d}}{\mathrm{d}x}\int_a^x f(t)\mathrm{d}t=f(x)\ ,a\leqslant x\leqslant b$$

证　如图 5-7 所示，设 $\Delta x>0$，因为

$$\begin{aligned}\Delta\Phi &= \Phi(x+\Delta x)-\Phi(x)\\ &=\int_a^{x+\Delta x} f(t)\mathrm{d}t-\int_a^x f(t)\mathrm{d}t\\ &=\int_a^x f(t)\mathrm{d}t+\int_x^{x+\Delta x} f(t)\mathrm{d}t-\int_a^x f(t)\mathrm{d}t\\ &=\int_x^{x+\Delta x} f(t)\mathrm{d}t\end{aligned}$$

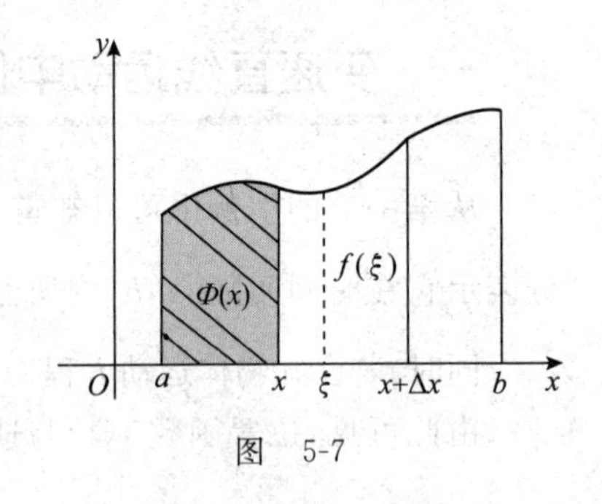

图　5-7

由积分中值定理,得

$$\int_x^{x+\Delta x} f(t)\mathrm{d}t=f(\xi)\Delta x$$

这里 ξ 介于 x 与 $x+\Delta x$ 之间。把上式两端各除以 Δx,得

$$\frac{\Delta\Phi}{\Delta x}=\frac{f(\xi)\Delta x}{\Delta x}=f(\xi)$$

当 $\Delta x\to 0$ 时,有 $x+\Delta x\to x$,从而 $\xi\to x$。根据导数的定义以及函数的连续性,由函数 $f(x)$ 在区间$[a,b]$上连续,有

$$\Phi'(x)=\lim_{\Delta x\to 0}\frac{\Delta\Phi}{\Delta x}=\lim_{\xi\to x}f(\xi)=f(x)$$

即

$$\Phi'(x)=\frac{\mathrm{d}}{\mathrm{d}x}\int_a^x f(t)\mathrm{d}t=f(x)$$

若 $x=a$,取 $\Delta x>0$,则同理可证 $\Phi'_+(a)=f(a)$;若 $x=b$,取 $\Delta x<0$,则同理可证 $\Phi'_-(b)=f(b)$。

这一定理表明:变上限积分所确定的函数 $\int_a^x f(t)\mathrm{d}t$ 对积分上限 x 的导数等于被积函数 $f(t)$ 在积分上限 x 处的值,$\int_a^x f(t)\mathrm{d}t$ 就是 $f(x)$ 在区间$[a,b]$上的一个原函数。

定理 5-4(原函数存在定理)　如果函数 $f(x)$在区间$[a,b]$上连续,则函数

$$\Phi(x)=\int_a^x f(t)\mathrm{d}t$$

是函数 $f(x)$在区间$[a,b]$上的一个原函数。

【例 5-6】　设函数 $y=\int_0^x \mathrm{e}^t\mathrm{d}t$,求 $y'(x)$。

解　因为函数 $f(t)=\mathrm{e}^t$ 连续,根据定理 5-3,得

$$\left(\int_0^x \mathrm{e}^t\mathrm{d}t\right)'=\mathrm{e}^x$$

从而

$$y'(x)=\mathrm{e}^x$$

【例 5-7】　求 $\frac{\mathrm{d}}{\mathrm{d}x}\left(\int_x^{-1}\cos^2 t\mathrm{d}t\right)$。

解　因为函数 $y=\cos^2 t$ 连续,根据定理 5-3,得

$$\frac{\mathrm{d}}{\mathrm{d}x}\left(\int_x^{-1}\cos^2 t\mathrm{d}t\right)=\frac{\mathrm{d}}{\mathrm{d}x}\left(-\int_{-1}^{x}\cos^2 t\mathrm{d}t\right)=-\frac{\mathrm{d}}{\mathrm{d}x}\left(\int_{-1}^{x}\cos^2 t\mathrm{d}t\right)=-\cos^2 x$$

【例 5-8】 求$\frac{\mathrm{d}}{\mathrm{d}x}\left(\int_x^{x^2}\sin t\,\mathrm{d}t\right)$。

解
$$\begin{aligned}\frac{\mathrm{d}}{\mathrm{d}x}\left(\int_x^{x^2}\sin t\,\mathrm{d}t\right)&=\frac{\mathrm{d}}{\mathrm{d}x}\left(\int_x^{0}\sin t\,\mathrm{d}t+\int_0^{x^2}\sin t\,\mathrm{d}t\right)\\&=\frac{\mathrm{d}}{\mathrm{d}x}\left(\int_x^{0}\sin t\,\mathrm{d}t\right)+\frac{\mathrm{d}}{\mathrm{d}x}\left(\int_0^{x^2}\sin t\,\mathrm{d}t\right)\\&=\frac{\mathrm{d}}{\mathrm{d}x}\left(-\int_0^{x}\sin t\,\mathrm{d}t\right)+\frac{\mathrm{d}}{\mathrm{d}x}\left(\int_0^{x^2}\sin t\,\mathrm{d}t\right)\\&=-\sin x+\frac{\mathrm{d}}{\mathrm{d}x}\left(\int_0^{x^2}\sin t\,\mathrm{d}t\right)\end{aligned}$$

$\frac{\mathrm{d}}{\mathrm{d}x}\left(\int_0^{x^2}\sin t\,\mathrm{d}t\right)$是以$x^2$为上限的积分，作为$x$的函数可以看作以$u=x^2$为中间变量的复合函数，根据复合函数求导公式，有

$$\frac{\mathrm{d}}{\mathrm{d}x}\left(\int_0^{x^2}\sin t\,\mathrm{d}t\right)=\frac{\mathrm{d}}{\mathrm{d}u}\left(\int_0^{u}\sin t\,\mathrm{d}t\right)_{u=x^2}\cdot\frac{\mathrm{d}}{\mathrm{d}x}(x^2)=\sin x^2\cdot 2x=2x\sin x^2$$

所以

$$\frac{\mathrm{d}}{\mathrm{d}x}\left(\int_x^{x^2}\sin t\,\mathrm{d}t\right)=-\sin x+2x\sin x^2$$

方法熟练以后，上述过程可以简化为

$$\frac{\mathrm{d}}{\mathrm{d}x}\left(\int_x^{x^2}\sin t\,\mathrm{d}t\right)=\sin x^2(x^2)'-\sin x$$

三、微积分基本定理

定理 5-5(微积分基本定理) 设函数$f(x)$在区间$[a,b]$上连续，且$F(x)$是$f(x)$在区间$[a,b]$上的原函数，则

$$\int_a^b f(x)\mathrm{d}x=F(b)-F(a)$$

或记作

$$\int_a^b f(x)\mathrm{d}x=F(x)\Big|_a^b=F(b)-F(a)$$

证 已知$F(x)$是$f(x)$在区间$[a,b]$上的一个原函数，而$\Phi(x)=\int_a^x f(t)\mathrm{d}t$也是$f(x)$在区间$[a,b]$上的一个原函数，所以$\Phi(x)-F(x)$是某一个常数，即

$$\Phi(x)=\int_a^x f(t)\mathrm{d}t=F(x)+C_0$$

令$x=a$，得$\int_a^a f(t)\mathrm{d}t=F(a)+C_0$，而$\int_a^a f(t)\mathrm{d}t=0$，则

$$C_0=-F(a)$$

即有

$$\int_a^x f(t)\mathrm{d}t=F(x)-F(a)$$

再令 $x=b$,得

$$\int_a^b f(t)\mathrm{d}t = F(b) - F(a)$$

上式称为牛顿-莱布尼茨公式,也称为微积分基本公式。

根据定理5-5有以下结论:连续函数的定积分等于被积函数的原函数在积分区间上的增量。这可以把求连续函数的定积分问题转化为求不定积分的问题。

【例5-9】 计算$\int_{-1}^{1}\frac{\mathrm{d}x}{1+x^2}$。

解 由于 $\arctan x$ 是$\frac{1}{1+x^2}$的一个原函数,所以

$$\int_{-1}^{1}\frac{\mathrm{d}x}{1+x^2}=\arctan x\Big|_{-1}^{1}=\arctan 1-\arctan(-1)=\frac{\pi}{4}-\left(-\frac{\pi}{4}\right)=\frac{\pi}{2}$$

【例5-10】 计算$\int_{\frac{\pi}{6}}^{\frac{\pi}{4}}\cos^2 x\,\mathrm{d}x$。

解 $$\int_{\frac{\pi}{6}}^{\frac{\pi}{4}}\cos^2 x\,\mathrm{d}x=\int_{\frac{\pi}{6}}^{\frac{\pi}{4}}\frac{1+\cos 2x}{2}\mathrm{d}x=\left(\frac{1}{2}x+\frac{1}{4}\sin 2x\right)\Big|_{\frac{\pi}{6}}^{\frac{\pi}{4}}=\frac{\pi}{24}+\frac{2-\sqrt{3}}{8}$$

【例5-11】 计算$\int_0^{\pi}\sqrt{\sin x-\sin^3 x}\,\mathrm{d}x$。

解
$$\begin{aligned}\int_0^{\pi}\sqrt{\sin x-\sin^3 x}\,\mathrm{d}x&=\int_0^{\pi}\sqrt{\sin x}\,|\cos x|\,\mathrm{d}x\\&=\int_0^{\frac{\pi}{2}}\sqrt{\sin x}\cos x\,\mathrm{d}x-\int_{\frac{\pi}{2}}^{\pi}\sqrt{\sin x}\cos x\,\mathrm{d}x\\&=\frac{2}{3}(\sin x)^{\frac{3}{2}}\Big|_0^{\frac{\pi}{2}}-\frac{2}{3}(\sin x)^{\frac{3}{2}}\Big|_{\frac{\pi}{2}}^{\pi}=\frac{4}{3}\end{aligned}$$

【例5-12】 计算正弦曲线 $y=\sin x$ 在$[0,\pi]$上与 x 轴所围的平面图形的面积(见图5-8)。

解 该图形也可看成是一个曲边梯形,其面积为

$$A=\int_0^{\pi}\sin x\,\mathrm{d}x$$

由于$-\cos x$ 是 $\sin x$ 的一个原函数,所以

$$\begin{aligned}A&=\int_0^{\pi}\sin x\,\mathrm{d}x=-\cos x\Big|_0^{\pi}\\&=-(-1)-(-1)=2\end{aligned}$$

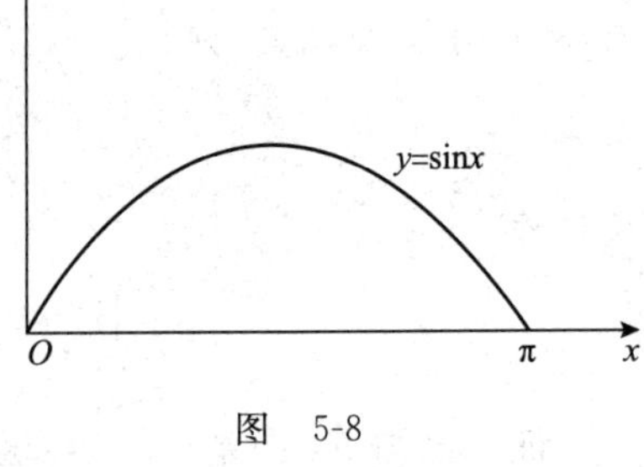

图 5-8

注意:牛顿-莱布尼茨公式适用的条件是被积函数 $f(x)$连续,如果对有间断点的函数 $f(x)$的积分用此公式就会出现错误。即使 $f(x)$连续,但 $f(x)$是分段函数,其定积分也不能直接利用牛顿-莱布尼茨公式,而应当根据 $f(x)$的不同表达式按段分成几个积分之和,再分别利用牛顿-莱布尼茨公式进行计算。

【例5-13】 求$\int_{-1}^{3}|2-x|\,\mathrm{d}x$。

解 $|2-x|=\begin{cases}2-x, & x\leqslant 2\\ x-2, & x>2\end{cases}$,由区间可加性,得

$$\begin{aligned}\int_{-1}^{3}|2-x|\,\mathrm{d}x&=\int_{-1}^{2}(2-x)\,\mathrm{d}x+\int_{2}^{3}(x-2)\,\mathrm{d}x\\&=\left(2x-\frac{x^2}{2}\right)\Big|_{-1}^{2}+\left(\frac{x^2}{2}-2x\right)\Big|_{2}^{3}\\&=\frac{9}{2}+\frac{1}{2}=5\end{aligned}$$

【例 5-14】 求 $\lim\limits_{x\to0}\dfrac{\int_{\cos x}^{1}\mathrm{e}^{-t^2}\,\mathrm{d}t}{x^2}$。

解 由定积分的补充定义易知所求的极限式是一个$\dfrac{0}{0}$型的未定式，可应用洛比达法则计算，先求分子函数的导数，有

$$\begin{aligned}\frac{\mathrm{d}}{\mathrm{d}x}\int_{\cos x}^{1}\mathrm{e}^{-t^2}\,\mathrm{d}t&=-\frac{\mathrm{d}}{\mathrm{d}x}\int_{1}^{\cos x}\mathrm{e}^{-t^2}\,\mathrm{d}t=-\mathrm{e}^{-\cos^2x}(\cos x)'\\&=-\mathrm{e}^{-\cos^2x}(-\sin x)=\sin x\,\mathrm{e}^{-\cos^2x}\end{aligned}$$

因此

$$\lim_{x\to0}\frac{\int_{\cos x}^{1}\mathrm{e}^{-t^2}\,\mathrm{d}t}{x^2}=\lim_{x\to0}\frac{\sin x\,\mathrm{e}^{-\cos^2x}}{2x}=\frac{1}{2\mathrm{e}}$$

【例 5-15】 设 $f(x)$是$(0,+\infty)$上的连续函数，$F(x)=\dfrac{1}{x}\int_{0}^{x}f(t)\,\mathrm{d}t$，若 $f(x)$是单调增函数，证明 $F(x)$也是单调增函数。

证 由 $F(x)=\dfrac{1}{x}\int_{0}^{x}f(t)\,\mathrm{d}t$，有

$$F'(x)=\frac{xf(x)-\int_{0}^{x}f(t)\,\mathrm{d}t}{x^2}$$

由积分中值定理，有

$$\int_{0}^{x}f(t)\,\mathrm{d}t=xf(\xi),\quad 0<\xi<x$$

所以

$$F'(x)=\frac{xf(x)-\int_{0}^{x}f(t)\,\mathrm{d}t}{x^2}=\frac{xf(x)-xf(\xi)}{x^2}=\frac{f(x)-f(\xi)}{x}$$

而 $f(x)$是单调增函数，有 $f(x)-f(\xi)>0$，故 $F'(x)>0$，即 $F(x)$是单调增函数。

习题 5.2

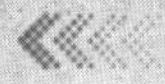

1. 计算下列导数。

(1) $\dfrac{\mathrm{d}}{\mathrm{d}x}\int_{0}^{x}\sin t^2\,\mathrm{d}t$；　(2) $\dfrac{\mathrm{d}}{\mathrm{d}x}\int_{0}^{x^2}\sin t^2\,\mathrm{d}t$；　(3) $\dfrac{\mathrm{d}}{\mathrm{d}x}\int_{0}^{1}\sin x^2\,\mathrm{d}x$。

2. 设 $y=f(x)$由 $x-\int_{1}^{x+y}\mathrm{e}^t\,\mathrm{d}t=0$ 确定，求曲线 $y=f(x)$在 $x=0$ 处的切线方程。

3. 计算下列定积分。

(1) $\int_0^1 10^{2x+1}\mathrm{d}x$；　(2) $\int_{-\frac{1}{2}}^{\frac{1}{2}} \frac{1}{\sqrt{1-x^2}}\mathrm{d}x$；

(3) $\int_4^9 \left(\sqrt{x}+\frac{1}{\sqrt{x}}\right)\mathrm{d}x$；　(4) $\int_0^{\sqrt{3}} \frac{1}{1+x^2}\mathrm{d}x$；

(5) $\int_0^1 \frac{\mathrm{e}^x-\mathrm{e}^{-x}}{2}\mathrm{d}x$；　(6) $\int_0^2 |x^2-1|\,\mathrm{d}x$；

(7) $\int_0^1 \frac{\mathrm{d}x}{\sqrt{4-x^2}}$；　(8) $\int_0^1 \frac{1-x^2}{1+x^2}\mathrm{d}x$；

(9) 设 $f(x)=\begin{cases}\mathrm{e}^x, & x>0\\ \cos x, & x\leqslant 0\end{cases}$，求 $\int_{-\pi}^1 f(x)\mathrm{d}x$。

4. 求下列极限。

(1) $\lim\limits_{x\to 0}\frac{\int_0^x \cos t^2\mathrm{d}t}{\int_0^x \frac{\sin t}{t}\mathrm{d}t}$；　(2) $\lim\limits_{x\to 0}\frac{\int_0^{3x}\ln(1+t)\mathrm{d}t}{2x^2}$；

(3) $\lim\limits_{x\to 0}\frac{\int_0^x t\tan t\,\mathrm{d}t}{x^3}$；　(4) $\lim\limits_{x\to 0}\frac{\int_0^x \ln(1+2t^2)\mathrm{d}t}{x^3}$。

5. 设 $f(x)=\begin{cases}\cos x, & 0\leqslant x\leqslant\pi\\ 1, & x<0 \text{ 或 } x>\pi\end{cases}$，求 $F(x)=\int_0^x f(t)\mathrm{d}t$ 在 $(-\infty,+\infty)$ 内的表达式。

6. 当 x 为何值时，函数 $F(x)=\int_1^x (t-1)\mathrm{e}^t\mathrm{d}t$ 有极值?

7. 设 $f(x)$ 在区间 $[a,b]$ 上连续，在 (a,b) 内可导，且 $f'(x)\leqslant 0$，$F(x)=\frac{\int_a^x f(t)\mathrm{d}t}{x-a}$，证明在 (a,b) 内恒有 $F'(x)\leqslant 0$。

第三节　定积分的换元法和分部积分法

本章第二节建立了积分学两类基本问题之间的联系——微积分基本公式，利用这个公式计算定积分的关键是求出不定积分，而换元法和分部积分法是求不定积分的两种基本方法，如果能把这两种方法直接应用到定积分的计算中，相信一定可以简化定积分的计算。下面就来建立定积分的换元积分公式和分部积分公式。

一、定积分的换元法

先来看一个例子。

【例 5-16】 求 $\int_1^2 \frac{x}{\sqrt{2x-1}}\mathrm{d}x$。

解　先求不定积分,采用换元法,设 $t=\sqrt{2x-1}$,则

$$x=\frac{1}{2}(t^2+1),\quad \mathrm{d}x=t\mathrm{d}t$$

$$\int\frac{x}{\sqrt{2x-1}}\mathrm{d}x=\int\frac{\frac{1}{2}t^2+\frac{1}{2}}{t}t\mathrm{d}t=\frac{1}{2}\int t^2\mathrm{d}t+\frac{1}{2}\int\mathrm{d}t$$

$$=\frac{1}{6}t^3+\frac{1}{2}t+C=\frac{1}{6}(2x-1)^{\frac{3}{2}}+\frac{1}{2}\sqrt{2x-1}+C$$

故由牛顿-莱布尼茨公式得

$$\int_1^2\frac{x}{\sqrt{2x-1}}\mathrm{d}x=\frac{1}{6}\cdot 3^{\frac{3}{2}}+\frac{\sqrt{3}}{2}-\left(\frac{1}{6}+\frac{1}{2}\right)=\sqrt{3}-\frac{2}{3}$$

现在尝试用直接换元法求不定积分。为去掉根号,令 $t=\sqrt{2x-1}$,则 $x=\frac{1}{2}(t^2+1)$,$\mathrm{d}x=t\mathrm{d}t$。当 x 从 1 连续增加到 2 时,t 相应地从 1 连续增加到$\sqrt{3}$,则

$$\frac{\mathrm{d}t}{\mathrm{d}x}=\frac{1}{t}=\frac{1}{\sqrt{2x-1}}>0$$

于是

$$\int_1^2\frac{x}{\sqrt{2x-1}}\mathrm{d}x=\frac{1}{2}\int_1^{\sqrt{3}}(t^2+1)\mathrm{d}t=\sqrt{3}-\frac{2}{3}$$

由此可见,定积分也可以像不定积分一样进行换元,不同的是不定积分换元时要回代积分变量,而定积分则只需将其上、下限换成新变量的上、下限即可计算。将上例一般化就得到定积分的换元公式。

定理 5-6　设函数 $f(x)$在$[a,b]$上连续,令 $x=\varphi(t)$,则有

$$\int_a^b f(x)\mathrm{d}x\xlongequal{x=\varphi(t)}\int_\alpha^\beta f[\varphi(t)]\varphi'(t)\mathrm{d}t$$

其中,函数应满足以下三个条件:

(1) $\varphi(\alpha)=a,\varphi(\beta)=b$;

(2) $\varphi(t)$在$[\alpha,\beta]$上单值且有连续导数;

(3) 当 t 在$[\alpha,\beta]$上变化时,对应的 $x=\varphi(t)$值在$[a,b]$上变化。

证　设 $F(x)$为 $f(x)$在$[a,b]$上的一个原函数,则

$$\int_a^b f(x)\mathrm{d}x=F(b)-F(a)$$

又有

$$(F[\varphi(t)])'=F'[\varphi(t)]\varphi'(t)=f[\varphi(t)]\varphi'(t)$$

即 $F[\varphi(t)]$为 $f[\varphi(t)]\varphi'(t)$的一个原函数,有

$$\int_\alpha^\beta f[\varphi(t)]\varphi'(t)\mathrm{d}t=F[\varphi(t)]\Big|_\alpha^\beta=F[\varphi(\beta)]-F[\varphi(\alpha)]=F(b)-F(a)$$

故

$$\int_a^b f(x)\mathrm{d}x=\int_\alpha^\beta f[\varphi(t)]\varphi'(t)\mathrm{d}t$$

注意:上述公式称为定积分的换元公式。在应用换元公式时要特别注意,在把原来的积分变量 x 换为新变量 t 时,原积分限也要相应换成新变量 t 的积分限,原上限对应新上限,原下限对应新下限,即换元必换限。

【例 5-17】 求$\int_0^a \sqrt{a^2-x^2}\,dx$,$a>0$。

解 令 $x=a\sin t$,则 $dx=a\cos t\,dt$。

当 $x=0$ 时,$t=0$;当 $x=a$ 时,$t=\frac{\pi}{2}$。于是

$$\int_0^a \sqrt{a^2-x^2}\,dx=\int_0^{\frac{\pi}{2}} a\cos t\cdot a\cos t\,dt$$

$$=\frac{a^2}{2}\int_0^{\frac{\pi}{2}}(1+\cos 2t)\,dt$$

$$=\frac{a^2}{2}\left(t+\frac{1}{2}\sin 2t\right)\Big|_0^{\frac{\pi}{2}}=\frac{\pi a^2}{4}$$

显然,这个定积分的值就是圆 $x^2+y^2=a^2$ 在第一象限部分的面积(见图 5-9)。

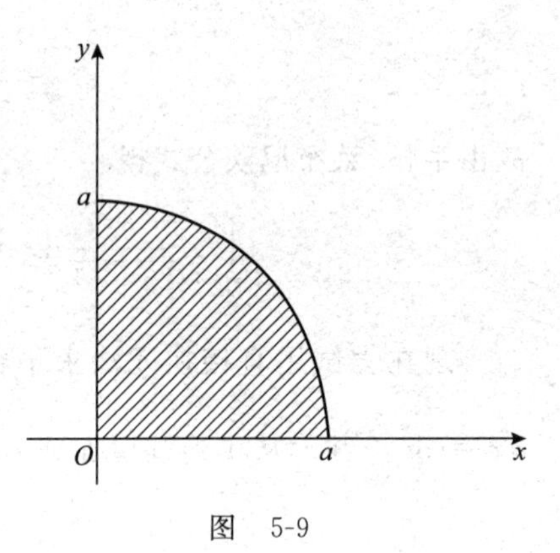

图 5-9

【例 5-18】 求$\int_0^{\frac{\pi}{2}}\cos^5 x\sin x\,dx$。

解 方法一 令 $t=\cos x$,则 $dt=-\sin x\,dx$。

当 $x=0$ 时,$t=1$;当 $x=\frac{\pi}{2}$时,$t=0$。

$$\int_0^{\frac{\pi}{2}}\cos^5 x\sin x\,dx=-\int_1^0 t^5\,dt=-\frac{1}{6}t^6\Big|_1^0=\frac{1}{6}$$

方法二 不明显地写出新变量 t,这样定积分的上、下限也不需要改变,即

$$\int_0^{\frac{\pi}{2}}\cos^5 x\sin x\,dx=-\int_0^{\frac{\pi}{2}}\cos^5 x\,d\cos x=-\frac{1}{6}\cos^6 x\Big|_0^{\frac{\pi}{2}}=-\left(0-\frac{1}{6}\right)=\frac{1}{6}$$

由此例可看出,利用凑微分法换元不需要变换上、下限。

【例 5-19】 证明:若函数 $f(x)$在区间$[-a,a]$连续,

(1) 当 $f(x)$为偶函数时,$\int_{-a}^a f(x)\,dx=2\int_0^a f(x)\,dx$;

(2) 当 $f(x)$为奇函数时,$\int_{-a}^a f(x)\,dx=0$。

证 因为

$$\int_{-a}^a f(x)\,dx=\int_{-a}^0 f(x)\,dx+\int_0^a f(x)\,dx$$

对其右边第一个积分做代换 $x=-t$,则

$$\int_{-a}^0 f(x)\,dx=-\int_a^0 f(-t)\,dt=\int_0^a f(-t)\,dt=\int_0^a f(-x)\,dx$$

于是

$$\int_{-a}^a f(x)\,dx=\int_0^a f(-x)\,dx+\int_0^a f(x)\,dx=\int_0^a[f(-x)+f(x)]\,dx$$

(1) 若 $f(x)$是偶函数,那么 $f(-x)+f(x)=2f(x)$,即

$$\int_{-a}^a f(x)\,dx=2\int_0^a f(x)\,dx$$

(2) 若 $f(x)$是奇函数,那么 $f(-x)+f(x)=0$,即

$$\int_{-a}^{a} f(x)\mathrm{d}x = 0$$

【例 5-20】 函数 $f(x)$是以 T 为周期的连续函数,证明:

(1) $\int_{a}^{a+T} f(x)\mathrm{d}x = \int_{0}^{T} f(x)\mathrm{d}x$;

(2) $\int_{a}^{a+nT} f(x)\mathrm{d}x = n\int_{0}^{T} f(x)\mathrm{d}x\ (n \in \mathbf{N})$。

证 (1) 设 $\Phi(a) = \int_{a}^{a+T} f(x)\mathrm{d}x$,则 $\Phi'(a)=f(a+T)-f(a)=0$,已知 $\Phi(a)$为常函数,因此 $\Phi(a)=\Phi(0)=\int_{0}^{T} f(x)\mathrm{d}x$,即

$$\int_{a}^{a+T} f(x)\mathrm{d}x = \int_{0}^{T} f(x)\mathrm{d}x$$

(2) 由上式可得

$$\int_{a}^{a+nT} f(x)\mathrm{d}x = \int_{a}^{a+T} f(x)\mathrm{d}x + \int_{a+T}^{a+2T} f(x)\mathrm{d}x + \cdots + \int_{a+(n-1)T}^{a+nT} f(x)\mathrm{d}x = n\int_{0}^{T} f(x)\mathrm{d}x$$

【例 5-21】 证明$\int_{0}^{\frac{\pi}{2}} f(\sin x)\mathrm{d}x = \int_{0}^{\frac{\pi}{2}} f(\cos x)\mathrm{d}x$。

证 做变换 $x=\frac{\pi}{2}-t$,则 $\mathrm{d}x=-\mathrm{d}t$,$\sin x=\sin\left(\frac{\pi}{2}-t\right)=\cos t$。当 $x=0$ 时,$t=\frac{\pi}{2}$;当 $x=\frac{\pi}{2}$时,$t=0$,于是有

$$\int_{0}^{\frac{\pi}{2}} f(\sin x)\mathrm{d}x = \int_{\frac{\pi}{2}}^{0} f(\cos t)(-1)\mathrm{d}t = \int_{0}^{\frac{\pi}{2}} f(\cos t)\mathrm{d}t = \int_{0}^{\frac{\pi}{2}} f(\cos x)\mathrm{d}x$$

【例 5-22】 求$\int_{-1}^{1}(x^2+2x-3)\mathrm{d}x$。

解

$$\begin{aligned}\int_{-1}^{1}(x^2+2x-3)\mathrm{d}x &= \int_{-1}^{1}(x^2-3)\mathrm{d}x + \int_{-1}^{1}2x\,\mathrm{d}x \\ &= 2\int_{0}^{1}(x^2-3)\mathrm{d}x + 0 = 2\left(\frac{x^3}{3}-3x\right)\Big|_{0}^{1} = -\frac{16}{3}\end{aligned}$$

【例 5-23】 设 $f(x)=\begin{cases}1+x^2, & x\leqslant 0\\ \mathrm{e}^{-x}, & x>0\end{cases}$,求$\int_{1}^{3} f(x-2)\mathrm{d}x$。

解 令 $x-2=t$,于是当 $1\leqslant x\leqslant 3$ 时,有$-1\leqslant x-2=t\leqslant 1$,此时,原来积分

$$\begin{aligned}\int_{1}^{3} f(x-2)\mathrm{d}x &= \int_{-1}^{1} f(t)\mathrm{d}t = \int_{-1}^{0}(1+t^2)\mathrm{d}t + \int_{0}^{1}\mathrm{e}^{-t}\mathrm{d}t \\ &= \left[t+\frac{1}{3}t^3\right]_{-1}^{0} - \mathrm{e}^{-t}\Big|_{0}^{1} = \frac{7}{3}-\frac{1}{\mathrm{e}}\end{aligned}$$

二、定积分的分部积分法

定理 5-7 若 u,v 在$[a,b]$上有连续导数 $u'(x),v'(x)$,则

$$\int_{a}^{b} uv'\mathrm{d}x = (uv)\Big|_{a}^{b} - \int_{a}^{b} vu'\mathrm{d}x$$

或
$$\int_a^b u\mathrm{d}v=(uv)\Big|_a^b-\int_a^b v\mathrm{d}u$$

证 由乘积的导数公式有$(uv)'=u'v+uv'$,等式两边分别求在区间$[a,b]$上的定积分,并注意到$\int_a^b(uv)'\mathrm{d}x=(uv)\Big|_a^b$,有$(uv)\Big|_a^b=\int_a^b u'v\mathrm{d}x+\int_a^b uv'\mathrm{d}x$。移项得
$$\int_a^b uv'\mathrm{d}x=(uv)\Big|_a^b-\int_a^b vu'\mathrm{d}x$$
写成微分形式就是
$$\int_a^b u\mathrm{d}v=(uv)\Big|_a^b-\int_a^b v\mathrm{d}u$$

【例 5-24】 求积分$\int_0^1 x\mathrm{e}^{2x}\mathrm{d}x$。

解 令$u=x,\mathrm{d}v=\mathrm{e}^{2x}\mathrm{d}x,\mathrm{d}u=\mathrm{d}x,v=\frac{1}{2}\mathrm{e}^{2x}$,代入分部积分公式,得
$$\int_0^1 x\mathrm{e}^{2x}\mathrm{d}x=\frac{1}{2}x\mathrm{e}^{2x}\Big|_0^1-\frac{1}{2}\int_0^1\mathrm{e}^{2x}\mathrm{d}x=\frac{1}{2}\mathrm{e}^2-\frac{1}{4}\mathrm{e}^{2x}\Big|_0^1$$
$$=\frac{1}{2}\mathrm{e}^2-\left(\frac{1}{4}\mathrm{e}^2-\frac{1}{4}\right)=\frac{1}{4}(\mathrm{e}^2+1)$$

【例 5-25】 计算$\int_0^{\frac{\pi}{4}}\frac{x}{1+\cos 2x}\mathrm{d}x$。

解 $\int_0^{\frac{\pi}{4}}\frac{x}{1+\cos 2x}\mathrm{d}x=\int_0^{\frac{\pi}{4}}\frac{x}{2\cos^2 x}\mathrm{d}x=\frac{1}{2}\int_0^{\frac{\pi}{4}}x\,\mathrm{d}\tan x=\frac{1}{2}\left(x\tan x\Big|_0^{\frac{\pi}{4}}-\int_0^{\frac{\pi}{4}}\tan x\,\mathrm{d}x\right)$
$$=\frac{1}{2}\left(\frac{\pi}{4}+\ln\cos x\right)\Big|_0^{\frac{\pi}{4}}=\frac{\pi}{8}-\frac{1}{4}\ln 2$$

【例 5-26】 求$I_n=\int_0^{\frac{\pi}{2}}\cos^n x\,\mathrm{d}x$($n$ 为大于 1 的正整数)。

解
$$I_n=\int_0^{\frac{\pi}{2}}\cos^n x\,\mathrm{d}x=\int_0^{\frac{\pi}{2}}\cos^{n-1}x\cos x\,\mathrm{d}x=\int_0^{\frac{\pi}{2}}\cos^{n-1}x\,\mathrm{d}\sin x$$
$$=\sin x\cos^{n-1}x\Big|_0^{\frac{\pi}{2}}+(n-1)\int_0^{\frac{\pi}{2}}\sin^2 x\cos^{n-2}x\,\mathrm{d}x$$
$$=(n-1)\int_0^{\frac{\pi}{2}}(1-\cos^2 x)\cos^{n-2}x\,\mathrm{d}x$$
$$=(n-1)\int_0^{\frac{\pi}{2}}\cos^{n-2}x\,\mathrm{d}x-(n-1)\int_0^{\frac{\pi}{2}}\cos^n x\,\mathrm{d}x$$
即
$$I_n=(n-1)I_{n-2}-(n-1)I_n$$
移项,得
$$I_n=\frac{n-1}{n}I_{n-2}$$
这个公式叫做积分I_n关于下标n的递推公式。由于
$$I_0=\int_0^{\frac{\pi}{2}}\mathrm{d}x=\frac{\pi}{2},\quad I_1=\int_0^{\frac{\pi}{2}}\cos x\,\mathrm{d}x=1$$

所以有

$$I_n=\int_0^{\frac{\pi}{2}}\cos^n x\,dx=\begin{cases}\dfrac{n-1}{n}\cdot\dfrac{n-3}{n-2}\cdot\cdots\cdot\dfrac{4}{5}\cdot\dfrac{2}{3}, & (n\text{ 为大于 1 的奇数})\\[2mm] \dfrac{n-1}{n}\cdot\dfrac{n-3}{n-2}\cdot\cdots\cdot\dfrac{3}{4}\cdot\dfrac{1}{2}\cdot\dfrac{\pi}{2}, & (n\text{ 为正偶数})\end{cases}$$

习题 5.3

1. 用换元法计算下列定积分。

(1) $\int_0^1 \frac{dx}{x^2-2x+2}$；　(2) $\int_0^{\frac{\pi}{2}} \sin^5 x\cos x\,dx$；

(3) $\int_0^1 \frac{dx}{\sqrt{1+3x}+1}$；　(4) $\int_0^{\frac{\pi}{2}} \cos^2 x\,dx$；

(5) $\int_{-2}^1 \frac{dx}{(7+3x)^2}$；　(6) $\int_1^{e^2} \frac{dx}{x\sqrt{2+\ln x}}$；

(7) $\int_{-\frac{\pi}{2}}^{\frac{\pi}{2}} \sqrt{\sin x-\sin^3 x}\,dx$；　(8) $\int_0^{\ln 5} \sqrt{e^x-1}\,dx$；

(9) $\int_{\frac{1}{\sqrt{2}}}^1 \frac{\sqrt{1-x^2}}{x^2}dx$；　(10) $\int_{-\pi}^{\pi} x^4\sin x\,dx$。

2. 证明 $\int_0^{\frac{\pi}{2}} \frac{\sin\theta\,d\theta}{\sin\theta+\cos\theta}=\int_0^{\frac{\pi}{2}} \frac{\cos\theta\,d\theta}{\sin\theta+\cos\theta}$，并利用结果计算 $\int_0^{\frac{\pi}{2}} \frac{\sin\theta\,d\theta}{\sin\theta+\cos\theta}$ 的值。

3. 设函数 $f(x)$ 为 $[-a,a]$ 上连续的偶函数。求证 $\int_{-a}^a \frac{f(x)}{1+e^x}dx=\int_0^a f(x)dx$，并利用结果计算 $\int_{-\frac{\pi}{2}}^{\frac{\pi}{2}} \frac{e^x}{1+e^x}\sin^2 x\,dx$。

4. 设 k 及 l 为正整数，试证明：

(1) $\int_{-\pi}^{\pi} \cos kx\sin lx\,dx=0$；

(2) $\int_{-\pi}^{\pi} \cos kx\cos lx\,dx=0(k\neq l)$；

(3) $\int_{-\pi}^{\pi} \sin kx\cos lx\,dx=0(k\neq l)$。

5. 计算下列定积分。

(1) $\int_0^1 x\arcsin x\,dx$；　(2) $\int_0^{\frac{\pi}{2}} e^{2x}\cos x\,dx$；

(3) $\int_{\frac{\pi}{4}}^{\frac{\pi}{3}} \frac{x}{\sin^2 x}dx$；　(4) $\int_0^1 \arctan\sqrt{x}\,dx$；

(5) $\int_{\frac{1}{e}}^{e} |\ln x|\,dx$；　(6) $\int_0^1 (5x+1)e^{5x}\,dx$；

(7) $\int_0^1 (x^3+3^x+e^{3x})x\,dx$；　(8) $\int_0^{\frac{2\pi}{\omega}} t\sin\omega t\,dt$（$\omega$ 为常数）。

第四节 反常积分

前面所讨论的定积分都是在有限的积分区间和被积函数有界(特别是连续)的条件下进行的。但在实际应用中,常需要处理积分区间为无限区间或被积函数在有限区间上为无界函数的积分问题,这两种积分都被称为反常积分。

一、无限区间上的反常积分

定义 5-2 设函数 $f(x)$在区间$[a,+\infty)$上连续,定义

$$\int_a^{+\infty} f(x)\mathrm{d}x=\lim_{t\to+\infty}\int_a^t f(x)\mathrm{d}x$$

称为函数 $f(x)$在$[a,+\infty)$上的反常积分。

如果 $\lim\limits_{t\to+\infty}\int_a^t f(x)\mathrm{d}x\ (a<t)$ 存在,即为反常积分 $\int_a^{+\infty} f(x)\mathrm{d}x$ 收敛;如果 $\lim\limits_{t\to+\infty}\int_a^t f(x)\mathrm{d}x$ 不存在,即为反常积分$\int_a^{+\infty} f(x)\mathrm{d}x$ 发散。

类似地,可以定义 $f(x)$在$(-\infty,b]$及$(-\infty,+\infty)$上的反常积分

$$\int_{-\infty}^b f(x)\mathrm{d}x=\lim_{t\to-\infty}\int_t^b f(x)\mathrm{d}x$$

$$\int_{-\infty}^{+\infty} f(x)\mathrm{d}x=\int_{-\infty}^c f(x)\mathrm{d}x+\int_c^{+\infty} f(x)\mathrm{d}x$$

其中,$c\in(-\infty,+\infty)$,对于反常积分 $\int_{-\infty}^{+\infty} f(x)\mathrm{d}x$ 收敛的充要条件是$\int_{-\infty}^c f(x)\mathrm{d}x$ 和 $\int_c^{+\infty} f(x)\mathrm{d}x$ 都收敛。相对于反常积分,前面学习的定积分称为常积分。反常积分是一类常积分的极限。因此,反常积分的计算是先计算常积分,再取极限。

【例 5-27】 计算反常积分 $\int_{-\infty}^{+\infty}\dfrac{\mathrm{d}x}{1+x^2}$。

解

$$\begin{aligned}\int_{-\infty}^{+\infty}\frac{\mathrm{d}x}{1+x^2}&=\int_{-\infty}^{0}\frac{\mathrm{d}x}{1+x^2}+\int_{0}^{+\infty}\frac{\mathrm{d}x}{1+x^2}\\&=\lim_{t\to-\infty}\int_t^0\frac{\mathrm{d}x}{1+x^2}+\lim_{t\to+\infty}\int_0^t\frac{\mathrm{d}x}{1+x^2}\\&=\lim_{t\to-\infty}\arctan x\Big|_t^0+\lim_{t\to+\infty}\arctan x\Big|_0^t\\&=-\lim_{t\to-\infty}\arctan t+\lim_{t\to+\infty}\arctan t=\pi\end{aligned}$$

反常积分也可以表示为牛顿-莱布尼茨公式的形式,设 $F(x)$是 $f(x)$在相应无穷区间上的原函数,记 $F(-\infty)=\lim\limits_{x\to-\infty}F(x)$,$F(+\infty)=\lim\limits_{x\to+\infty}F(x)$,此时反常积分可以记为

$$\int_a^{+\infty} f(x)\mathrm{d}x=\lim_{t\to+\infty}\int_a^t f(x)\mathrm{d}x=F(x)\Big|_a^{+\infty}=F(+\infty)-F(a)$$

$$\int_{-\infty}^b f(x)\mathrm{d}x=\lim_{t\to-\infty}\int_t^b f(x)\mathrm{d}x=F(x)\Big|_{-\infty}^b=F(b)-F(-\infty)$$

$$\int_{-\infty}^{+\infty} f(x)\mathrm{d}x = F(x)\Big|_{-\infty}^{+\infty} = F(+\infty) - F(-\infty)$$

【例 5-28】 求 $\int_{-\infty}^{0} x\mathrm{e}^x \mathrm{d}x$。

解
$$\int_{-\infty}^{0} x\mathrm{e}^x \mathrm{d}x = \int_{-\infty}^{0} x\mathrm{d}\mathrm{e}^x = x\mathrm{e}^x\Big|_{-\infty}^{0} - \int_{-\infty}^{0} \mathrm{e}^x\mathrm{d}x = x\mathrm{e}^x\Big|_{-\infty}^{0} - \mathrm{e}^x\Big|_{-\infty}^{0}$$

注意到 $x\mathrm{e}^x\Big|_{-\infty}^{0} = 0 - \lim\limits_{t\to-\infty} t\mathrm{e}^t = -\lim\limits_{t\to-\infty} t\mathrm{e}^t = 0$；$\mathrm{e}^x\Big|_{-\infty}^{0} = 1 - \lim\limits_{t\to-\infty} \mathrm{e}^t = 1 - 0 = 1$，于是

$$\int_{-\infty}^{0} x\mathrm{e}^x\mathrm{d}x = -1$$

【例 5-29】 讨论反常积分 $\int_1^{+\infty} \frac{1}{x^p}\mathrm{d}x$ 的收敛性。

解 当 $p=1$ 时，$\int_1^{+\infty} \frac{1}{x}\mathrm{d}x = \ln x\Big|_1^{+\infty} = +\infty$ 发散；

当 $p\neq 1$ 时，$\int_1^{+\infty} \frac{1}{x^p}\mathrm{d}x = \frac{1}{1-p}x^{1-p}\Big|_1^{+\infty} = \begin{cases} +\infty, & p<1 \\ \frac{1}{p-1}, & p>1 \end{cases}$。

所以，当 $p>1$ 时，此反常积分收敛，其值为 $\frac{1}{p-1}$；当 $p\leqslant 1$ 时，此反常积分发散。

二、无界函数的反常积分

现在把定积分推广到被积函数为无界函数的情形。

如果函数 $f(x)$ 在点 a 的任一邻域内都无界，那么点 a 称为函数 $f(x)$ 的瑕点（也称为无界间断点）。无界函数的反常积分也叫瑕积分。

定义 5-3 设函数 $f(x)$ 在区间 $(a,b]$ 上连续，点 a 为 $f(x)$ 的瑕点，定义 $\int_a^b f(x)\mathrm{d}x = \lim\limits_{t\to a^+}\int_t^b f(x)\mathrm{d}x$ 为函数 $f(x)$ 在区间 $(a,b]$ 上的反常积分。如果 $\lim\limits_{t\to a^+}\int_t^b f(x)\mathrm{d}x$ 存在，则称反常积分 $\int_a^b f(x)\mathrm{d}x$ 收敛；如果 $\lim\limits_{t\to a^+}\int_t^b f(x)\mathrm{d}x$ 不存在，则称反常积分 $\int_a^b f(x)\mathrm{d}x$ 发散。

类似地，设函数 $f(x)$ 在 $[a,b)$ 上连续，点 b 为 $f(x)$ 的瑕点，定义 $\int_a^b f(x)\mathrm{d}x = \lim\limits_{t\to b^-}\int_a^t f(x)\mathrm{d}x$ 为函数 $f(x)$ 在区间 $[a,b)$ 上的反常积分。如果 $\lim\limits_{t\to b^-}\int_a^t f(x)\mathrm{d}x$ 存在，则称反常积分 $\int_a^b f(x)\mathrm{d}x$ 收敛；如果 $\lim\limits_{t\to b^-}\int_a^t f(x)\mathrm{d}x$ 不存在，则称反常积分 $\int_a^b f(x)\mathrm{d}x$ 发散。

函数 $f(x)$ 在 $[a,b]$ 上除点 $c(a<c<b)$ 外连续，而在点 c 的邻域内无界，如果两个反常积分 $\int_a^c f(x)\mathrm{d}x$ 与 $\int_c^b f(x)\mathrm{d}x$ 都收敛，则定义

$$\int_a^b f(x)\mathrm{d}x = \int_a^c f(x)\mathrm{d}x + \int_c^b f(x)\mathrm{d}x = \lim_{t\to c^-}\int_a^t f(x)\mathrm{d}x + \lim_{t\to c^+}\int_t^b f(x)\mathrm{d}x$$

收敛；否则，则称反常积分 $\int_a^b f(x)\mathrm{d}x$ 发散。

【例 5-30】 讨论 $\int_0^1 \frac{\mathrm{d}x}{\sqrt{1-x^2}}$ 的收敛性。

解　因为 $\lim\limits_{x\to 1^-} \frac{1}{\sqrt{1-x^2}}=+\infty$,所以 $x=1$ 为瑕点,于是根据公式

$$\int_0^1 \frac{\mathrm{d}x}{\sqrt{1-x^2}}=\lim_{t\to 1^-}\int_0^t \frac{\mathrm{d}x}{\sqrt{1-x^2}}=\lim_{t\to 1^-}\arcsin x\Big|_0^t$$

$$=\lim_{t\to 1^-}\arcsin t=\frac{\pi}{2}$$

所以反常积分收敛。

【例 5-31】 讨论积分 $\int_{-1}^1 \frac{1}{x^2}\mathrm{d}x$ 的收敛性。

解　被积函数 $f(x)=\frac{1}{x^2}$ 在$[-1,1]$中除 $x=0$ 外连续,且$\lim\limits_{x\to 0}f(x)=+\infty$,故 $\int_{-1}^1 \frac{1}{x^2}\mathrm{d}x$ 为反常积分,$x=0$ 是瑕点,有

$$\int_{-1}^1 \frac{1}{x^2}\mathrm{d}x=\int_{-1}^0 \frac{1}{x^2}\mathrm{d}x+\int_0^1 \frac{1}{x^2}\mathrm{d}x$$

$$=\lim_{t\to 0^-}\int_{-1}^t \frac{1}{x^2}\mathrm{d}x+\lim_{t\to 0+}\int_t^1 \frac{1}{x^2}\mathrm{d}x$$

$$=\lim_{t\to 0^-}\left(-\frac{1}{x}\right)\Big|_{-1}^t+\lim_{t\to 0+}\left(-\frac{1}{x}\right)\Big|_t^1=\infty$$

故反常积分 $\int_{-1}^1 \frac{1}{x^2}\mathrm{d}x$ 发散。

【例 5-32】 讨论反常积分 $\int_a^b \frac{\mathrm{d}x}{(x-a)^p}(a<b,p>0)$ 的收敛性。

解　因为 $\lim\limits_{x\to a^+} \frac{1}{(x-a)^p}=+\infty$,所以 $x=a$ 是瑕点。

当 $p=1$ 时,

$$\int_a^b \frac{\mathrm{d}x}{x-a}=\lim_{t\to a^+}\int_t^b \frac{\mathrm{d}x}{x-a}=\lim_{t\to a^+}\ln(x-a)\Big|_t^b$$

$$=\lim_{t\to a^+}[\ln(b-a)-\ln(t-a)]=+\infty$$

当 $p\neq 1$ 时,

$$\int_a^b \frac{\mathrm{d}x}{(x-a)^p}=\lim_{t\to a^+}\int_t^b \frac{\mathrm{d}x}{(x-a)^p}=\lim_{t\to a^+}\frac{1}{1-p}(x-a)^{1-p}\Big|_t^b$$

$$=\lim_{t\to a^+}\frac{1}{1-p}[(b-a)^{1-p}-(t-a)^{1-p}]=\begin{cases}+\infty, & p>1\\ \frac{1}{1-p}(b-a)^{1-p}, & p<1\end{cases}$$

所以当 $p<1$ 时,反常积分 $\int_a^b \frac{\mathrm{d}x}{(x-a)^p}$ 收敛,其值为$\frac{1}{1-p}(b-a)^{1-p}$;当 $p\geqslant 1$ 时,反常积分 $\int_a^b \frac{\mathrm{d}x}{(x-a)^p}$ 发散。

习题 5.4

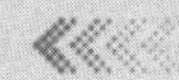

1. 判断下列反常积分的收敛性，若收敛，计算其值。

(1) $\int_0^{+\infty} \frac{\mathrm{d}x}{1+x^2}$；　(2) $\int_1^{+\infty} \mathrm{e}^{-ax}\mathrm{d}x\,(a>0)$；

(3) $\int_0^{+\infty} \frac{1}{x^2}\mathrm{d}x$；　(4) $\int_1^2 \frac{\mathrm{d}x}{x\ln x}$；

(5) $\int_0^6 (x-4)^{-\frac{2}{3}}\mathrm{d}x$；　(6) $\int_0^{+\infty} \mathrm{e}^{-t}\sin t\,\mathrm{d}t$；

(7) $\int_0^1 \frac{x\,\mathrm{d}x}{\sqrt{1-x^2}}$；　(8) $\int_1^{\mathrm{e}} \frac{\mathrm{d}x}{x\sqrt{1-(\ln x)^2}}$。

2. 证明反常积分 $\int_2^{+\infty} \frac{1}{x(\ln x)^k}\mathrm{d}x$，当 $k>1$ 时收敛；当 $k\leqslant 1$ 时发散。

第五节　定积分的应用

在引入定积分的概念时，曾举过求曲边梯形的面积、变速直线运动的路程两个例子，其实在几何上、物理上类似的问题很多，它们都可归结为具有相同结构的一种特定和的极限问题。解决这类问题的思想是定积分的思想，采用的方法就是微元法（也称元素法），以下介绍这种方法。

一、定积分的微元法

要讨论定积分的应用问题，实际上要解决两个基本问题：一是哪些量可以通过定积分计算或表示；二是如果所求量可以用定积分表示，那么如何用定积分表达。

解答这两个问题需要的数学知识超出了本书研究的范围，所以这里仅给出一个不算非常严谨的回答。回顾本章第一节，根据用定积分求曲边梯形的面积、变速直线运动的路程的讨论过程，可以得到以下结论。

如果所求量 U 与区间 $[a,b]$ 及某个函数 $f(x)$ 有关，且满足：

(1) $[a,b]$ 分成 n 个小区间，总量 U 对于第 i 个小区间上对应的部分量 ΔU 具有可加性，即 $U=\sum_{i=1}^{n}\Delta U$；

(2) 每个部分量 ΔU_i 都可以近似用 $f(\xi_i)\Delta x_i$ 来表示。那么总量 U 就可以用定积分来表示，具体步骤如下。

设总量 U 是与自变量 x、函数 $f(x)$ 相关的量：

(1) 根据具体情况，选取一个变量，如设 x 为积分变量，并确定它的变化区间 $[a,b]$；

(2) 把区间 $[a,b]$ 分成 n 个小区间，任取其中一个小区间 $[x,x+\mathrm{d}x]$，求出与此对应的小区间的部分量 ΔU 的近似值，如果 ΔU 能近似地表示为 $[a,b]$ 上的一个连续函数在 x 处的

值 $f(x)$与 $\mathrm{d}x$ 的乘积,就把 $f(x)\mathrm{d}x$ 称为量 U 的微元,记作 $\mathrm{d}U$,即

$$\mathrm{d}U=f(x)\mathrm{d}x$$

(3) 以所求量的微元 $f(x)\mathrm{d}x$ 为被积表达式,在$[a,b]$上作定积分,得

$$U=\int_a^b f(x)\mathrm{d}x$$

这种确定总量 U 的定积分表达式的方法称为微元法或元素法。

可以看出,微元法是分割、近似、求和、取极限四个步骤的简化形式。用微元法计算总量 U 的关键是求 U 的微元 $\mathrm{d}U$,求 $\mathrm{d}U$ 时通常采用以直代曲、以常量代变量的方法。

二、定积分的几何应用

1. 平面图形的面积

(1) 直角坐标情形

我们已经知道,在区间$[a,b]$上,一条连续曲线 $y=f(x)(f(x)\geqslant 0)$与直线 $x=a$、$x=b$、x 轴所围成的曲边梯形面积 A 是定积分 $\int_a^b f(x)\mathrm{d}x$。这里,被积表达式 $f(x)\mathrm{d}x$ 就是面积元素 $\mathrm{d}A$。

如果求两条曲线 $f(x)$与 $g(x)$之间所夹的平面图形的面积 S(见图 5-10),在区间$[a,b]$上,当

$$0\leqslant g(x)\leqslant f(x)$$

则有

$$S=\int_a^b f(x)\mathrm{d}x-\int_a^b g(x)\mathrm{d}x$$

或

$$S=\int_a^b [f(x)-g(x)]\mathrm{d}x$$

如果求两条曲线 $x=\varphi(y)$、$x=\psi(y)$之间所夹图形的面积,也可用类似的方法。

【例 5-33】 求两条抛物线 $y^2=x$、$y=x^2$ 所围成图形的面积(见图 5-11)。

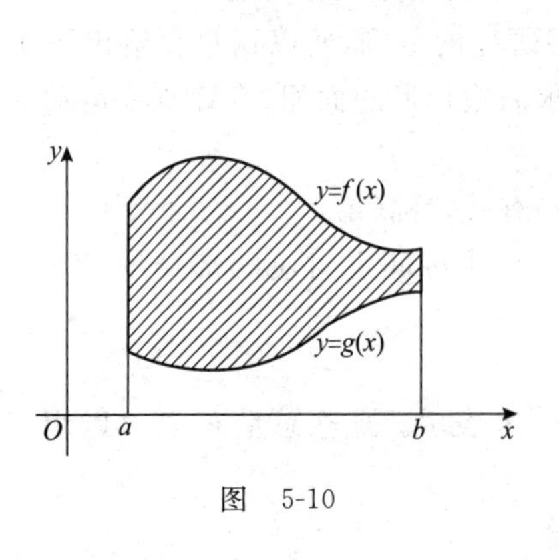

图 5-10

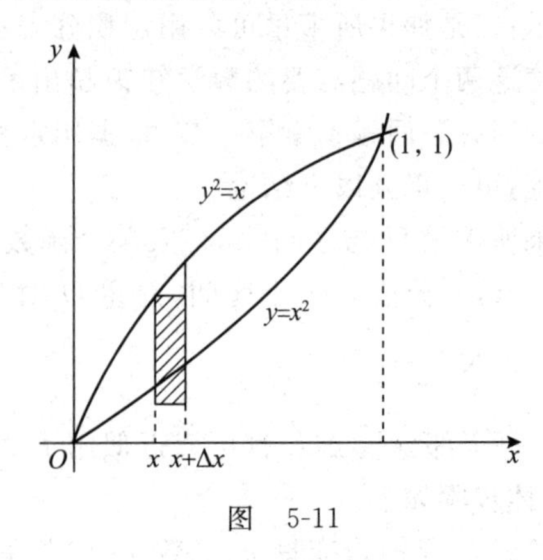

图 5-11

解 作出图形,解方程组

$$\begin{cases} y^2=x \\ y=x^2 \end{cases}$$

得两组解

$$\begin{cases}x=0\\y=0\end{cases} \quad 及 \quad \begin{cases}x=1\\y=1\end{cases}$$

即两条抛物线的交点为(0,0),(1,1)。

取 x 为积分变量,区间[0,1]上的任一小区间$[x,x+\mathrm{d}x]$的窄条的面积近似于高为 $\sqrt{x}-x^2$、底为 $\mathrm{d}x$ 的窄矩形面积,这样就得到面积元素

$$\mathrm{d}A=(\sqrt{x}-x^2)\mathrm{d}x$$

于是,所求图形面积为定积分

$$A=\int_0^1(\sqrt{x}-x^2)\mathrm{d}x=\left(\frac{2}{3}x^{\frac{3}{2}}-\frac{x^3}{3}\right)\Big|_0^1=\frac{1}{3}$$

【例 5-34】 求抛物线 $y=x^2$ 与直线 $y=x$、$y=2x$ 所围成图形的面积(见图 5-12)。

解　作出图形,解两个方程组

$$\begin{cases}y=x^2\\y=x\end{cases} \quad 和 \quad \begin{cases}y=x^2\\y=2x\end{cases}$$

得抛物线与两直线交点为(1,1)与(2,4)。故所求面积为

$$S=S_1+S_2=\int_0^1(2x-x)\mathrm{d}x+\int_1^2(2x-x^2)\mathrm{d}x=\frac{7}{6}$$

【例 5-35】 求抛物线 $y^2=2x$ 与直线 $y=x-4$ 所围成图形的面积(见图 5-13)。

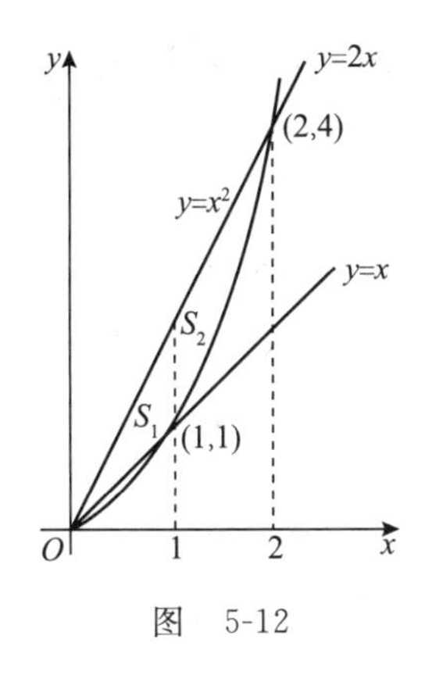

图　5-12

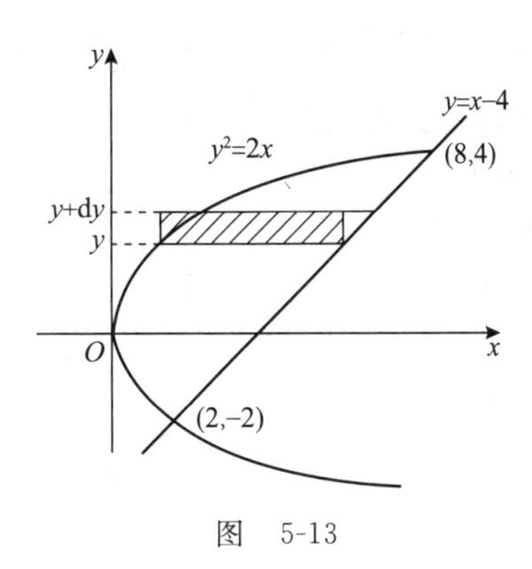

图　5-13

解　作出图形,解方程组

$$\begin{cases}y^2=2x\\y=x-4\end{cases}$$

得抛物线与直线的交点(2,−2)和(8,4)。

取 y 为积分变量,确定积分区间为[−2,4]。于是面积元素

$$\mathrm{d}A=\left[(y+4)-\frac{1}{2}y^2\right]\mathrm{d}y$$

所求图形面积为

$$A=\int_{-2}^4\left(y+4-\frac{1}{2}y^2\right)\mathrm{d}y=\left(\frac{y^2}{2}+4y-\frac{y^3}{6}\right)\Big|_{-2}^4=18$$

另解,若选取 x 为积分变量,则积分区间为[0,8],给出面积元素

$$当\ 0\leqslant x\leqslant 2,\quad dA=[\sqrt{2x}-(-\sqrt{2x})]dx=2\sqrt{2x}\,dx$$

$$当\ 2\leqslant x\leqslant 8,\quad dA=[\sqrt{2x}-(x-4)]dx=(4+\sqrt{2x}-x)dx$$

则定积分表达式

$$A=\int_0^2 2\sqrt{2x}\,dx+\int_2^8(4+\sqrt{2x}-x)dx$$

$$=\frac{4\sqrt{2}}{3}x^{\frac{3}{2}}\Big|_0^2+\left(4x+\frac{2\sqrt{2}}{3}x^{\frac{3}{2}}-\frac{1}{2}x^2\right)\Big|_2^8=18$$

显然,第一种解法较简洁,说明积分变量的选取具有合理性问题。

【例 5-36】 求椭圆$\frac{x^2}{a^2}+\frac{y^2}{b^2}=1$的面积(见图 5-14)。

解 如图 5-14 所示,椭圆关于两坐标轴都对称,所以椭圆面积为第一象限内的图形面积的 4 倍,即

$$A=4\int_0^a y\,dx$$

为便于积分,在上式中利用椭圆的参数方程做换元。令 $x=a\cos t$,则

$$y=b\sin t,\quad dx=-a\sin t\,dt$$

当 $x=0$ 时,$t=\frac{\pi}{2}$,当 $x=a$ 时,$t=0$。

于是

$$A=4\int_{\frac{\pi}{2}}^0 b\sin t(-a\sin t)dt=4ab\int_0^{\frac{\pi}{2}}\frac{1-\cos 2t}{2}dt=2ab\cdot\frac{\pi}{2}=\pi ab$$

当 $a=b$ 时,得圆面积公式 $A=\pi a^2$。

(2) 极坐标情形

设平面图形(见图 5-15)是由曲线 $\rho=\rho(\theta)$ 及射线$\theta=\alpha$、$\theta=\beta$ 所围成的曲边扇形,取极角 θ 为积分变量,则 $\alpha\leqslant\theta\leqslant\beta$。在平面图形中任意截取一区域的面积元素 ΔA,极角变化区间为 $[\theta,\theta+d\theta]$的窄曲边扇形。ΔA 的面积可近似地用半径为 $\rho=\rho(\theta)$、中心角为 $d\theta$ 的窄圆边扇形的面积来代替,即

$$\Delta A=\frac{1}{2}[\rho(\theta)]^2d\theta$$

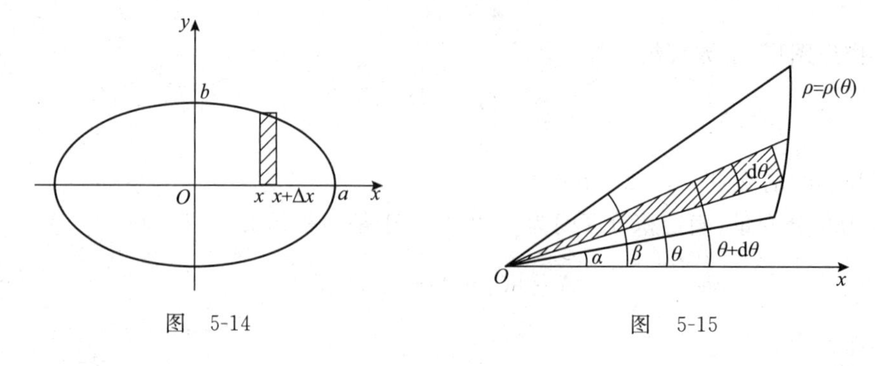

图 5-14　　图 5-15

从而得到曲边扇形的面积元素

$$dA=\frac{1}{2}[\rho(\theta)]^2d\theta$$

于是

$$A=\int_{\alpha}^{\beta}\frac{1}{2}[\rho(\theta)]^{2}\mathrm{d}\theta$$

【例 5-37】 求心形线 $\rho=a(1+\cos\theta)(a>0)$所围成平面图形的面积 A。

解 心形线(见图 5-16)所围成的图形对称于极轴,因此所求图形的面积 A 是极轴以上部分面积的两倍。对于极轴以上的图形,θ 的变化区间为$[0,\pi]$,对应于$[0,\pi]$上任一小区间$[\theta,\theta+\mathrm{d}\theta]$的窄曲边扇形的面积近似于半径为 $a(1+\cos\theta)$、中心角为 $\mathrm{d}\theta$ 的扇形的面积,从而得到面积元素为

$$\begin{aligned}A&=2\int_{0}^{\pi}\frac{1}{2}a^{2}(1+\cos\theta)^{2}\mathrm{d}\theta=a^{2}\int_{0}^{\pi}(1+2\cos\theta+\cos^{2}\theta)\mathrm{d}\theta\\&=a^{2}\int_{0}^{\pi}\left(1+2\cos\theta+\frac{1}{2}+\frac{1}{2}\cos2\theta\right)\mathrm{d}\theta\\&=a^{2}\left(2\sin\theta+\frac{3}{2}\theta+\frac{1}{4}\sin2\theta\right)\Big|_{0}^{\pi}=\frac{3}{2}\pi a^{2}\end{aligned}$$

【例 5-38】 求双纽线 $\rho^{2}=a^{2}\cos2\theta(a>0)$所围成平面图形的面积 A。

解 双纽线如图 5-17 所示,由图形的对称性,得

$$A=4\int_{0}^{\frac{\pi}{4}}\frac{1}{2}a^{2}\cos2\theta\,\mathrm{d}\theta=2a^{2}\int_{0}^{\frac{\pi}{4}}\cos2\theta\,\mathrm{d}\theta=a^{2}$$

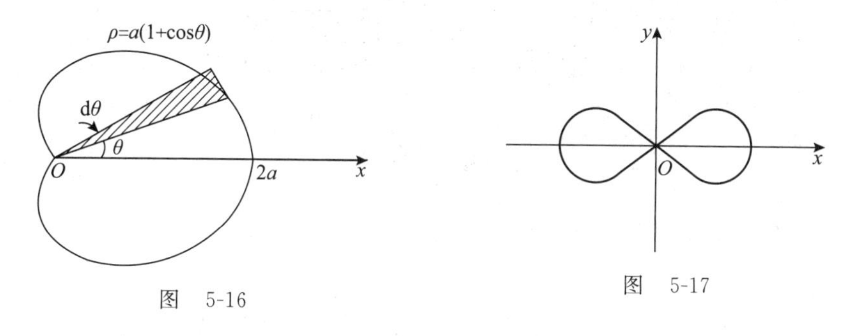

图 5-16　　图 5-17

2. 空间立体图形的体积

(1) 旋转体的体积

旋转体就是由一个平面图形绕着平面内的一条直线旋转一周而形成的立体,这条直线叫做旋转轴。圆柱、圆锥、圆台、球分别可以看成由矩形绕它的一条边、直角三角形绕它的一条直角边、直角梯形绕它的直角腰、半圆绕它的直径旋转一周而成的立体,所以它们都是旋转体。

上述旋转体都可以看成由连续曲线 $y=f(x)$、x 轴及直线 $x=a$、$x=b$ 所围成的曲边梯形绕 x 轴旋转一周而成的旋转体。下面用定积分来计算这种旋转体的体积。

此旋转体可看成是由无数个垂直于 x 轴的圆片叠加而成,取其中的一片,设它位于 x 处,则它的半径为$y=f(x)$,厚度为 $\mathrm{d}x$(见图 5-18),从而此圆片对应的扁圆柱体的体积元素等于圆片的面积与其厚度的

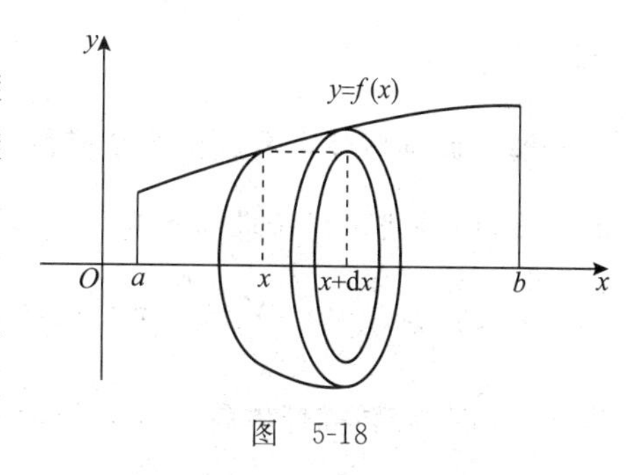

图 5-18

乘积，即

$$dV=\pi y^2 dx=\pi[f(x)]^2 dx$$

于是得到

$$V=\int_a^b \pi y^2 dx=\pi\int_a^b [f(x)]^2 dx$$

类似地，由平面曲线 $x=\varphi(y)$、y 轴及直线 $y=c$、$y=d$ 所围成的曲边梯形绕 y 轴旋转一周而成的旋转体的体积为

$$V=\int_c^d \pi x^2 dy=\pi\int_c^d [\varphi(y)]^2 dy$$

【例 5-39】 求由抛物线 $y=x^2$、直线 $x=2$ 与 x 轴所围成的平面图形分别绕 x 轴、y 轴旋转一周所得立体的体积。

解 抛物线 $y=x^2$ 与直线 $x=2$ 的交点为 $A(2,4)$，绕 x 轴、y 轴旋转一周所得立体如图 5-19 所示。

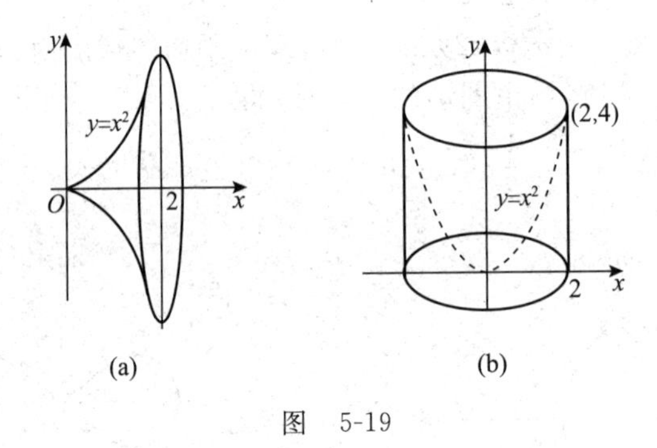

图 5-19

图 5-19(a)中积分变量为 x，积分区间为[0,2]。抛物线 $y=x^2$ 绕 x 轴旋转而成的旋转体体积为

$$V=\int_0^2 \pi y^2 dx=\pi\int_0^2 x^4 dx=\frac{\pi}{5}x^5\Big|_0^2=\frac{32}{5}\pi$$

图 5-19(b)中积分变量为 y，积分区间为[0,4]。抛物线 $x=\sqrt{y}$ 绕 y 轴旋转而成的旋转体体积为

$$V=16\pi-\int_0^4 \pi x^2 dy=16\pi-\int_0^4 \pi y dy=16\pi-\frac{\pi}{2}y^2\Big|_0^4=8\pi$$

【例 5-40】 计算由 $\frac{x^2}{a^2}+\frac{y^2}{b^2}=1$ 所围成的图形绕 y 轴旋转而成的旋转体的体积(见图 5-20)。

解 此椭球体可看成由半个椭圆 $x=\frac{a}{b}\sqrt{b^2-y^2}$ 及 y 轴所围成的图形绕 y 轴旋转而成的立体，由公式可得所求体积为

$$V=\int_{-b}^b \pi x^2 dy=\pi\int_{-b}^b \frac{a^2}{b^2}(b^2-y^2)dy=\frac{4}{3}\pi a^2 b$$

当 $a=b$ 时，旋转椭球体就成为半径为 a 的球体，它的体积为 $\frac{4}{3}\pi a^3$。

(2) 平行截面面积为已知的立体的体积

有一立体，如图 5-21 所示，其垂直于 x 轴的截面面积是已知的连续函数 $A(x)$。该立体位于过点 $x=a$、$x=b$ 且垂直于 x 轴的两个平面之间，求此立体的体积。

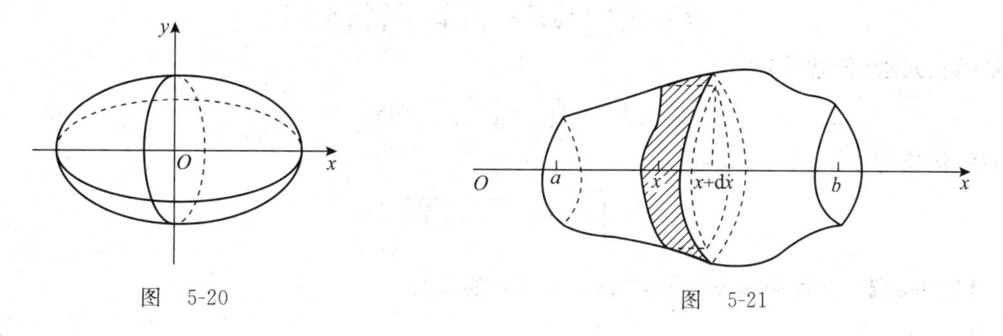

图　5-20　　　图　5-21

取 x 为积分变量，其变化区间为$[a,b]$，对应于$[a,b]$上任一小区间$[x,x+\mathrm{d}x]$的小薄片的体积近似等于底面积为 $A(x)$、高为 $\mathrm{d}x$ 的扁柱体的体积，从而得到所求的体积元素为

$$\mathrm{d}V=A(x)\mathrm{d}x$$

则立体的体积为

$$V=\int_a^b A(x)\mathrm{d}x$$

【例 5-41】 两个半径为 a 的圆柱体，中心轴垂直相交，求这两个圆柱体公共部分的体积。

解　如图 5-22 建立坐标系，由对称性可得所求体积为第一象限体积的 8 倍，取 x 为积分变量，过点$(x,0)(0\leqslant x\leqslant a)$作垂直于 x 轴的平面，得截面边长为$\sqrt{a^2-x^2}$的正方形，截面面积为 $A(x)=a^2-x^2$，则

$$V=8\int_0^a(a^2-x^2)\mathrm{d}x=8\left(a^2x-\frac{1}{3}x^3\right)\Big|_0^a=\frac{16}{3}a^3$$

3. 平面曲线的弧长

一条线段的长度可直接度量，但一条曲线段的弧长却不能直接度量，因此需用定积分来计算弧长。

(1) 直角坐标系情形

设函数 $y=f(x)$具有一阶连续导数，即曲线 $y=f(x)$为一条光滑曲线，下面求该曲线上对应于 x 从 a 到 b 的一段弧的长度 s(见图 5-23)。

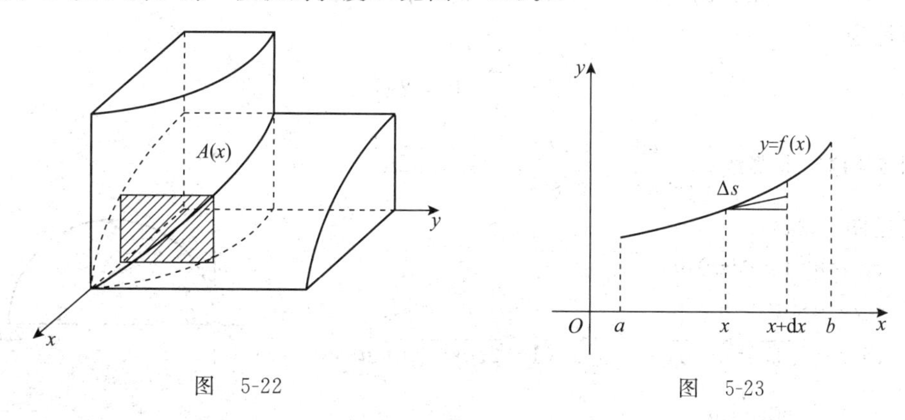

图　5-22　　　图　5-23

取 x 作为积分变量,则 $x\in[a,b]$。在$[a,b]$上任取一个小区间$[x,x+\mathrm{d}x]$,则曲线 $y=f(x)$上对应于$[x,x+\mathrm{d}x]$的小曲线弧的长度为 Δs,可用该曲线在点$(x,f(x))$处的切线上对应的一小段的长度来近似代替,而切线上这个小段的长度为

$$\sqrt{(\mathrm{d}x)^2+(\mathrm{d}y)^2}=\sqrt{1+[f'(x)]^2}\,\mathrm{d}x$$

于是弧长元素(弧微分)为

$$\mathrm{d}s=\sqrt{1+[f'(x)]^2}\,\mathrm{d}x$$

则曲线弧长为

$$s=\int_a^b\sqrt{1+[f'(x)]^2}\,\mathrm{d}x$$

【例 5-42】 计算曲线 $y=\dfrac{2}{3}x^{\frac{3}{2}}(a\leqslant x\leqslant b)$的弧长。

解 按弧长公式,得

$$\mathrm{d}s=\sqrt{1+(y')^2}\,\mathrm{d}x=\sqrt{1+(\sqrt{x})^2}\,\mathrm{d}x=\sqrt{1+x}\,\mathrm{d}x$$

于是

$$s=\int_a^b\sqrt{1+x}\,\mathrm{d}x=\frac{2}{3}(1+x)^{\frac{3}{2}}\Big|_a^b=\frac{2}{3}\left[(1+b)^{\frac{3}{2}}-(1+a)^{\frac{3}{2}}\right]$$

(2) 参数方程情形

平面曲线 C 由参数方程$\begin{cases}x=\varphi(t)\\y=\psi(t)\end{cases}$,$\alpha\leqslant t\leqslant\beta$ 给出,其中 $\varphi(t)$,$\psi(t)$在$[\alpha,\beta]$上具有连续导数,计算它的弧长时,只需要将弧微分写成

$$\mathrm{d}s=\sqrt{(\mathrm{d}x)^2+(\mathrm{d}y)^2}=\sqrt{[\varphi'(t)]^2+[\psi'(t)]^2}\,\mathrm{d}t$$

得参数方程下,曲线弧长公式为

$$s=\int_\alpha^\beta\sqrt{[\varphi'(t)]^2+[\psi'(t)]^2}\,\mathrm{d}t$$

【例 5-43】 计算半径为 r 的圆的周长。

解 已知圆的参数方程为

$$\begin{cases}x=r\cos t\\y=r\sin t\end{cases},\quad 0\leqslant t\leqslant 2\pi$$

$$\mathrm{d}x=-r\sin t\,\mathrm{d}t,\quad \mathrm{d}y=r\cos t\,\mathrm{d}t,\quad \mathrm{d}s=\sqrt{(-r\sin t)^2+(r\cos t)^2}\,\mathrm{d}t=r\,\mathrm{d}t$$

于是,周长为

$$s=\int_0^{2\pi}r\,\mathrm{d}t=2\pi r$$

【例 5-44】 求摆线$\begin{cases}x=a(t-\sin t)\\y=a(1-\cos t)\end{cases}$,$(0\leqslant t\leqslant 2\pi)(a>0)$的弧长(见图 5-24)。

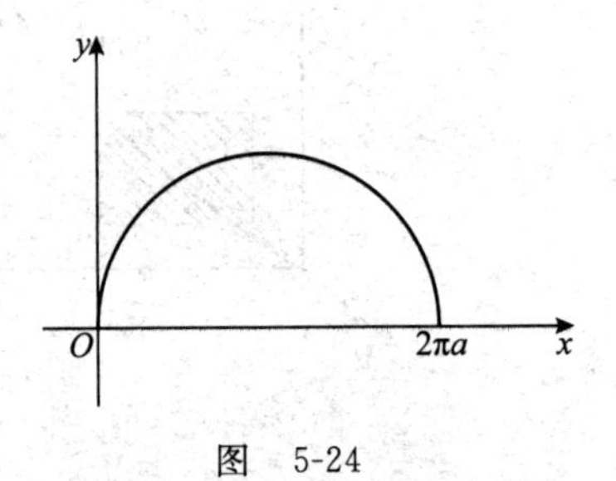

图 5-24

解 $\mathrm{d}x=a(1-\cos t)\mathrm{d}t$

$\mathrm{d}y=a\sin t\,\mathrm{d}t$

$$\mathrm{d}s=\sqrt{(\mathrm{d}x)^2+(\mathrm{d}y)^2}=\sqrt{a^2(1-2\cos t+1)}\,\mathrm{d}t$$

$$=2a\sin\frac{t}{2}\mathrm{d}t$$

所求摆线的弧长为

$$s=2a\int_0^{2\pi}\sin\frac{t}{2}\mathrm{d}t=-4a\cos\frac{t}{2}\bigg|_0^{2\pi}=8a$$

【例 5-45】 求星形线$\sqrt[3]{x^2}+\sqrt[3]{y^2}=\sqrt[3]{a^2}$的全长(见图 5-25)。

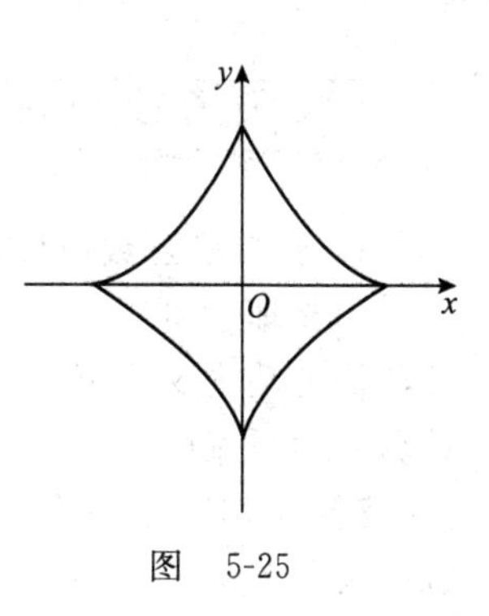

图　5-25

解　星形线的参数方程为

$$\begin{cases}x=a\cos^3 t\\ y=a\sin^3 t\end{cases},\quad 0\leqslant t\leqslant 2\pi$$

$$\mathrm{d}x=-3a\cos^2 t\sin t\,\mathrm{d}t$$

$$\mathrm{d}y=3a\cos t\sin^2 t\,\mathrm{d}t$$

$$\mathrm{d}s=3a\sqrt{\cos^4 t\sin^2 t+\cos^2 t\sin^4 t}\,\mathrm{d}t=3a\,|\sin t\cos t|\,\mathrm{d}t$$

所求星形线的弧长为

$$s=4\int_0^{\frac{\pi}{2}}3a\sin t\cos t\,\mathrm{d}t=6a\ \sin^2 t\bigg|_0^{\frac{\pi}{2}}=6a$$

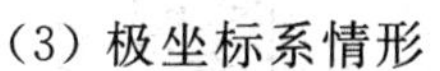

(3) 极坐标系情形

若曲线方程为极坐标形式

$$\rho=\rho(\theta),\quad \alpha\leqslant\theta\leqslant\beta$$

要计算这段曲线弧的长度,可将极坐标方程转化成参数方程,再利用参数方程下的弧长计算公式求得。

将极坐标方程转化为参数方程为

$$\begin{cases}x=\rho(\theta)\cos\theta\\ y=\rho(\theta)\sin\theta\end{cases},\quad \alpha\leqslant\theta\leqslant\beta$$

此时 θ 变成了参数,且弧长元素为

$$\begin{aligned}\mathrm{d}s&=\sqrt{(\mathrm{d}x)^2+(\mathrm{d}y)^2}\\&=\sqrt{(\rho'\cos\theta-\rho\sin\theta)^2(\mathrm{d}\theta)^2+(\rho'\sin\theta+\rho\cos\theta)^2(\mathrm{d}\theta)^2}\\&=\sqrt{\rho^2+\rho'^2}\,\mathrm{d}\theta\end{aligned}$$

从而有

$$s=\int_\alpha^\beta\sqrt{\rho^2+\rho'^2}\,\mathrm{d}\theta$$

【例 5-46】 计算心脏线 $\rho=a(1+\cos\theta)$,$0\leqslant\theta\leqslant 2\pi$ 的弧长。

解

$$\begin{aligned}\mathrm{d}s&=\sqrt{a^2(1+\cos\theta)^2+(-a\sin\theta)^2}\,\mathrm{d}\theta\\&=\sqrt{4a^2\left(\cos^4\frac{\theta}{2}+\sin^2\frac{\theta}{2}\cos^2\frac{\theta}{2}\right)}\,\mathrm{d}\theta=2a\left|\cos\frac{\theta}{2}\right|\mathrm{d}\theta\end{aligned}$$

$$s=\int_0^{2\pi}2a\left|\cos\frac{\theta}{2}\right|\mathrm{d}\theta=4a\int_0^{\pi}|\cos\varphi|\,\mathrm{d}\phi=4a\left(\int_0^{\frac{\pi}{2}}\cos\phi\,\mathrm{d}\phi-\int_{\frac{\pi}{2}}^{\pi}\cos\phi\,\mathrm{d}\phi\right)=8a$$

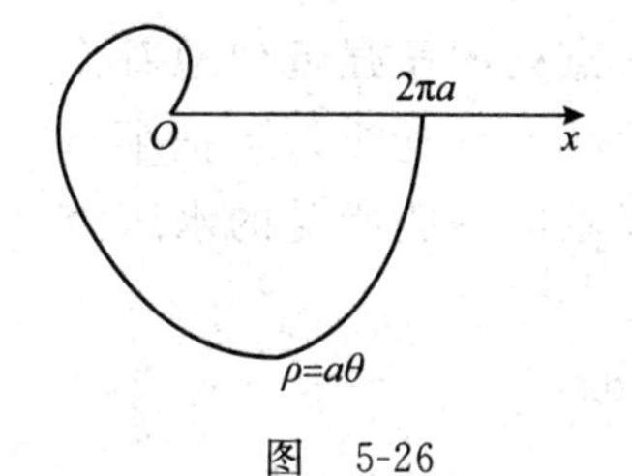

图　5-26

其中,$\phi=\dfrac{\theta}{2}$。

【例 5-47】 求阿基米德螺线 $\rho=a\theta$ $(a>0)$ 对应于 $0\leqslant\theta\leqslant 2\pi$ 一段的弧长(见图 5-26)。

解　弧长元素为

$$\mathrm{d}s=\sqrt{a^2\theta^2+a^2}\,\mathrm{d}\theta=a\sqrt{1+\theta^2}\,\mathrm{d}\theta$$

于是所求弧长为

$$s=\int_0^{2\pi} a\sqrt{1+\theta^2}\,\mathrm{d}\theta=\frac{a}{2}\left[2\pi\sqrt{1+4\pi^2}+\ln(2\pi+\sqrt{1+4\pi^2})\right]$$

*三、定积分的物理应用

1. 变力沿直线所做的功

由物理学可知,在一个常力 F 的作用下,物体沿力的方向做直线运动的位移为 s 时,F 所做的功为 $W=Fs$。但在实际中,经常需要计算变力所做的功,下面通过例子用微分法计算变力所做的功。

【例 5-48】 有一圆柱形蓄水池,池口直径为 6m,深为 5m,池中盛满了水,求将全部池水抽到池外需要做多少功。

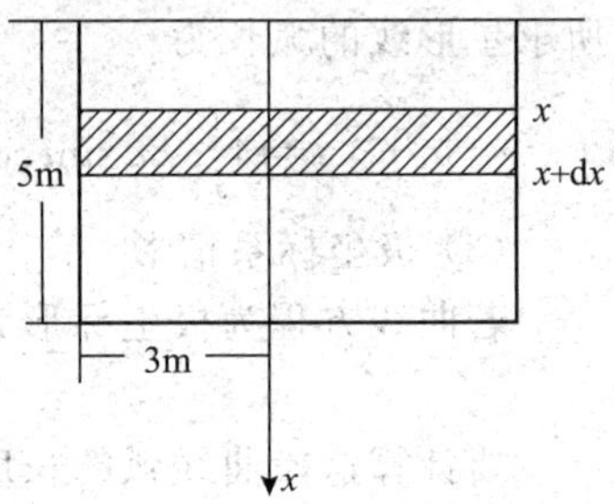

解 建立坐标系如图 5-27 所示,以 x 为积分变量,变化区间为[0,5],从中任意取一子区间,考虑深度$[x,x+\mathrm{d}x]$的一层水量 ΔT 抽到池口处所做的功为 ΔW,当 $\mathrm{d}x$ 很小时,抽出 ΔT 中的每一体积水所做的功为 $x\Delta T$,其中水的比重为 $9.8\mathrm{kN/m^3}$,ΔT 的体积约为 $\pi 3^2\mathrm{d}x$,功元素

$$\mathrm{d}W=88.2\pi x\,\mathrm{d}x$$

图　5-27

因此所求的功为

$$W=\int_0^5 88.2\pi x\,\mathrm{d}x\approx 3462(\mathrm{kJ})$$

【例 5-49】 一个弹簧,用 4N 的力可以把它拉长 0.04m,求把它拉长 0.1m 所做的功。

解 已知胡克定理 $F=kx$,将 $x=0.04$,$F=4$ 代入得 $k=100$,于是 $F=100x$。功元素 $\mathrm{d}W=100x\,\mathrm{d}x$,因此所做的功为

$$W=\int_0^{0.1}100x\,\mathrm{d}x=0.5(\mathrm{J})$$

2. 水压力

定积分也可以用来计算水压力,下面举例进行说明。

【例 5-50】 有一等腰梯形闸门直立在水中,它的上底为 6m,下底为 2m,高为 10m,且上底与水面平齐,试计算此闸门的一侧所承受的水压力。

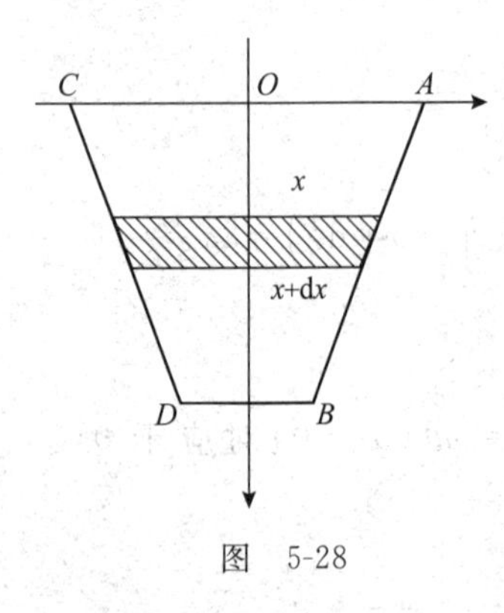

图　5-28

解 由于压强是随水深而变化的,是一个变量,所以不能直接用压强为常量时的公式“压力=压强×受压面积”进行计算,而必须采用积分的方法。

建立坐标系如图 5-28 所示,取深度 x 为积分变量,它的变化区间为[0,10],设$[x,x+\mathrm{d}x]$为[0,10]上的任一小区间,把闸门对应于$[x,x+\mathrm{d}x]$的窄矩形上各点处的压强近似地看作常量,即都看作水深 x 处的压强 γx(γ 为水的比重),且把小窄条的面积近似看作 $2y\,\mathrm{d}x$。因此,小窄条的一侧所受的水压力的近似值为

$$\mathrm{d}p=2\times 9.8xy\,\mathrm{d}x$$

由于 A,B 两点的坐标分别为 $A(0,3),B(10,1)$，所以直线的方程为

$$\frac{x-0}{10-0}=\frac{y-3}{1-3}$$

即

$$y=-\frac{1}{5}x+3$$

故得压力元素

$$dp=19.6x\left(-\frac{1}{5}x+3\right)dx$$

于是所求的水压力为

$$p=\int_0^{10}19.6x\left(-\frac{1}{5}x+3\right)dx=\frac{4900}{3}(\text{kN})$$

*四、定积分在经济中的应用

在经济管理中，如果已知总函数(总产量、总成本、总收益)的变化率，求总函数在某个范围内的改变量时，可采用定积分的方法求解。

【例 5-51】 已知某产品在时刻 t(天)的总产量(吨)变化率为

$$f(t)=100+12t-0.6t^2(\text{吨/天})$$

求第 2 天到第 4 天的总产量。

解 因为总产量是它的变化率的原函数，所以从第 2 天到第 4 天的总产量为

$$\int_2^4 f(t)dt=\int_2^4(100+12t-0.6t^2)dt$$

$$=(100t+6t^2-0.2t^3)\Big|_2^4=260.8(\text{吨})$$

【例 5-52】 某产品生产 x 吨时，总收益的变化率(边际收益)为

$$R'(x)=200-\frac{x}{100}(\text{元/吨})$$

计算：(1) 生产了 50 吨时的总收益；

(2) 如果已经生产了 100 吨，求再生产 100 吨时的总收益。

解 (1) 生产了 50 吨时的总收益 R_1 为

$$R_1=\int_0^{50}\left(200-\frac{x}{100}\right)dx$$

$$=\left(200x-\frac{1}{200}x^2\right)\Big|_0^{50}=9987.5(\text{元})$$

(2) 已知生产了 100 吨，再生产 100 吨时的总收益 R_2 为

$$R_2=\int_{100}^{200}\left(200-\frac{x}{100}\right)dx$$

$$=\left(200x-\frac{1}{200}x^2\right)\Big|_{100}^{200}=19850(\text{元})$$

习题 5.5

1. 求下列各图中画阴影部分的面积。

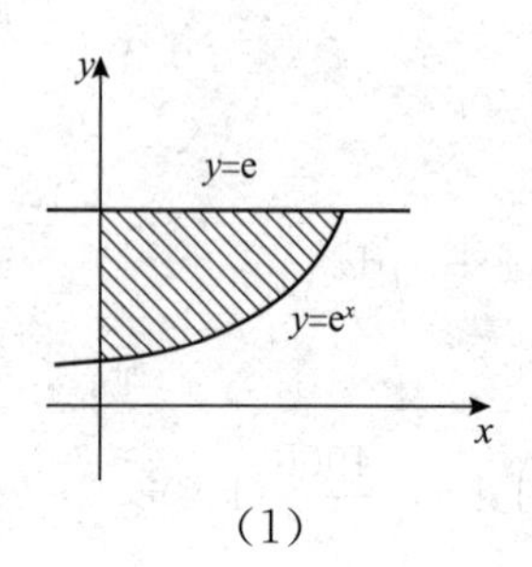

(1)

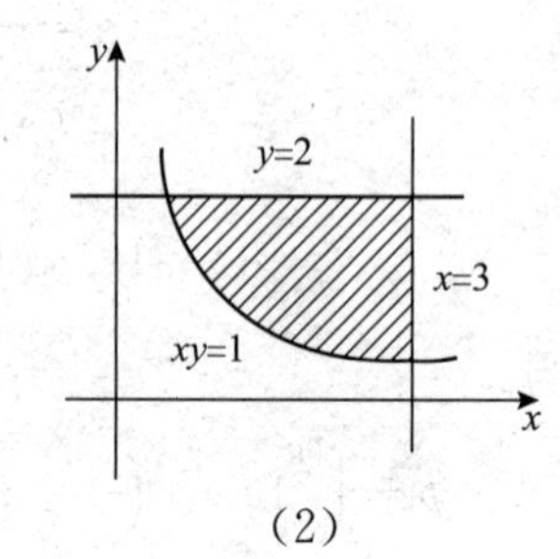

(2)

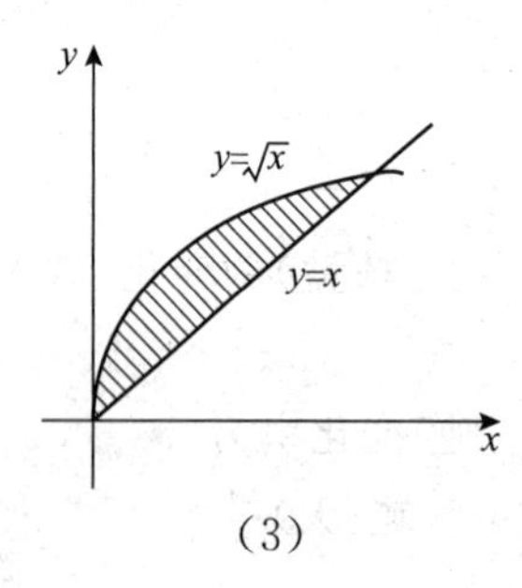

(3)

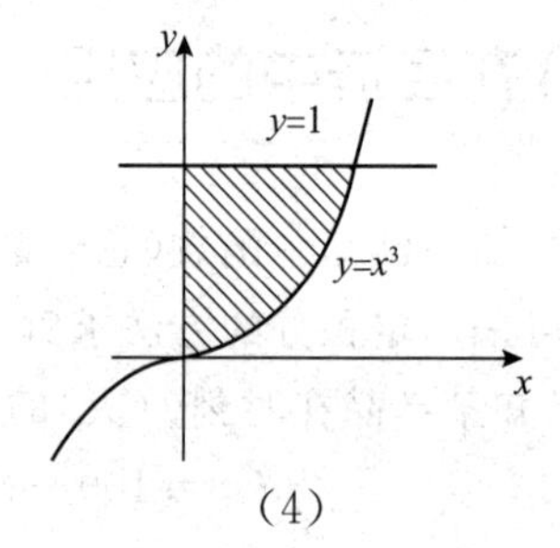

(4)

2. 求下列各曲线所围成图形的面积。

(1) $y=\sin x\left(0\leqslant x\leqslant\dfrac{\pi}{2}\right),x=0,y=1$;

(2) $y=\sin x,y=\cos x,x=0,x=\pi$;

(3) $xy=1,y=x,y=2$;

(4) $r=a\mathrm{e}^{\theta},\theta=-\pi,\theta=\pi$;

(5) $x=2t-t^2,y=2t^2-t^3(0\leqslant t\leqslant 2)$。

3. 已知直线 $x=k$ 平分由抛物线 $y=x^2$ 与直线 $y=0$ 及 $x=1$ 所围成的图形的面积,求 k 的值。

4. 求下列各曲线所围成的图形按指定轴旋转所生成的旋转体的体积。

(1) $2x-y+4=0,x=0,y=0$,绕 x 轴旋转;

(2) $y=\sin x,x=\dfrac{\pi}{2},y=0$,绕 y 轴旋转;

(3) $x^2=4y(x>0),y=1,x=0$,分别绕 x 轴与 y 轴旋转。

5. 计算曲线 $y=\dfrac{1}{4}x^2-\dfrac{1}{2}\ln x$ 对应于 $1\leqslant x\leqslant \mathrm{e}$ 的一段弧的长度。

6. 计算曲线 $y^2=x^3$ 对应于 $x=0$ 与 $x=1$ 一段弧的长度。

*7. 一物体在某种介质中按规律 $x=ct^3$ 做直线运动,介质的阻力与速度的平方成正比,求物体由 $x=0$ 移至 $x=a$ 时,为克服阻力所做的功。

*8. 一个位于坐标原点且带有 $+q$ 电量的电荷所形成的电场中,求单位正电荷沿 r 轴方

向从 $r=a$ 移到 $r=b$ 处时，电场力对它所做的功。

*9. 设有一长度为 l、线密度为 u 的均匀细直棒，在与棒的一端垂直距离为 a 单位处有一质量为 m 的质点 M，试求这根细棒对质点 M 的引力。

知识结构图、本章小结与学习指导

知识结构图

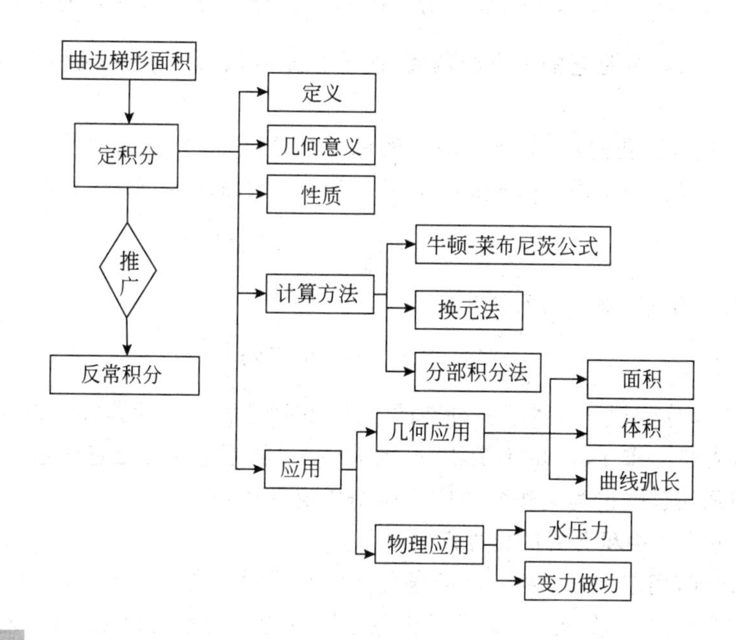

本章小结

至此，一元函数微分学的基本内容已经全部学习完了，相信大家对它也有了初步的了解。下面对微积分学的基本分析方法以及微分学与积分学之间的内在联系等进行回顾，进一步巩固和加深所学的知识。

1. 微积分学的基本分析方法

导数和定积分是微积分学中两个重要的基本概念。它们对于问题的本质和范围的研究略有不同，但解决问题的基本思想方法和利用的基本手段却有相同的特点，本章开篇所举的两个引例：曲边梯形的面积及变速直线运动所走的路程问题，最终解决的关键都在于求出微小区间上的近似值，再运用极限这一有效手段求出精确值。这反映出了导数和定积分解决问题的基本思想方法与步骤存在相同点，我们既要认清导数和定积分基本方法的共同点，又要区别它们的差异。要真正掌握这两个概念的本质和解决问题的手段。

可以将求导数的过程概括为微、匀、精三步；将求定积分的过程概括为分、粗、合、精四步，也可以把这四步中的分、粗概括为“分割求近似”，合、精概括为“求和取极限”。

2. 牛顿-莱布尼茨公式是沟通微分学和积分学的基本定理

在研究曲线的切线和计算平面图形的面积、立体的体积等问题中，我们得出导数与定积分这两个基本概念。它们是两种不同意义下的极限，其中有些特殊情形的极限在古代已有不少数学家进行过研究,但未能发现它们彼此之间的联系,因此也就未能形成理论和总结出普遍适用的方法。到了17世纪,伟大的科学家牛顿和莱布尼茨在前人的一些纷乱的猜测和阐述中吸取了一些有价值的想法和零散的结果,加以组织、整理,并通过他们敏锐的思维和想象力创造了微积分学。这一发展的关键在于把过去一直分散研究的微分和积分彼此互逆地联系了起来。这种联系的基础就是微积分学的基本定理。

(1) 基本定理表明了变上限积分函数 $\varphi(x)=\int_a^x f(t)\mathrm{d}t$ 是一个可导函数,且它的导数 $\frac{\mathrm{d}\varphi}{\mathrm{d}x}=\frac{\mathrm{d}}{\mathrm{d}x}\int_a^x f(t)\mathrm{d}t=f(x)$,这个结果表明了微分运算和积分运算的互逆关系,即一个连续函数 $f(x)$ 的变上限积分是它的一个原函数,而这个原函数 $\varphi(x)$ 的导数又回到了这个函数自身。

(2) 基本定理告诉我们,一个连续函数的原函数不止一个,而有无穷多个,且其中任意两个只相差一个常数,即如果 $F(x)$ 和 $\varphi(x)$ 都是 $f(x)$ 的原函数,那么就有

$$F(x)=\varphi(x)+C=\int_a^x f(t)\mathrm{d}t+C$$

在此基础上推导出牛顿-莱布尼茨公式

$$\int_a^b f(x)\mathrm{d}t=F(b)-F(a)$$

这个公式为计算定积分提供了一种新的方法,它把定积分的计算转化为求 $f(x)$ 的任意一个原函数,或者说是求 $f(x)$ 的不定积分,因为 $f(x)$ 的不定积分是它任意一个原函数的代表。牛顿-莱布尼茨公式也为定积分的广泛应用奠定了基础。

3. 在定积分应用中积分式的建立问题

前面已经提到,用定积分解决实际问题的步骤是分、粗、合、精四步,这四步可概括成“分割求近似,求和取极限”。其实,凡是可用定积分解决的问题都可以采用这种方法去建立积分式。

但是,在自然科学和工程技术中更多的是用微元法建立积分式。这种方法是先求出待求量 Q 的微元 $\mathrm{d}Q=q(x)\mathrm{d}x$,再把微元 $\mathrm{d}Q$ 在考虑的区间上积分,从而得出 Q 的值。其实求微元相当于“分割求近似”,微元积分相当于“求和取极限”。不论用哪种方法,关键都在于求出待求量 Q 的部分量 ΔQ 的近似值。所求的近似值都应是部分量 ΔQ 的线性主部,即 Q 的微分 $\mathrm{d}Q=q(x)\Delta x=q(x)\mathrm{d}x$。

学习指导

1. 本章要求

(1) 正确理解定积分的概念及其基本性质和几何意义。

(2) 熟悉积分变上限函数及其求导定理,了解微分与积分之间的内在联系,能熟练运用牛顿-莱布尼茨公式计算定积分。

(3) 能熟练运用定积分换元法和分部积分法计算定积分,会证明简单的积分论证题。

(4) 了解两类反常积分的概念,会计算简单的反常积分,能判断简单反常积分的敛散性。

(5) 理解定积分的微元法的基本思想,会用微元法建立定积分表达式,并会计算一些几何量(面积、弧长、旋转体和平行截面面积为已知的立体体积)和简单物理量(功、液体侧压力)。

2. 学习重点

(1) 定积分的概念及几何意义。

(2) 牛顿-莱布尼茨公式。

(3) 定积分的换元积分法与分部积分法。

3. 学习难点

定积分的应用。

4. 学习建议

(1) 本章篇幅较长，内容多且重要，既有概念、理论、计算，又有应用。因此，要把主要精力放在学习重点与难点内容上。对重点内容，要逐段细读，逐句推敲，务必对基本概念、基本理论彻底研究清楚，深刻理解，对基本方法牢固掌握。对定积分的应用这一难点，除了掌握解决问题的基本方法外，关键在于多做一些练习，多看书中的典型例题。

(2) 学好本章内容，首先要理解定积分的概念，掌握用定积分的思想分析问题、解决问题的方法。

(3) 要深刻理解微积分基本定理：牛顿-莱布尼茨公式。微积分基本定理一方面揭示了定积分与微分的互逆性质，另一方面是联系定积分与原函数(不定积分)之间的一条纽带。

(4) 计算定积分的着眼点是算出数值，因此除了应用牛顿-莱布尼茨公式及积分方法(换元法、分部积分法)计算定积分以外，还要尽量利用定积分的几何意义、被积函数的奇偶性(对称区间上的定积分)以及递推公式 $\int_0^{\frac{\pi}{2}} \sin^n x\,dx = \int_0^{\frac{\pi}{2}} \cos^n x\,dx$ 的已有结果计算出数值。

(5) 应用牛顿-莱布尼茨公式计算有限区间定积分时，应注意不要忽略被积函数在积分区间上连续或有第一类间断点的条件，否则会得到错误的结果。

(6) 掌握微元法思想的精髓，无论是几何应用还是物理应用，合理运用微元法；正确选择坐标系与积分变量是解决问题的关键。

扩展阅读

中国现代数学史

20 世纪初，在科学与民主的呼声中，中国数学家们踏上了学习并赶超西方先进数学的光荣而艰难的历程。1912 年，中国第一个大学数学系——北京大学数学系成立，这是中国现代高等数学教育的开端。

20 世纪 20 年代是中国现代数学发展的关键时期。在这一时期，全国各地的大学纷纷创办数学系，数学人才培养开始着眼于国内。除了北京大学、清华大学、南开大学、浙江大学，在这一时期成立数学系的还有东南大学、北京师范大学、武汉大学、厦门大学、四川大学等。

随着中国现代数学教育的形成，现代数学研究也在中国悄然兴起。中国现代数学的开拓者们在发展现代数学教育的同时，努力拼搏，至 1930 年，已出现一批达到国际水平的研究成果。

1928 年，留学日本的陈建功在日本《帝国科学院院报》上发表论文《关于具有绝对收敛 Fourier 级数的函数类》，中心结果是证明了一条关于三角级数在区间上绝对收敛的充要条件。几乎同时,G.哈代和 J.李特尔伍德在德文杂志《数学时报》上也发表了同样的结果,因此西方文献中常称此结果为陈-哈代-李特尔伍德定理。这标志中国数学家已能形成国际一流水平的研究成果。

几乎同一时期,苏步青、江泽涵、熊庆来、曾炯之等也在各自领域得出令国际同行瞩目的成果。1928—1930 年间,苏步青在当时处于国际热门的仿射微分几何方面引进并决定了仿射铸曲面和旋转曲面。他在这个领域的另一个美妙发现后被命名为苏氏锥面。

江泽涵是将拓扑学引进中国的第一人,他本人在拓扑学领域中最有影响的工作是关于不动点理论的研究,这在他 1930 年的研究中已有端倪。江泽涵从 1934 年开始出任北京大学数学系主任。熊庆来"大器晚成",1931 年,已经身居清华大学算学系主任的熊庆来,再度赴法国庞加莱研究所,两年后取得法国国家博士学位,其博士论文《关于无穷级整函数与亚纯函数》以及以他的名字命名的熊氏无穷级等,将博雷尔有穷级整函数论推广为无穷级情形。

从 20 世纪初第一批学习现代数学的中国留学生跨出国门,到 1930 年中国数学家的名字在现代数学热门领域的前沿屡屡出现,前后不过 30 余年。这反映了中国现代数学的先驱者们高度的民族自强精神和卓越的科学创造能力。

这一点,在 1930—1940 年有更强烈的体现。这一时期,我国处于抗日战争的烽火之中,时局动荡,生活艰苦。在战时环境中,师生们却表现出抵御外侮、发展民族科学的高昂热情。他们在空袭炸弹的威胁下,照常上课,并举行各种讨论班,同时坚持深入的科学研究。这一时期产生了一系列先进的数学成果,其中最有代表性的是华罗庚、陈省身、许宝的研究成果。

到 40 年代后期,又有一批优秀的青年数学家成长起来,走向国际数学的前沿并形成了先进的成果,其中最有代表性的是吴文俊。吴文俊 1940 年毕业于上海交通大学,1947 年赴法国留学。吴文俊在留学期间就提出了后来以他的名字命名的吴示性类和吴氏公式,有力地推动了示性类理论与代数拓扑学的发展。

经过老一辈数学家们披荆斩棘的努力,中国现代数学从无到有快速发展起来,从 1930 年开始,不仅形成了一支达到一定水平的队伍,而且有了全国性的学术性组织和发表成果的杂志,现代数学研究初具规模,并呈现上升之势。

1949 年中华人民共和国成立之后,中国现代数学的发展进入了一个新的阶段,数学事业在经历了曲折的道路后获得了巨大的进步。这种进步主要表现在:建立并完善了独立自主的现代数学科研与教育体制;形成了一支研究门类齐全、拥有一批学术带头人的实力雄厚的数学研究队伍;取得了丰富且先进的学术成果,其中达到国际先进水平的成果比例不断提高。改革开放以来,中国数学更是进入了前所未有的、良好的发展时期,特别是涌现了一批优秀的、活跃于国际数学前沿的青年数学家。

改革开放以来的 40 多年是我国数学事业空前发展的繁荣时期。中国数学的研究队伍迅速扩大,研究论文和专著成倍增长,研究领域和方向发生了深刻的变化。我国数学家不仅在传统的领域内继续做出了成绩,而且在许多重要的、过去空缺的方向以及当今世界研究前沿都有卓越的贡献。在世界各地许多大学的数学系里都有中国人任教,在许多高水平的国际学术会议上都能见到作特邀报告的中国学者。在重要的数学期刊上,不仅中国人的论著屡见不鲜,而且在引文中,中国人的名字亦频频出现。在一些有影响的国际奖项中,中国人也崭露头角。这一切表明,我国的数学研究水平比过去有了很大提高,在许多重要分支上都涌现出了一批优秀的成果和学术带头人。我们有理由相信,中国人在国际数学界的地位会越来越高。

总复习题五

1. 填空题。

(1) 当 $f(x)\geqslant 0$ 时，区间 $[a,b]$ 上定积分 $\int_a^b f(x)\mathrm{d}x$ 的数值表示以曲线 $y=f(x)$、直线 $x=a$、$x=b$ 及 x 轴所围成的________的面积。

(2) 设函数 $f(x)=\begin{cases}\sqrt[3]{x}, & 0\leqslant x<1\\ \mathrm{e}^{-x}, & 1\leqslant x<3\end{cases}$，则 $\int_0^3 f(x)\mathrm{d}x=$________。

(3) 函数 $f(x)$ 在闭区间 $[a,b]$ 上连续是定积分 $\int_a^b f(x)\mathrm{d}x$ 存在的________条件。

(4) 设一物体受连续的变力 $F(x)$ 作用，沿力的方向做直线运动，则物体从 $x=a$ 运动到 $x=b$，变力所做的功为 $W=$________，其中________为变力 $F(x)$ 使物体由 $[a,b]$ 内的任一闭区间 $[x,x+\mathrm{d}x]$ 的左端点 x 到右端点 $[x,x+\mathrm{d}x]$ 所做功的近似值，也称其为________。

2. 计算下列定积分。

(1) $\int_{-2}^{2}|x^2-1|\mathrm{d}x$；

(2) $\int_{2}^{+\infty}\dfrac{\mathrm{d}x}{x^2-x}$；

(3) $\int_{1}^{8}\dfrac{\mathrm{e}^{\sqrt[3]{x}}}{\sqrt[3]{x}}\mathrm{d}x$；

(4) $\int_{0}^{\frac{\pi}{4}}x\cos 2x\,\mathrm{d}x$；

(5) $\int_{-\sqrt{2}}^{\sqrt{2}}\sqrt{8-2x^2}\,\mathrm{d}x$；

(6) $\int_{\frac{\pi}{4}}^{\frac{\pi}{3}}\dfrac{x}{\sin^2 x}\mathrm{d}x$；

(7) $\int_{0}^{8}\dfrac{\mathrm{d}x}{1+\sqrt[3]{x}}$；

(8) $\int_{0}^{1}(\arcsin x)^3\mathrm{d}x$；

(9) $\int_{-5}^{5}\dfrac{\sin^3 x}{x^4+x^2+3}\mathrm{d}x$；

(10) $\int_{0}^{+\infty}x\mathrm{e}^{-x}\mathrm{d}x$；

(11) $\int_{0}^{+\infty}\dfrac{1}{x^2+x-2}\mathrm{d}x$；

(12) $\int_{-1}^{1}\dfrac{\mathrm{d}x}{\sqrt{1-x^2}}$；

(13) $\int_{-\infty}^{+\infty}\dfrac{\mathrm{d}x}{x^2+2x+2}$。

3. 求下列极限。

(1) $\lim\limits_{x\to 0}\dfrac{x}{\int_0^x \cos t^2\,\mathrm{d}t}$；

(2) $\lim\limits_{x\to 0}\dfrac{\int_0^x \tan^2 t\,\mathrm{d}t}{\int_0^{\sin x}\arcsin t\,\mathrm{d}t}$；

(3) $\lim\limits_{x\to 1}\dfrac{\int_1^x t(t-1)\mathrm{d}t}{x-1}$；

(4) $\lim\limits_{x\to 0}\dfrac{\int_0^x(\sqrt{1+t}-\sqrt{1-t})\mathrm{d}t}{x^2}$。

4. 设 $f(x)=\begin{cases}\dfrac{1}{1+x}, & x\geqslant 0\\ \dfrac{1}{1+\mathrm{e}^x}, & x<0\end{cases}$，求 $\int_0^2 f(x-1)\mathrm{d}x$ 的值。

5. 证明题。

(1) 设 $f(x)$在$[a,b]$上连续,证明$\int_a^b f(x)\mathrm{d}x=\int_a^b f(a+b-x)\mathrm{d}x$;

(2) 设 $f(x)$为连续函数,证明$\int_{\frac{1}{n}}^{n}\left(1-\frac{1}{x^2}\right)f\left(x+\frac{1}{x}\right)\mathrm{d}x=0$。

6. 求圆盘$(x-2)^2+y^2\leqslant 1$绕 y 轴旋转所形成的旋转体的体积。

7. 求抛物线 $y=\frac{1}{2}x^2$ 被圆 $x^2+y^2=3$ 所截得的有限部分的弧长。

8. 某质点做直线运动,速度为 $v=t^2+\sin 3t$,求质点在 Ts 内所经过的路程。

*9. 有一半径为 R 的均匀半圆弧,质量为 M,求它对位于圆心处单位质量的质点的引力。

考 研 真 题

1. 填空题。

(1) 曲线$\begin{cases}x=\int_0^{1-t}\mathrm{e}^{-u^2}\mathrm{d}u\\ y=t^2\ln(2-t^2)\end{cases}$在(0,0)处的切线方程为________。

(2) 已知$\int_{-\infty}^{+\infty}\mathrm{e}^{k|x|}\mathrm{d}x=1$,则 $k=$________。

(3) $\lim\limits_{n\to\infty}\int_0^1\mathrm{e}^{-x}\sin nx\,\mathrm{d}x=$________。

2. 选择题。

(1) 设函数 $y=f(x)$在区间$[-1,3]$上的图形如图 5-29 所示,则函数 $F(x)=\int_0^x f(t)\mathrm{d}t$ 的图形为(　　)。

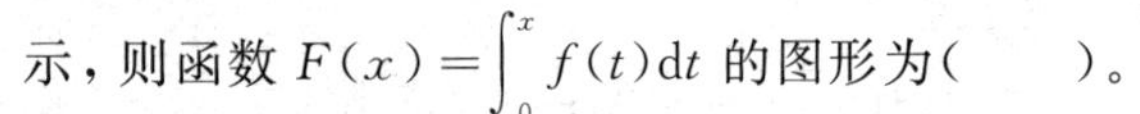

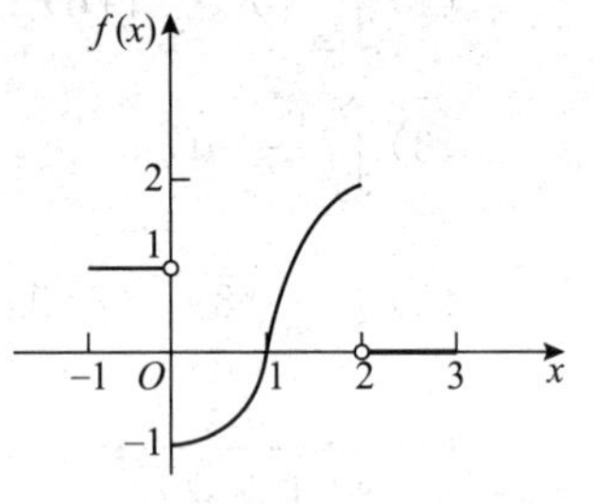

图　5-29

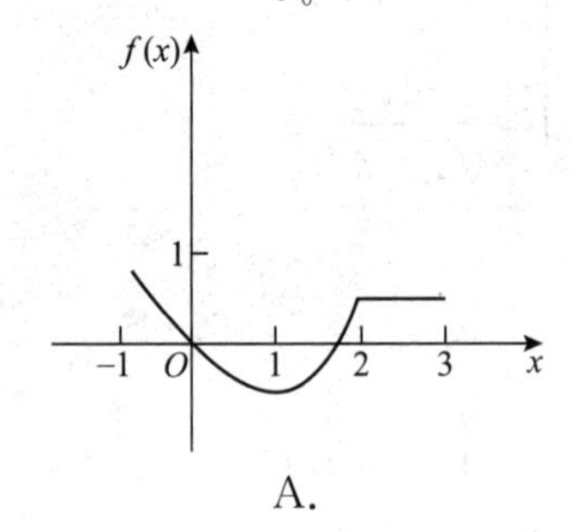

A.

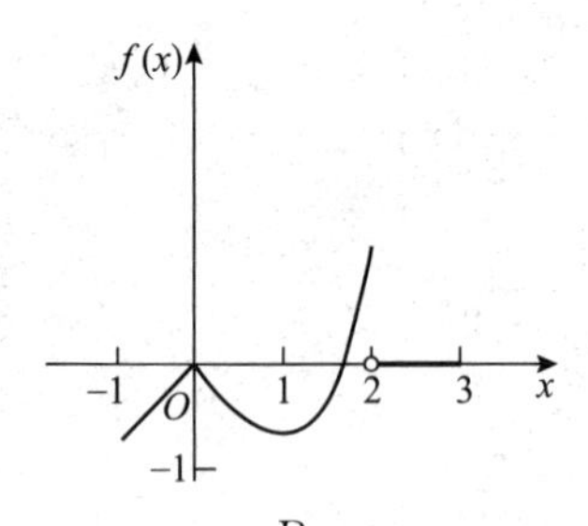

B.

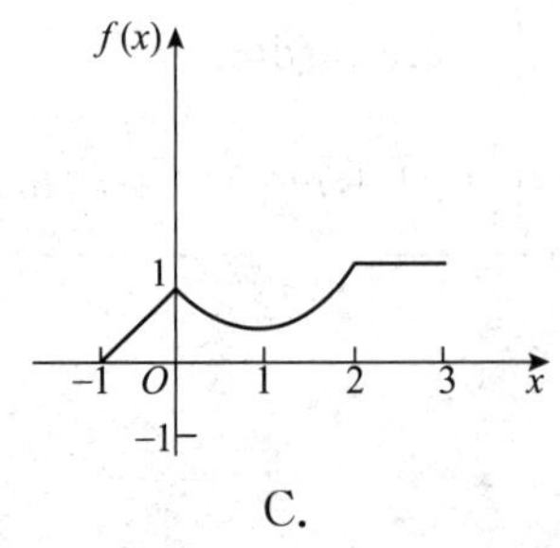

C.

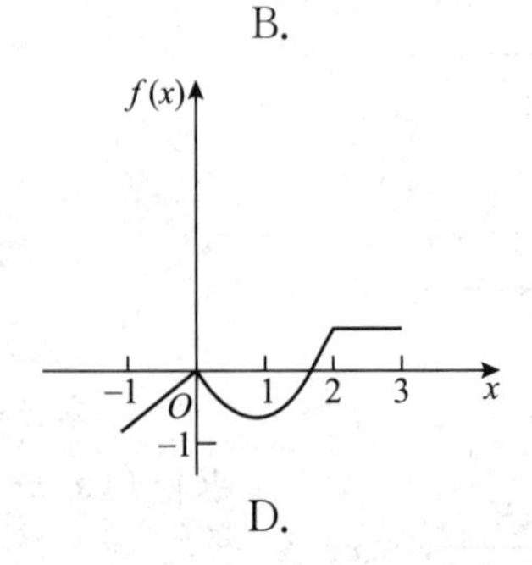

D.

(2) 使不等式 $\int_1^x \frac{\sin t}{t}\mathrm{d}t > \ln x$ 成立的 x 的范围是(　　)。

A. $(0,1)$　　B. $\left(1,\frac{\pi}{2}\right)$

C. $\left(\frac{\pi}{2},\pi\right)$　　D. $(\pi,+\infty)$

3. 计算 $\int_0^1 \frac{x^2\arcsin x}{\sqrt{1-x^2}}\mathrm{d}x$。

4. 证明题。

(1) 证明积分中值定理,若函数 $f(x)$ 在闭区间 $[a,b]$ 上连续,则至少存在一点 $\eta\in[a,b]$,使得 $\int_a^b f(x)\mathrm{d}x = f(\eta)(b-a)$;

(2) 若函数 $\varphi(x)$ 具有二阶导数,且满足 $\varphi(2)>\varphi(1)$,$\varphi(2) > \int_2^3 \varphi(x)\mathrm{d}x$,则至少存在一点 $\xi\in(1,3)$,使得 $\varphi''(\xi)<0$。

附录A 基本初等函数的图形及其主要性质

1. 常数函数 $y=C$,(C 为常数)

定义域$(-\infty,+\infty)$,值域 C。图像为一条平行于 x 轴的直线(见附图 A-1)。

2. 幂函数 $y=x^{\mu}$(μ 是常数)

定义域随 μ 不同而不同。当 $\mu>0$ 时,$y=x^{\mu}$ 在$[0,+\infty)$内单调增加;当 $\mu<0$ 时,$y=x^{\mu}$ 在$(0,+\infty)$内单调减少(见附图 A-2)。

3. 指数函数 $y=a^x$(a 是常数,$a>0$ 且 $a\neq 1$)

定义域$(-\infty,+\infty)$,值域$(0,+\infty)$。当 $a>1$ 时,$y=a^x$ 单调增加;当 $0<a<1$ 时,$y=a^x$ 单调减少(见附图 A-3)。$y=0$ 为其图形的水平渐近线。

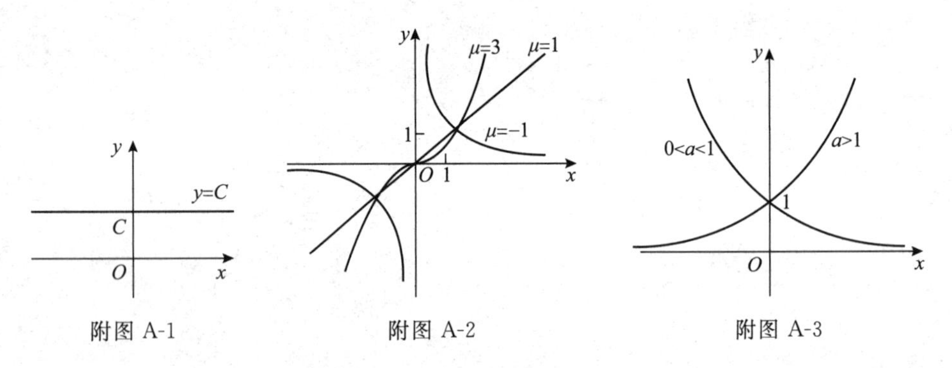

附图 A-1　　附图 A-2　　附图 A-3

4. 对数函数 $y=\log_a x$(a 是常数,$a>0$ 且 $a\neq 1$)

定义域$(0,+\infty)$,值域$(-\infty,+\infty)$。当 $a>1$ 时,$y=\log_a x$ 单调增加;当 $0<a<1$ 时,$y=\log_a x$ 单调减少(见附图 A-4)。$x=0$ 为其图形的铅直渐近线。

5. 三角函数

(1) 正弦函数 $y=\sin x$

定义域$(-\infty,+\infty)$,值域$[-1,1]$。$y=\sin x$ 是以 2π 为周期的周期函数,并且是在$\left[-\frac{\pi}{2},\frac{\pi}{2}\right]$上单调增加的奇函数(见附图 A-5)。

(2) 余弦函数 $y=\cos x$

定义域$(-\infty,+\infty)$,值域$[-1,1]$。$y=\cos x$ 是以 2π 为周期的周期函数,并且是在$[0,\pi]$上单调减少的偶函数(见附图 A-6)。

(3) 正切函数 $y=\tan x$

当 $x\neq k\pi+\frac{\pi}{2}$,$k\in\mathbf{Z}$ 时有定义,值域$(-\infty,+\infty)$。$y=\tan x$ 是以 π 为周期的周期函

数，并且是在$\left(-\frac{\pi}{2},\frac{\pi}{2}\right)$内单调增加的奇函数(见附图 A-7)。$x=(2n+1)\frac{\pi}{2}(n=0,\pm1,\pm2,\cdots)$为函数图形的铅直渐近线。

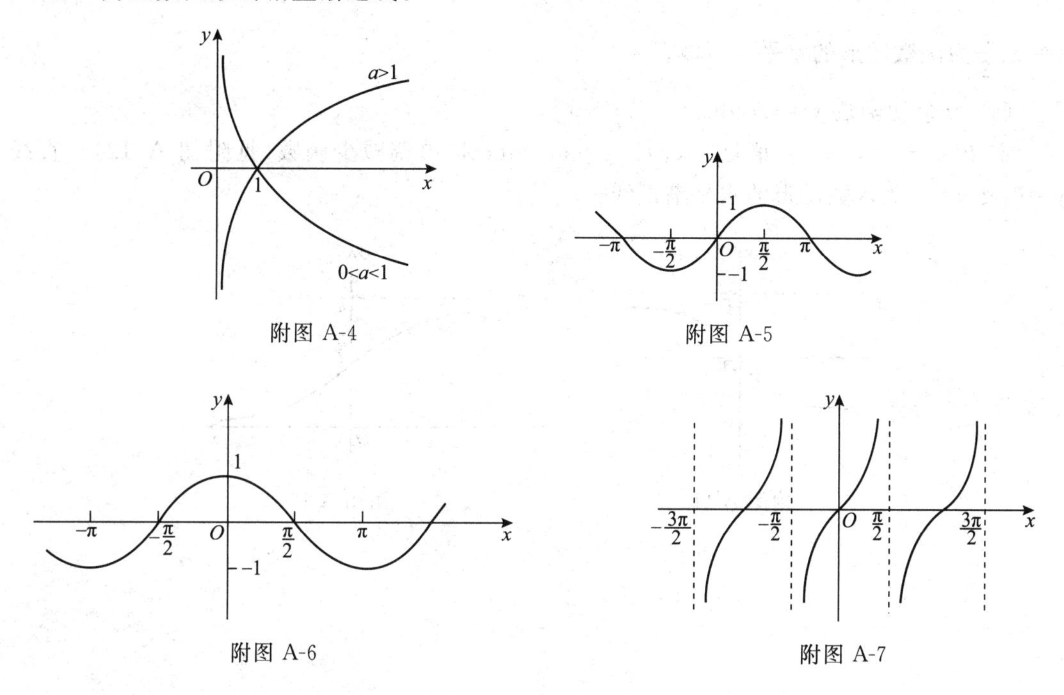

附图 A-4　　附图 A-5

附图 A-6　　附图 A-7

(4) 余切函数 $y=\cot x$

当 $x\neq k\pi,k\in\mathbf{Z}$ 时有定义，值域$(-\infty,+\infty)$。$y=\cot x$ 是以 π 为周期的周期函数，并且是在$(0,\pi)$内单调减少的奇函数(见附图 A-8)。$x=n\pi(n=0,\pm1,\pm2,\cdots)$为函数图形的铅直渐近线。

6. 反三角函数

(1) 反正弦函数 $y=\arcsin x$

定义域$[-1,1]$，值域$\left[-\frac{\pi}{2},\frac{\pi}{2}\right]$。$y=\arcsin x$ 是单调增加的奇函数(见附图 A-9)。

(2) 反余弦函数 $y=\arccos x$

定义域$[-1,1]$，值域$[0,\pi]$。$y=\arccos x$ 是单调减少函数(见附图 A-10)。

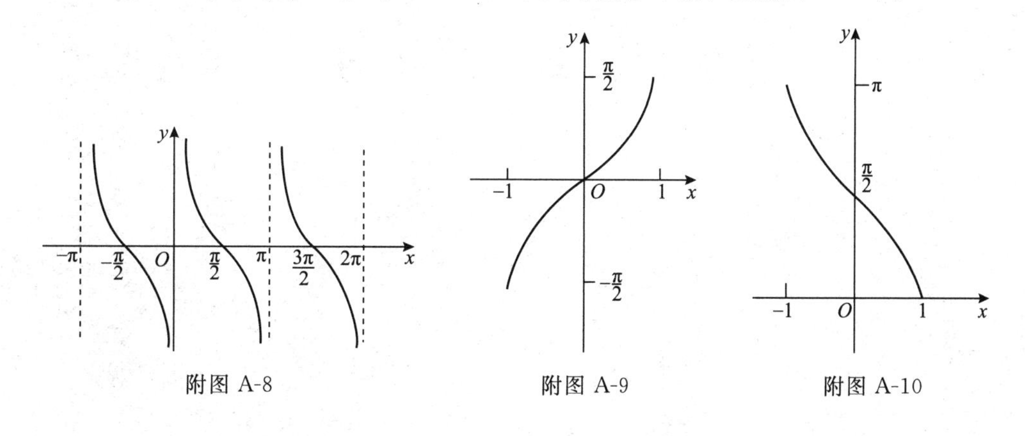

附图 A-8　　附图 A-9　　附图 A-10

(3) 反正切函数 $y=\arctan x$

定义域$(-\infty,+\infty)$,值域$\left(-\frac{\pi}{2},\frac{\pi}{2}\right)$。$y=\arctan x$ 是单调增加的奇函数(见附图 A-11)。$y=\pm\frac{\pi}{2}$为函数图形的水平渐近线。

(4) 反余切函数 $y=\operatorname{arccot} x$

定义域$(-\infty,+\infty)$,值域$(0,\pi)$。$y=\operatorname{arccot} x$ 是单调减少函数(见附图 A-12)。直线 $y=0$ 及 $y=\pi$ 为函数图形的水平渐近线。

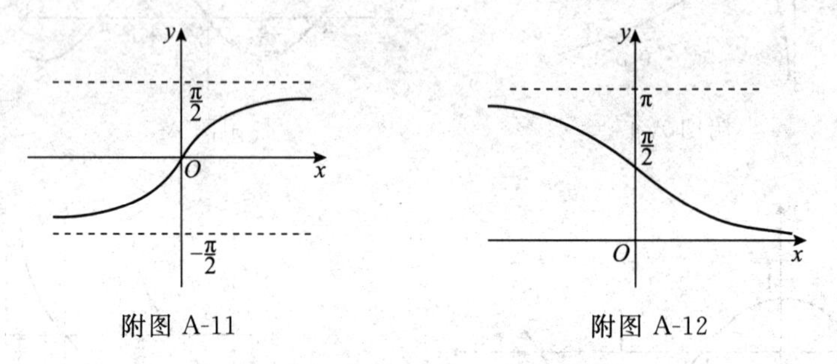

附图 A-11　　附图 A-12

附录B 三角函数公式总结

一、同角三角函数基本关系式

$\sin^2\alpha+\cos^2\alpha=1$　　$1+\tan^2\alpha=\sec^2\alpha$　　$1+\cot^2\alpha=\csc^2\alpha$　　$\tan\alpha\cdot\cot\alpha=1$

$\cos\alpha\cdot\sec\alpha=1$　　$\sin\alpha\cdot\csc\alpha=1$　　$\tan\alpha=\dfrac{\sin\alpha}{\cos\alpha}$　　$\cot\alpha=\dfrac{\cos\alpha}{\sin\alpha}$

二、两角和与差的公式

$\cos(\alpha+\beta)=\cos\alpha\cos\beta-\sin\alpha\sin\beta$　　$\cos(\alpha-\beta)=\cos\alpha\cos\beta+\sin\alpha\sin\beta$

$\sin(\alpha+\beta)=\sin\alpha\cos\beta+\cos\alpha\sin\beta$　　$\sin(\alpha-\beta)=\sin\alpha\cos\beta-\cos\alpha\sin\beta$

三、二倍角公式

$\sin2\alpha=2\sin\alpha\cos\alpha$　　$\cos2\alpha=\cos^2\alpha-\sin^2\alpha=2\cos^2\alpha-1=1-2\sin^2\alpha$

$\tan2\alpha=\dfrac{2\tan\alpha}{1-\tan^2\alpha}$　　$\sin^2\alpha=\dfrac{1-\cos2\alpha}{2}$　　$\cos^2\alpha=\dfrac{1+\cos2\alpha}{2}$

四、万能公式

$\sin\alpha=\dfrac{2\tan\frac{\alpha}{2}}{1+\tan^2\frac{\alpha}{2}}$　　$\cos\alpha=\dfrac{1-\tan^2\frac{\alpha}{2}}{1+\tan^2\frac{\alpha}{2}}$　　$\tan\alpha=\dfrac{2\tan\frac{\alpha}{2}}{1-\tan^2\frac{\alpha}{2}}$

五、积化和差公式

$\cos\alpha\cos\beta=\dfrac{1}{2}[\cos(\alpha+\beta)+\cos(\alpha-\beta)]$　　$\sin\alpha\cos\beta=\dfrac{1}{2}[\sin(\alpha+\beta)+\sin(\alpha-\beta)]$

$\sin\alpha\sin\beta=\dfrac{1}{2}[\cos(\alpha+\beta)-\cos(\alpha-\beta)]$　　$\cos\alpha\sin\beta=\dfrac{1}{2}[\sin(\alpha+\beta)-\sin(\alpha-\beta)]$

六、和差化积公式

$$\sin\alpha+\sin\beta=2\sin\frac{\alpha+\beta}{2}\cos\frac{\alpha-\beta}{2}$$

$$\sin\alpha-\sin\beta=2\cos\frac{\alpha+\beta}{2}\sin\frac{\alpha-\beta}{2}$$

$$\cos\alpha+\cos\beta=2\cos\frac{\alpha+\beta}{2}\cos\frac{\alpha-\beta}{2}$$

$$\cos\alpha-\cos\beta=-2\sin\frac{\alpha+\beta}{2}\sin\frac{\alpha-\beta}{2}$$

附录C 积分表

一、含有 $ax+b(a\neq 0)$ 的积分

1. $\int \frac{\mathrm{d}x}{ax+b}=\frac{1}{a}\ln|ax+b|+C$

2. $\int (ax+b)^{\mu}\mathrm{d}x=\frac{1}{a(\mu+1)}(ax+b)^{\mu+1}+C \quad (\mu\neq -1)$

3. $\int \frac{x}{ax+b}\mathrm{d}x=\frac{1}{a^2}(ax+b-b\ln|ax+b|)+C$

4. $\int \frac{x^2}{ax+b}\mathrm{d}x=\frac{1}{a^3}\left[\frac{1}{2}(ax+b)^2-2b(ax+b)+b^2\ln|ax+b|\right]+C$

5. $\int \frac{\mathrm{d}x}{x(ax+b)}=-\frac{1}{b}\ln\left|\frac{ax+b}{x}\right|+C$

6. $\int \frac{\mathrm{d}x}{x^2(ax+b)}=-\frac{1}{bx}+\frac{a}{b^2}\ln\left|\frac{ax+b}{x}\right|+C$

7. $\int \frac{x}{(ax+b)^2}\mathrm{d}x=\frac{1}{a^2}\left(\ln|ax+b|+\frac{b}{ax+b}\right)+C$

8. $\int \frac{x^2}{(ax+b)^2}\mathrm{d}x=\frac{1}{a^3}\left(ax+b-2b\ln|ax+b|-\frac{b^2}{ax+b}\right)+C$

9. $\int \frac{\mathrm{d}x}{x(ax+b)^2}=\frac{1}{b(ax+b)}-\frac{1}{b^2}\ln\left|\frac{ax+b}{x}\right|+C$

二、含有 $\sqrt{ax+b}$ 的积分

10. $\int \sqrt{ax+b}\,\mathrm{d}x=\frac{2}{3a}\sqrt{(ax+b)^3}+C$

11. $\int x\sqrt{ax+b}\,\mathrm{d}x=\frac{2}{15a^2}(3ax-2b)\sqrt{(ax+b)^3}+C$

12. $\int x^2\sqrt{ax+b}\,\mathrm{d}x=\frac{2}{105a^3}(15a^2x^2-12abx+8b^2)\sqrt{(ax+b)^3}+C$

13. $\int \frac{x}{\sqrt{ax+b}}\mathrm{d}x=\frac{2}{3a^2}(ax-2b)\sqrt{ax+b}+C$

14. $\int \frac{x^2}{\sqrt{ax+b}}\mathrm{d}x=\frac{2}{15a^3}(3a^2x^2-4abx+8b^2)\sqrt{ax+b}+C$

15. $$\int\frac{\mathrm{d}x}{x\sqrt{ax+b}}=\begin{cases}\dfrac{1}{\sqrt{b}}\ln\left|\dfrac{\sqrt{ax+b}-\sqrt{b}}{\sqrt{ax+b}+\sqrt{b}}\right|+C & (b>0)\\ \dfrac{2}{\sqrt{-b}}\arctan\sqrt{\dfrac{ax+b}{-b}}+C & (b<0)\end{cases}$$

16. $$\int\frac{\mathrm{d}x}{x^2\sqrt{ax+b}}=-\frac{\sqrt{ax+b}}{bx}-\frac{a}{2b}\int\frac{\mathrm{d}x}{x\sqrt{ax+b}}$$

17. $$\int\frac{\sqrt{ax+b}}{x}\mathrm{d}x=2\sqrt{ax+b}+b\int\frac{\mathrm{d}x}{x\sqrt{ax+b}}$$

18. $$\int\frac{\sqrt{ax+b}}{x^2}\mathrm{d}x=-\frac{\sqrt{ax+b}}{x}+\frac{a}{2}\int\frac{\mathrm{d}x}{x\sqrt{ax+b}}$$

三、含有 $x^2\pm a^2$ 的积分

19. $$\int\frac{\mathrm{d}x}{x^2+a^2}=-\frac{1}{a}\arctan\frac{x}{a}+C$$

20. $$\int\frac{\mathrm{d}x}{(x^2+a^2)^n}=\frac{x}{2(n-1)a^2(x^2+a^2)^{n-1}}+\frac{2n-3}{2(n-1)a^2}\int\frac{\mathrm{d}x}{(x^2+a^2)^{n-1}}$$

21. $$\int\frac{\mathrm{d}x}{x^2-a^2}=\frac{1}{2a}\ln\left|\frac{x-a}{x+a}\right|+C$$

四、含有 $ax^2+b(a>0)$的积分

22. $$\int\frac{\mathrm{d}x}{ax^2+b}=\begin{cases}\dfrac{1}{\sqrt{ab}}\arctan\sqrt{\dfrac{a}{b}}x+C & (b>0)\\ \dfrac{1}{2\sqrt{-ab}}\ln\left|\dfrac{\sqrt{a}x-\sqrt{-b}}{\sqrt{a}x+\sqrt{-b}}\right|+C & (b<0)\end{cases}$$

23. $$\int\frac{x}{ax^2+b}\mathrm{d}x=\frac{1}{2a}\ln|ax^2+b|+C$$

24. $$\int\frac{x^2}{ax^2+b}\mathrm{d}x=\frac{x}{a}-\frac{b}{a}\int\frac{\mathrm{d}x}{ax^2+b}$$

25. $$\int\frac{\mathrm{d}x}{x(ax^2+b)}=\frac{1}{2b}\ln\frac{x^2}{|ax^2+b|}+C$$

26. $$\int\frac{\mathrm{d}x}{x^2(ax^2+b)}=-\frac{1}{bx}-\frac{a}{b}\int\frac{\mathrm{d}x}{ax^2+b}$$

27. $$\int\frac{\mathrm{d}x}{x^3(ax^2+b)}=\frac{a}{2b^2}\ln\frac{|ax^2+b|}{x^2}-\frac{1}{2bx^2}+C$$

28. $$\int\frac{\mathrm{d}x}{(ax^2+b)^2}=\frac{x}{2b(ax^2+b)}+\frac{1}{2b}\int\frac{\mathrm{d}x}{ax^2+b}$$

五、含有 $ax^2+bx+c(a>0)$ 的积分

29. $\int \frac{dx}{ax^2+bx+c}=\begin{cases}\frac{1}{\sqrt{4ac-b^2}}\arctan\frac{2ax+b}{\sqrt{4ac-b^2}}+C & (b^2<4ac)\\ \frac{1}{\sqrt{b^2-4ac}}\ln\left|\frac{2ax+b-\sqrt{b^2-4ac}}{2ax+b+\sqrt{b^2-4ac}}\right|+C & (b^2>4ac)\end{cases}$

30. $\int \frac{x}{ax^2+bx+c}dx=\frac{1}{2a}\ln|ax^2+bx+c|-\frac{b}{2a}\int\frac{dx}{ax^2+bx+c}$

六、含有 $\sqrt{x^2+a^2}(a>0)$ 的积分

31. $\int \frac{dx}{\sqrt{x^2+a^2}}=\mathrm{arsh}\frac{x}{a}+C_1=\ln(x+\sqrt{x^2+a^2})+C$

32. $\int \frac{dx}{\sqrt{(x^2+a^2)^3}}=\frac{x}{a^2\sqrt{x^2+a^2}}+C$

33. $\int \frac{x}{\sqrt{x^2+a^2}}dx=\sqrt{x^2+a^2}+C$

34. $\int \frac{x}{\sqrt{(x^2+a^2)^3}}dx=-\frac{1}{\sqrt{x^2+a^2}}+C$

35. $\int \frac{x^2}{\sqrt{x^2+a^2}}dx=\frac{x}{2}\sqrt{x^2+a^2}-\frac{a^2}{2}\ln(x+\sqrt{x^2+a^2})+C$

36. $\int \frac{x^2}{\sqrt{(x^2+a^2)^3}}dx=-\frac{x}{\sqrt{x^2+a^2}}+\ln(x+\sqrt{x^2+a^2})+C$

37. $\int \frac{dx}{x\sqrt{x^2+a^2}}=\frac{1}{a}\ln\frac{\sqrt{x^2+a^2}-a}{|x|}+C$

38. $\int \frac{dx}{x^2\sqrt{x^2+a^2}}=-\frac{\sqrt{x^2+a^2}}{a^2x}+C$

39. $\int \sqrt{x^2+a^2}\,dx=\frac{x}{2}\sqrt{x^2+a^2}+\frac{a^2}{2}\ln(x+\sqrt{x^2+a^2})+C$

40. $\int \sqrt{(x^2+a^2)^3}\,dx=\frac{x}{8}(2x^2+5a^2)\sqrt{x^2+a^2}+\frac{3}{8}a^4\ln(x+\sqrt{x^2+a^2})+C$

41. $\int x\sqrt{x^2+a^2}\,dx=\frac{1}{3}\sqrt{(x^2+a^2)^3}+C$

42. $\int x^2\sqrt{x^2+a^2}\,dx=\frac{x}{8}(2x^2+a^2)\sqrt{x^2+a^2}-\frac{a^4}{8}\ln(x+\sqrt{x^2+a^2})+C$

43. $\int \frac{\sqrt{x^2+a^2}}{x}dx=\sqrt{x^2+a^2}+a\ln\frac{\sqrt{x^2+a^2}-a}{|x|}+C$

44. $\int \frac{\sqrt{x^2+a^2}}{x^2}\mathrm{d}x = -\frac{\sqrt{x^2+a^2}}{x} + \ln(x+\sqrt{x^2+a^2}) + C$

七、含有$\sqrt{x^2-a^2}(a>0)$的积分

45. $\int \frac{\mathrm{d}x}{\sqrt{x^2-a^2}} = \frac{x}{|x|}\operatorname{arch}\frac{|x|}{a} + C_1 = \ln(x+\sqrt{x^2-a^2}) + C$

46. $\int \frac{\mathrm{d}x}{\sqrt{(x^2-a^2)^3}} = -\frac{x}{a^2\sqrt{x^2-a^2}} + C$

47. $\int \frac{x}{\sqrt{x^2-a^2}}\mathrm{d}x = \sqrt{x^2-a^2} + C$

48. $\int \frac{x}{\sqrt{(x^2-a^2)^3}}\mathrm{d}x = -\frac{1}{\sqrt{x^2-a^2}} + C$

49. $\int \frac{x^2}{\sqrt{x^2-a^2}}\mathrm{d}x = \frac{x}{2}\sqrt{x^2-a^2} + \frac{a^2}{2}\ln(x+\sqrt{x^2-a^2}) + C$

50. $\int \frac{x^2}{\sqrt{(x^2-a^2)^3}}\mathrm{d}x = -\frac{x}{\sqrt{x^2-a^2}} + \ln(x+\sqrt{x^2-a^2}) + C$

51. $\int \frac{\mathrm{d}x}{x\sqrt{x^2-a^2}} = \frac{1}{a}\arccos\frac{a}{|x|} + C$

52. $\int \frac{\mathrm{d}x}{x^2\sqrt{x^2-a^2}} = -\frac{\sqrt{x^2-a^2}}{a^2x} + C$

53. $\int \sqrt{x^2-a^2}\,\mathrm{d}x = \frac{x}{2}\sqrt{x^2-a^2} - \frac{a^2}{2}\ln(x+\sqrt{x^2-a^2}) + C$

54. $\int \sqrt{(x^2-a^2)^3}\,\mathrm{d}x = \frac{x}{8}(2x^2-5a^2)\sqrt{x^2-a^2} + \frac{3}{8}a^4\ln\left|x+\sqrt{x^2-a^2}\right| + C$

55. $\int x\sqrt{x^2-a^2}\,\mathrm{d}x = \frac{1}{3}\sqrt{(x^2-a^2)^3} + C$

56. $\int x^2\sqrt{x^2-a^2}\,\mathrm{d}x = \frac{x}{8}(2x^2-a^2)\sqrt{x^2-a^2} - \frac{a^4}{8}\ln(x+\sqrt{x^2-a^2}) + C$

57. $\int \frac{\sqrt{x^2-a^2}}{x}\mathrm{d}x = \sqrt{x^2-a^2} - a\arccos\frac{a}{|x|} + C$

58. $\int \frac{\sqrt{x^2-a^2}}{x}\mathrm{d}x = -\frac{\sqrt{x^2-a^2}}{x} + \ln(x+\sqrt{x^2-a^2}) + C$

八、含有$\sqrt{a^2-x^2}(a>0)$的积分

59. $\int \frac{\mathrm{d}x}{\sqrt{a^2-x^2}} = \arcsin\frac{x}{a} + C$

60. $\int \frac{\mathrm{d}x}{\sqrt{(a^2-x^2)^3}} = \frac{x}{a^2\sqrt{a^2-x^2}} + C$

61. $\int \frac{x}{\sqrt{a^2-x^2}}dx = -\sqrt{a^2-x^2}+C$

62. $\int \frac{x}{\sqrt{(a^2-x^2)^3}}dx = \frac{1}{\sqrt{a^2-x^2}}+C$

63. $\int \frac{x^2}{\sqrt{a^2-x^2}}dx = -\frac{x}{2}\sqrt{a^2-x^2}+\frac{a^2}{2}\arcsin\frac{x}{a}+C$

64. $\int \frac{x^2}{\sqrt{(a^2-x^2)^3}}dx = \frac{x}{\sqrt{a^2-x^2}}-\arcsin\frac{x}{a}+C$

65. $\int \frac{dx}{x\sqrt{a^2-x^2}} = \frac{1}{a}\ln\frac{a-\sqrt{a^2-x^2}}{|x|}+C$

66. $\int \frac{dx}{x^2\sqrt{a^2-x^2}} = -\frac{\sqrt{a^2-x^2}}{a^2x}+C$

67. $\int \sqrt{a^2-x^2}\,dx = \frac{x}{2}\sqrt{a^2-x^2}+\frac{a^2}{2}\arcsin\frac{x}{a}+C$

68. $\int \sqrt{(a^2-x^2)^3}\,dx = \frac{x}{8}(5a^2-2x^2)\sqrt{a^2-x^2}+\frac{3}{8}a^4\arcsin\frac{x}{a}+C$

69. $\int x\sqrt{a^2-x^2}\,dx = -\frac{1}{3}\sqrt{(a^2-x^2)^3}+C$

70. $\int x^2\sqrt{a^2-x^2}\,dx = \frac{x}{8}(2x^2-a^2)\sqrt{a^2-x^2}+\frac{a^4}{8}\arcsin\frac{x}{a}+C$

71. $\int \frac{\sqrt{a^2-x^2}}{x}dx = \sqrt{a^2-x^2}+a\ln\frac{a-\sqrt{a^2-x^2}}{|x|}+C$

72. $\int \frac{\sqrt{a^2-x^2}}{x}dx = -\frac{\sqrt{a^2-x^2}}{x}-\arcsin\frac{x}{a}+C$

九、含有$\sqrt{\pm ax^2+bx+c}$ $(a>0)$的积分

73. $\int \frac{dx}{\sqrt{ax^2+bx+c}} = \frac{1}{\sqrt{a}}\ln\left|2ax+b+2\sqrt{a}\cdot\sqrt{ax^2+bx+c}\right|+C$

74. $\int \sqrt{ax^2+bx+c}\,dx = \frac{2ax+b}{4a}\sqrt{ax^2+bx+c}+$
$\frac{4ac-b^2}{8\sqrt{a^3}}\ln\left|2ax+b+2\sqrt{a}\cdot\sqrt{ax^2+bx+c}\right|+C$

75. $\int \frac{x}{\sqrt{ax^2+bx+c}}dx = \frac{1}{a}\sqrt{ax^2+bx+c}-$
$\frac{-b}{2\sqrt{a^3}}\ln\left|2ax+b+2\sqrt{a}\sqrt{ax^2+bx+c}\right|+C$

76. $\int \frac{dx}{\sqrt{c+bx-ax^2}} = \frac{1}{\sqrt{a}}\arcsin\frac{2ax-b}{\sqrt{b^2+4ac}}+C$

77. $\int \sqrt{c+bx-ax^2}\,dx = \frac{2ax-b}{4a}\sqrt{c+bx-ax^2} + \frac{b^2+4ac}{8\sqrt{a^3}}\arcsin\frac{2ax-b}{\sqrt{b^2+4ac}} + C$

78. $\int \frac{x}{\sqrt{c+bx-ax^2}}\,dx = -\frac{1}{a}\sqrt{c+bx-ax^2} + \frac{b}{2\sqrt{a^3}}\arcsin\frac{2ax-b}{\sqrt{b^2+4ac}} + C$

十、含有$\sqrt{\pm\frac{x-a}{x-b}}$或$\sqrt{(x-a)(b-x)}$的积分

79. $\int \sqrt{\frac{x-a}{x-b}}\,dx = (x-b)\sqrt{\frac{x-a}{x-b}} + (b-a)\ln(\sqrt{|x-a|} + \sqrt{|x-b|}) + C$

80. $\int \sqrt{\frac{x-a}{b-x}}\,dx = (x-b)\sqrt{\frac{x-a}{b-x}} + (b-a)\arcsin\sqrt{\frac{x-a}{b-x}} + C$

81. $\int \frac{dx}{\sqrt{(x-a)(b-x)}} = -2\arcsin\sqrt{\frac{x-a}{b-x}} + C(a<b)$

82. $\int \sqrt{(x-a)(b-x)}\,dx = \frac{2x-a-b}{4}\sqrt{(x-a)(b-x)} + \frac{(b-a)^2}{4}\arcsin\sqrt{\frac{x-a}{b-x}} + C(a<b)$

十一、含有三角函数的积分

83. $\int \sin x\,dx = -\cos x + C$

84. $\int \cos x\,dx = \sin x + C$

85. $\int \tan x\,dx = -\ln|\cos x| + C$

86. $\int \cot x\,dx = \ln|\sin x| + C$

87. $\int \sec x\,dx = \ln\left|\tan\left(\frac{\pi}{4} + \frac{x}{2}\right)\right| + C = \ln|\sec x + \tan x| + C$

88. $\int \csc x\,dx = \ln\left|\tan\frac{x}{2}\right| + C = \ln|\csc x - \cot x| + C$

89. $\int \sec^2 x\,dx = \tan x + C$

90. $\int \csc^2 x\,dx = -\cot x + C$

91. $\int \sec x\tan x\,dx = \sec x + C$

92. $\int \csc x\cot x\,dx = -\csc x + C$

93. $\int \sin^2 x\,dx = \frac{x}{2} - \frac{1}{4}\sin 2x + C$

94. $\int \cos^2 x\,dx = \frac{x}{2} + \frac{1}{4}\sin 2x + C$

95. $\int \sin^n x\,dx = -\frac{1}{n}\sin^{n-1} x\cos x + \frac{n-1}{n}\int \sin^{n-2} x\,dx$

96. $\int \cos^n x\,dx = \frac{1}{n}\cos^{n-1} x\sin x + \frac{n-1}{n}\int \cos^{n-2} x\,dx$

97. $\int \frac{dx}{\sin^n x} = -\frac{1}{n-1}\cdot\frac{\cos x}{\sin^{n-1} x} + \frac{n-2}{n-1}\int \frac{dx}{\sin^{n-2} x}$

98. $\int \frac{dx}{\cos^n x} = \frac{1}{n-1}\cdot\frac{\sin x}{\cos^{n-1} x} + \frac{n-2}{n-1}\int \frac{dx}{\cos^{n-2} x}$

99. $\int \cos^m x\sin^n x\,dx = \frac{1}{m+n}\cos^{m-1} x\sin^{n+1} x + \frac{m-1}{m+n}\int \cos^{m-2} x\sin^n x\,dx$

$$= -\frac{1}{m+n}\cos^{m+1} x\sin^{n-1} x + \frac{m-1}{m+n}\int \cos^m x\sin^{n-2} x\,dx$$

100. $\int \sin ax\cos bx\,dx = -\frac{1}{2(a+b)}\cos(a+b)x - \frac{1}{2(a-b)}\cos(a-b)x + C$

101. $\int \sin ax\sin bx\,dx = -\frac{1}{2(a+b)}\sin(a+b)x + \frac{1}{2(a-b)}\sin(a-b)x + C$

102. $\int \cos ax\cos bx\,dx = \frac{1}{2(a+b)}\sin(a+b)x + \frac{1}{2(a-b)}\sin(a-b)x + C$

103. $\int \frac{dx}{a+b\sin x} = \frac{2}{\sqrt{a^2-b^2}}\arctan\frac{a\tan\frac{x}{2}+b}{\sqrt{a^2-b^2}} + C\,(a^2>b^2)$

104. $\int \frac{dx}{a+b\sin x} = \frac{1}{\sqrt{b^2-a^2}}\ln\left|\frac{a\tan\frac{x}{2}+b-\sqrt{b^2-a^2}}{a\tan\frac{x}{2}+b+\sqrt{b^2-a^2}}\right| + C\,(a^2<b^2)$

105. $\int \frac{dx}{a+b\cos x} = \frac{2}{a+b}\sqrt{\frac{a+b}{a-b}}\arctan\left(\sqrt{\frac{a-b}{a+b}}\tan\frac{x}{2}\right) + C\,(a^2>b^2)$

106. $\int \frac{dx}{a+b\cos x} = \frac{1}{a+b}\sqrt{\frac{a+b}{b-a}}\ln\left|\frac{\tan\frac{x}{2}+\sqrt{\frac{a+b}{b-a}}}{\tan\frac{x}{2}-\sqrt{\frac{a+b}{b-a}}}\right| + C\,(a^2<b^2)$

107. $\int \frac{dx}{a^2\cos^2 x+b^2\sin^2 x} = \frac{1}{ab}\arctan\left(\frac{b}{a}\tan x\right) + C$

108. $\int \frac{dx}{a^2\cos^2 x-b^2\sin^2 x} = \frac{1}{2ab}\ln\left|\frac{b\tan x+a}{b\tan x-a}\right| + C$

109. $\int x\sin ax\,dx = \frac{1}{a^2}\sin ax - \frac{1}{a}x\cos ax + C$

110. $\int x^2\sin ax\,dx = -\frac{1}{a}x^2\cos ax + \frac{2}{a^2}x\sin ax + \frac{2}{a^3}\cos ax + C$

111. $\int x\cos ax\,dx=\frac{1}{a^2}\cos ax+\frac{1}{a}x\sin ax+C$

112. $\int x^2\cos ax\,dx=\frac{1}{a}x^2\sin ax+\frac{2}{a^2}x\cos ax-\frac{2}{a^3}\sin ax+C$

十二、含有反三角函数的积分(其中 $a>0$)

113. $\int \arcsin\frac{x}{a}dx=x\arcsin\frac{x}{a}+\sqrt{a^2-x^2}+C$

114. $\int x\arcsin\frac{x}{a}dx=\left(\frac{x^2}{2}-\frac{a^2}{4}\right)\arcsin\frac{x}{a}+\frac{x}{4}\sqrt{a^2-x^2}+C$

115. $\int x^2\arcsin\frac{x}{a}dx=\frac{a^3}{3}\arcsin\frac{x}{a}+\frac{1}{9}(x^2+2a^2)\sqrt{a^2-x^2}+C$

116. $\int \arccos\frac{x}{a}dx=x\arccos\frac{x}{a}-\sqrt{a^2-x^2}+C$

117. $\int x\arccos\frac{x}{a}dx=\left(\frac{x^2}{2}-\frac{a^2}{4}\right)\arccos\frac{x}{a}-\frac{x}{4}\sqrt{a^2-x^2}+C$

118. $\int x^2\arccos\frac{x}{a}dx=\frac{a^3}{3}\arccos\frac{x}{a}-\frac{1}{9}(x^2+2a^2)\sqrt{a^2-x^2}+C$

119. $\int \arctan\frac{x}{a}dx=x\arctan\frac{x}{a}-\frac{a}{2}\ln(a^2+x^2)+C$

120. $\int x\arctan\frac{x}{a}dx=\frac{1}{2}(a^2+x^2)\arctan\frac{x}{a}-\frac{a}{2}x+C$

121. $\int x^2\arctan\frac{x}{a}dx=\frac{a^3}{3}\arctan\frac{x}{a}-\frac{a}{6}x^2+\frac{a^3}{6}\ln(a^2+x^2)+C$

十三、含有指数函数的积分

122. $\int a^x\,dx=\frac{1}{\ln a}a^x+C$

123. $\int e^{ax}\,dx=\frac{1}{a}e^{ax}+C$

124. $\int x\,e^{ax}\,dx=\frac{1}{a^2}(ax-1)e^{ax}+C$

125. $\int x^n e^{ax}\,dx=\frac{1}{a}x^n e^{ax}-\frac{n}{a}\int x^{n-1}e^{ax}\,dx$

126. $\int xa^x\,dx=\frac{x}{\ln a}a^x-\frac{1}{(\ln a)^2}a^x+C$

127. $\int x^n a^x\,dx=\frac{1}{\ln a}x^n a^x-\frac{n}{\ln a}\int x^{n-1}a^x\,dx$

128. $\int e^{ax}\sin bx\,dx=\frac{1}{a^2+b^2}e^{ax}(a\sin bx-b\cos bx)+C$

129. $\int e^{ax}\cos bx\,dx=\frac{1}{a^2+b^2}e^{ax}(b\sin bx+a\cos bx)+C$

130. $\int e^{ax}\sin^n bx\,dx=\frac{1}{a^2+b^2n^2}e^{ax}\sin^{n-1}bx(a\sin bx-b\cos bx)+$
$\frac{n(n-1)b^2}{a^2+b^2n^2}\int e^{ax}\sin^{n-2}bx\,dx$

131. $\int e^{ax}\cos^n bx\,dx=\frac{1}{a^2+b^2n^2}e^{ax}\cos^{n-1}bx(a\cos bx+nb\sin bx)+$
$\frac{n(n-1)b^2}{a^2+b^2n^2}\int e^{ax}\cos^{n-2}bx\,dx$

十四、含有对数函数的积分

132. $\int \ln x\,dx=x\ln x-x+C$

133. $\int \frac{dx}{x\ln x}=\ln|\ln x|+C$

134. $\int x^n\ln x\,dx=\frac{1}{n+1}x^{n+1}\left(\ln x-\frac{1}{n+1}\right)+C$

135. $\int (\ln x)^n dx=x(\ln x)^n-n\int(\ln x)^{n-1}dx$

136. $\int x^m(\ln x)^n dx=\frac{1}{m+1}x^{m+1}(\ln x)^n-\frac{n}{m+1}\int x^m(\ln x)^{n-1}dx$

十五、含有双曲函数的积分

137. $\int \mathrm{sh}x\,dx=\mathrm{ch}x+C$

138. $\int \mathrm{ch}x\,dx=\mathrm{sh}x+C$

139. $\int \mathrm{th}x\,dx=\ln\mathrm{ch}x+C$

140. $\int \mathrm{sh}^2x\,dx=-\frac{x}{2}+\frac{1}{4}\mathrm{sh}2x+C$

141. $\int \mathrm{ch}^2x\,dx=\frac{x}{2}+\frac{1}{4}\mathrm{sh}2x+C$

十六、定积分

142. $\int_{-\pi}^{\pi}\cos nx\,dx=\int_{-\pi}^{\pi}\sin nx\,dx=0$

143. $\int_{-\pi}^{\pi}\cos mx\sin nx\,dx=0$

144. $\int_{-\pi}^{\pi} \cos mx \cos nx \, dx = \begin{cases} 0, & m \neq n \\ \pi, & m = n \end{cases}$

145. $\int_{-\pi}^{\pi} \sin mx \sin nx \, dx = \begin{cases} 0, & m \neq n \\ \pi, & m = n \end{cases}$

146. $\int_{0}^{\pi} \sin mx \sin nx \, dx = \int_{0}^{\pi} \cos mx \cos nx \, dx = \begin{cases} 0, & m \neq n \\ \dfrac{\pi}{2}, & m = n \end{cases}$

147. $I_n = \int_0^{\frac{\pi}{2}} \sin^n x \, dx = \int_0^{\frac{\pi}{2}} \cos^n x \, dx$

$I_n = \frac{n-1}{n} I_{n-2}$

$I_n = \frac{n-1}{n} \cdot \frac{n-3}{n-2} \cdot \cdots \cdot \frac{4}{5} \cdot \frac{2}{3}$($n$ 为大于 1 的正奇数)，$I_1 = 1$

$I_n = \frac{n-1}{n} \cdot \frac{n-3}{n-2} \cdot \cdots \cdot \frac{3}{4} \cdot \frac{1}{2} \cdot \frac{\pi}{2}$($n$ 为正偶数)，$I_0 = \frac{\pi}{2}$

参考文献

[1] 同济大学应用数学系.高等数学(上)[M].7版.北京:高等教育出版社,2014.
[2] 黄立宏,廖基定.高等数学(上)[M].长沙:国防科技大学出版社,2008.
[3] 金宗谱.高等数学[M].北京:北京邮电大学出版社,2008.
[4] 宋礼民,杜洪艳.高等数学(上、下)[M].上海:复旦大学出版社,2008.
[5] 魏贵民,郭科.理工数学实验[M].北京:高等教育出版社,2007.
[6] 盛祥耀.高等数学(上)[M].北京:高等教育出版社,2007.
[7] 吴健荣.高等数学及其应用(上)[M].镇江:江苏大学出版社,2012.
[8] 陈文灯,黄先开.考研数学复习指南[M].北京:世界图书出版公司,2009.
[9] 陈琳珏,姜春燕,李晓霞,等.高等数学(上)[M].北京:北京工业大学出版社,2010.
[10] 朱家生.数学史[M].北京:高等教育出版社,2005.
[11] 朱士信,唐烁,宁荣健.高等数学[M].北京:中国电力出版社,2007.
[12] 杨建华,孙霞林,王志宏.高等数学学习与提高[M].北京:科学出版社,2012.
[13] 王玉花,赵坤,赵裕亮,等.高等数学(上)[M].北京:高等教育出版社,2013.
[14] 杨善兵.高等数学考研与竞赛教程[M].镇江:江苏大学出版社,2013.
[15] 同济大学应用数学系.高等数学(上)[M].北京:人民邮电出版社,2016.
[16] 赵树嫄.微积分[M].北京.中国人民大学出版社,2007.
[17] 南京理工大学应用数学系.高等数学[M].北京:高等教育出版社,2008.